決定版

量子論のすべてがわかる本

科学雑学研究倶楽部 編

はじめに

19世紀までの「古典物理学」をくつがえし、人類の宇宙観・自然観に革命をもたらした、現代物理学の礎――それが量子論です。

もし量子論がなかったら、コンピューターをはじめとする現在のテクノロジーは生まれていませんでしたし、宇宙やこの世界の真実についての知識も、ずっと少なかったことでしょう。

量子論を知ることで、目に見えない極小の世界から、極大の宇宙まで、私たちは思いをめぐらすことができます。

本書は、２０１５年に刊行された『量子論のすべてがわかる本』を全面的に改訂し、新しい話題も多く盛り込んだ「決定版」です。

おかげさまで旧版は望外の好評を博し、多くの方に読んでいただきました。

「量子論とは何なのか、その全貌を知りたい」と思う方が多くいらっしゃり、その方たちに『量子論のすべてがわかる本』が届いたということなのだろうと、編者は嬉しく思っています。

旧版刊行以降、新たな研究や発見が発表される中で、「今ならぜひ、この話題にもふれたい」「この話をするなら、思いきって構成を変えてみたい」など、さまざまな新しいプランがわいてきました。

そしてこのたび、それらのプランを活かしつつ、新たな装いにまとめあげたのが本書です。

もちろん、「量子論の本質を気軽に楽しめるように」という、旧版からのコンセプトは大事にしています。

旧版を読まれた方にも、この本から読まれる方にも、面白く読んでいただけるように制作したつもりです。

不思議でロマンあふれる量子論の世界を、たっぷりとお楽しみください。

科学雑学研究倶楽部

$\frac{h}{2\pi i}$

第7章　量子論が生み出す最新技術　215

第8章　量子論とSFの世界　229

※本書は2019年10月に学研プラスから刊行されたものです。

量子論関連年表

1687年	ニュートン、『プリンキピア』を発表、**古典力学**を確立
1690年	ホイヘンス、**光の波動説**を提唱（光の波の媒質を「**エーテル**」と名づける）
17世紀末	ニュートン、**光の粒子説**を提唱
18世紀前半	**活力論争**（「**エネルギー**」の概念のもとになる「活力」をめぐる論争）
19世紀初頭	**ヤングの実験**
1803年	ドルトン、**原子説**を発表
1807年	ヤング、「**エネルギー**」の命名
1812年	「**ラプラスの悪魔**」と呼ばれることになる発想の発表
1820年代～	エルステッド、アンペール、ファラデーら、**電磁気学**を確立していく
1842年	マイヤー、**熱と仕事の関係**を発見
1843年	ジュール、**熱の仕事当量**を定義
1847年	ヘルムホルツ、**エネルギー保存の法則**を発表
1849年	フィゾー、**光の速度**を測定
1850年	クラウジウス、**熱力学の第一法則**を発表
1864年	マクスウェル、**電磁場**の理論を発表、**電磁波**の存在を予言
1869年	メンデレーエフ、**元素周期表**を考案
1873年	マクスウェル、**光が電磁波である**ことを証明

1887年　**マイケルソン＝モーリーの実験**

1888年　ヘルツ、**光電効果**を発見

　　　　ヘルツ、**電磁波**の存在を実証

1895年　レントゲン、**X線**を発見

1896年　ベクレル、**ウラン放射線**を発見

　　　　ヴィーンの公式

1897年　J・J・トムソン、**電子**を発見

1898年　キュリー夫妻、**ウラン以外の放射線**を発見、「**放射能**」の命名

1899年　ラザフォード、**アルファ線**と**ベータ線**を発見

1900年　**レイリー＝ジーンズの公式**

　　　　プランク、**量子仮説**を発表

1901年　ペラン、**太陽系モデル**の原子模型を発表

　　　　ラザフォードとソディ、元素の変換（**放射性崩壊**）を発表

1903年　長岡半太郎、**土星モデル**の原子模型を発表

1904年　J・J・トムソン、**プラムプディングモデル**の原子模型を発表

1905年　アインシュタイン、**光量子論**を発表

　　　　アインシュタイン、**ブラウン運動**の研究から**原子**の存在を示す

　　　　アインシュタイン、**特殊相対性理論**を発表

1909年　**ガイガー＝マースデンの実験**

1911年　ラザフォード、**原子核**の存在を証明、新たな**太陽系モデル**の原子模型を発表
　　　　オンネス、**超伝導**を発見

1913年　**ボーアの原子模型**

1916年　アインシュタイン、**一般相対性理論**を発表
　　　　ミリカンの**光電効果**の実験、**光量子論**と合致
　　　　シュヴァルツシルト解の発見、**ブラックホール**の存在を示唆

1918年　ラザフォード、**陽子**を発見

1922年　**シュテルン=ゲルラッハの実験**

1923年　**コンプトン効果**の発表、**光量子論**が実証される

1924年　ド・ブロイ、**物質波**の概念（**波と粒子の二面性**）を提唱
　　　　ボース=アインシュタイン凝縮が予言される

1925年　**パウリの排他原理**の発表
　　　　ハイゼンベルク、**行列力学**のアイデアを考案
　　　　ウーレンベックとハウトスミット、**スピン**の概念を考案
　　　　ハイゼンベルクとボルンとヨルダン、**行列力学**を提唱

1926年　**波動関数**を含む**シュレーディンガー方程式**の発表、**波動力学**の提唱
　　　　行列力学と**波動力学**の数学的等価性が証明される
　　　　ボルン、**波動関数の確率解釈**を提唱
　　　　翌年にかけて、ディラックが**変換理論**を考案

$$i\hbar \frac{\partial \psi}{\partial t} = -\frac{\hbar^2}{2m}\frac{\partial^2 \psi}{\partial x^2} + U(x)\psi$$

1927年

デイヴィソンとガーマー、電子における**波と粒子の二面性**を実証

ハイゼンベルク、**不確定性原理**を発表

ボーア、**相補性原理**を発表、**コペンハーゲン解釈**が作られる

アインシュタイン＝ボーア論争始まる

1928年

ディラック方程式の発表、「**ディラックの海**」の提唱、**反粒子**の存在の予言

ガモフ、**トンネル効果**の理論を発表

1929年

ハイゼンベルクとパウリ、**場の量子論**の原型を作る

1930年代初頭

チャンドラセカール限界質量の発見、**ブラックホール**の存在を示唆

1930年

ディラック、**対生成**を予言

1931年

パウリ、**ニュートリノ**の存在を予言

ローレンス、**加速器**サイクロトロンを開発

1932年

チャドウィック、**中性子**を発見、原子核が陽子と中性子でできていることが判明

アンダーソン、**陽電子**を発見、**対生成**と**反粒子**の存在が実証される

フェルミ、**弱い相互作用**についての理論を立てる

1935年

アインシュタインら、**EPRパラドックス**についての論文を発表

「**シュレーディンガーの猫**」の思考実験の発表

湯川秀樹、**中間子論**を発表

1937年

カピッツァ、**超流動**を発見

1946年頃

ガモフ、**火の玉宇宙論**を発表、**ビッグバン理論**のもととなる

$$px - xp = \frac{h}{2\pi i}$$

1948年	朝永振一郎とシュウィンガーとファインマン、**くりこみ理論**を提唱
1950年代半ば	ライネス、**ニュートリノ**を発見
1954年	**ヤン=ミルズ理論**の発表
	CERN（欧州原子核研究機構）設立
1955年	**坂田モデル**の発表
	セグレとチェンバレン、**反陽子**を発見
1957年	バーディーンら、**超伝導**を理論的に解明
	エヴェレット、**多世界解釈**を発表
1961年	南部陽一郎、**対称性の自発的な破れ**の理論を発表
	ゲルマンら、**クォークモデル**を発表
1964年	**ベルの不等式**の発表
	ヒッグス機構の発表
	クローニンとフィッチ、**CP対称性の破れ**を発見
	宇宙マイクロ背景放射の発見、**ビッグバン理論**が裏づけられる
1967年	ワインバーグら、**電弱統一理論**を発表
	ホイーラー、「**ブラックホール**」の命名
1970年	南部陽一郎ら、**ひも理論**を発表
1973年	**小林・益川理論**の発表
1974年	ジョージとグラショウ、**大統一理論**を発表

$$T=\frac{hc^3}{8\pi kGM}$$

ν_μ ν_τ ν_μ

1974年	**ホーキング放射**の理論の発表
1981年	佐藤勝彦とグース、それぞれ独立に**インフレーション理論**を発表
1982年	アスペ、**量子エンタングルメント**を実証
1984年	グリーンとシュワルツ、**超ひも理論**を発表
1985年	ドイチュ、**量子コンピューター**の原理を発表
1987年	小柴昌俊、**カミオカンデ**で**ニュートリノ**の観測に成功
1989年	ポルチンスキーら、**Dブレーン**につながる発見をする
1993年	ベネット、**量子テレポーテーション**の理論を発表
1995年	CERN、**反原子**の合成に成功
1990年代半ば	**Dブレーン理論**の発表
1998年	アルカニハメドら、**ブレーン宇宙論**を発表
	梶田隆章、**スーパーカミオカンデ**で**ニュートリノ振動**を観測
	古澤明、2者間の**量子テレポーテーション**に成功
2001年	**CP対称性の破れ**を実験で検証
2012年	**ヒッグス粒子**の発見
	小澤の不等式が実証される
2016年	**重力波**の直接検出に成功
2019年	**ブラックホール**の写真撮影に成功

量子論の世界へようこそ

01 量子論とは何か

「量子」とは「小さなかたまり」のこと！

数えられるかたまり

本書のテーマとなる「量子論」について考えはじめるとき、最初に気になるのは、「量子」という言葉です。いったい、「量子」とは何なのでしょうか？

量子とは、「ひとつ」「ふたつ」「3つ」と**整数で数えることができる、小さなかたまり**のことです。

具体的にイメージして理解するために、たとえを使って説明してみましょう。まず、はかりに載った コップがあると思ってください。

▼❶コップに水をなめらかに注いでいくとき、水の入ったコップの重さは「連続」的に変化（増加）する。一方、❷ある決まった大きさ（重さ）の氷をたくさん作って、その氷をひとつずつコップに入れていくとき、氷の入ったコップの重さは「とびとび」に変化（増加）する。この「とびとび」の変化を「離散」的な変化といい、離散的な変化をもたらす小さな単位（ここでは氷）を「量子」という。

❶ 水をなめらかに注ぐ

↓

重さは連続的に変化

❷ 氷をひとつずつ入れる

↓

重さは離散的に変化

❶このコップに、水をなめらかに流し込みます。このとき、重さの変化をグラフにすると、切れ目のない線として表されます。このような変化を、**連続**的な変化といいます。

❷今度は、10グラムの氷のかたまりをたくさん用意して、コップにひとつずつ入れていくとします。このとき、重さはなめらかに変化するのではなく、10グラムの間隔でとびとびに変化し、そのグラフは階段のような形になります。このような変化を、**離散**的な変化といいます。このときの氷のような、**最小単位のかたまり**が、量子だと思ってください。

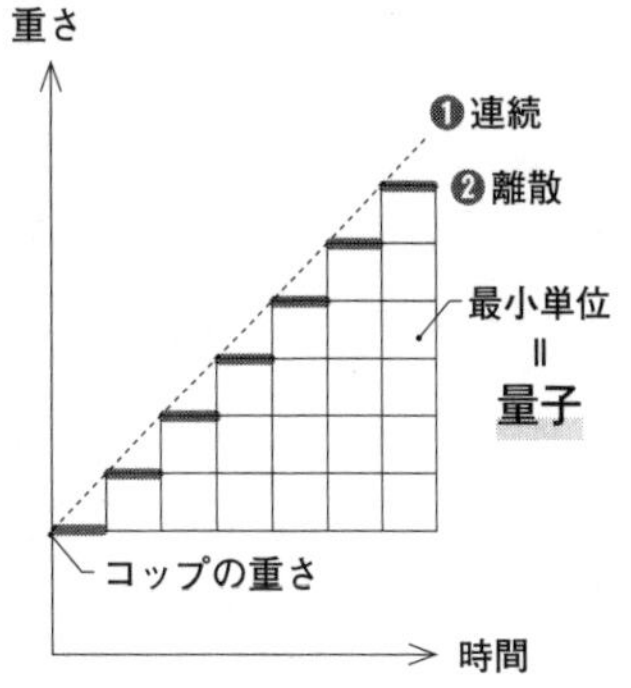

重さ
❶連続
❷離散
最小単位
＝
量子
コップの重さ
時間

▲一定の割合でなめらかにコップに水を注ぐと、重さの変化のグラフは、上図の点線❶のような直線になる。コップにひとつずつ氷を入れていくと、重さの変化のグラフは、上図の太線❷のような階段状になる。

連続量と離散量

連続的に変化する量を**連続量**、離散的に変化する量を**離散量**といいます。

たとえば「人間の体重」は、「65・5キロ」といったふうに計測され、「65・5キロ」と「65・6キロ」の間にも、無限に細かい値があると考えられます。これは「連続量」です。

一方、「人数」を考えてみると、「ひとり」

「ふたり」「3人」と整数で（離散的に）数えられます。「1・5人」とか「10・3人」のように、小数点以下が出てくることは、基本的にはありません（別の尺度を使って、「半人前の働きしかできない」などということはありますが）。人数は「離散量」なのです。

量子論の世界への入り口は、この連続量と離散量にあります。「連続量だろうと思われていたものが、じつは、量子で構成された離散量だった」というのが、量子論の最も基本的なポイントだといえるからです。

マクロからミクロへ

私たちの目に見えるような、比較的大きなもののサイズ感を、**巨視的**（**マクロ**）なスケールといいます。

私たちの日常的な常識は、マクロなスケールでできていて、そのスケールでものを考えていると、量子に気づくことはできません。

「連続量だと思われていた物理量が、じつは離散量になっていること」（または、物理量を離散量として扱うようにする手続き）を、**量子化**といいますが、量子化が問題になるのは、目に見えないほど小さい**微視的**（**ミクロ**）なレベルでのことです。

物質を細かく分割していくと、**分子**に分けられ、分子は**原子**に分けられ、原子もさらに小さな〝部品〟に分けられることが、現在ではわかっています。量子論は、**ほぼ原子以下のサイズの世界**を探究する理論です。

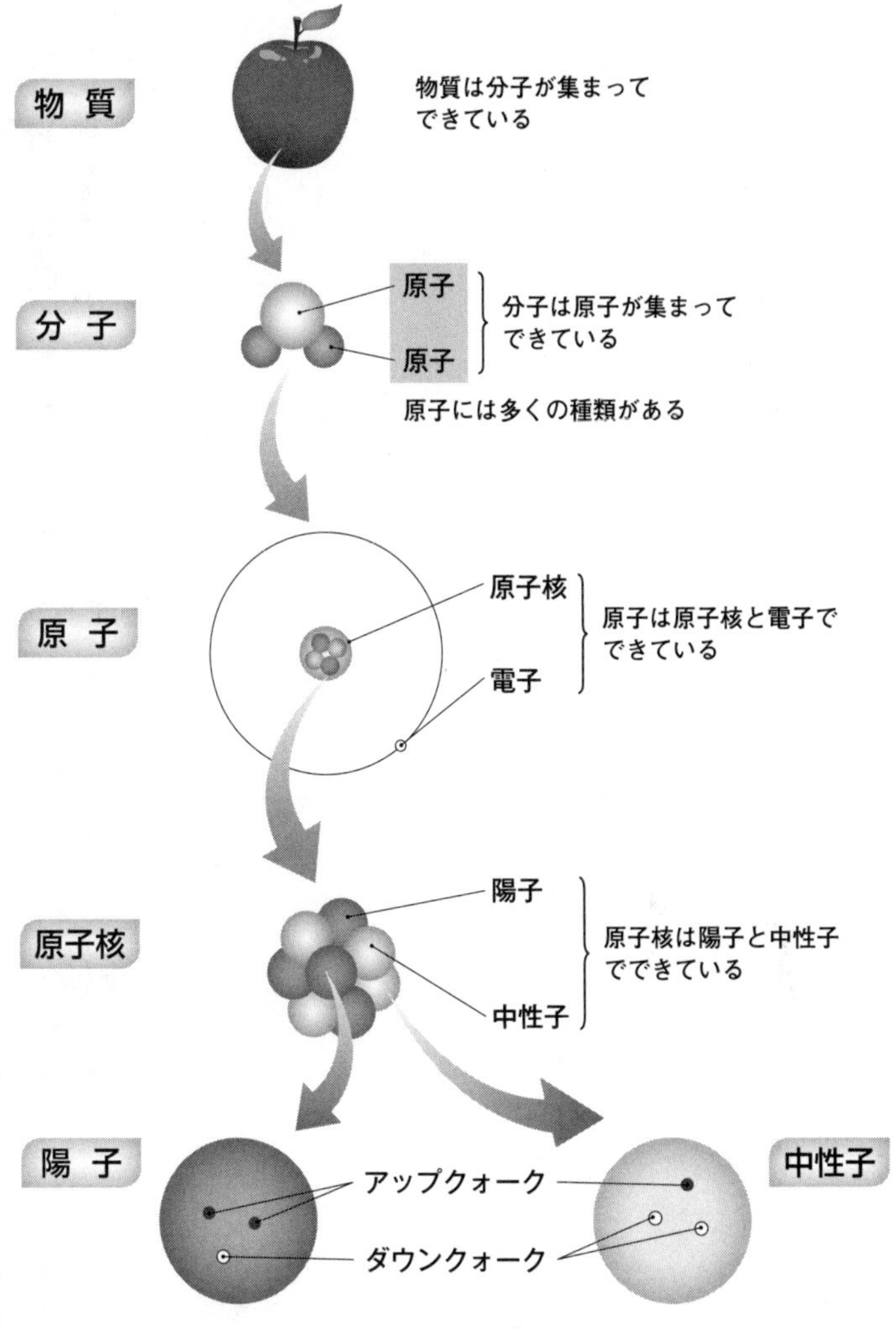

▲物質を細かく分解し、ミクロの世界に分け入っていくと、原子に到達する。この原子も、物質の最小単位ではないが、原子程度のサイズ以下になると、マクロなスケールの常識が通用しない世界が広がってくる。それが量子論の世界である。

02 量子論とミクロの世界

肉眼では見えない極小のスケールへ

原子はどれくらいの小ささか

19世紀末、量子論が誕生した頃、**原子**の存在は、まだ証明されていませんでした。しかし、さまざまな発見があり、原子が実在することが確認され、20世紀初頭のうちに、原子は物理学の主役のひとりとなります。量子論の発展は、原子の研究と切り離せません。

その原子は、どれくらいの大きさなのでしょうか。よく出される例では、「ピンポン玉：水素原子」の比が、「地球：ピンポン玉」の比とほぼ同じだといわれます。

▼原子のサイズ感を感覚的につかむ際、ピンポン玉が例に出されることが多い。ピンポン玉と水素原子のサイズ比は、地球とピンポン玉のサイズ比と、おおよそ等しいとされる。

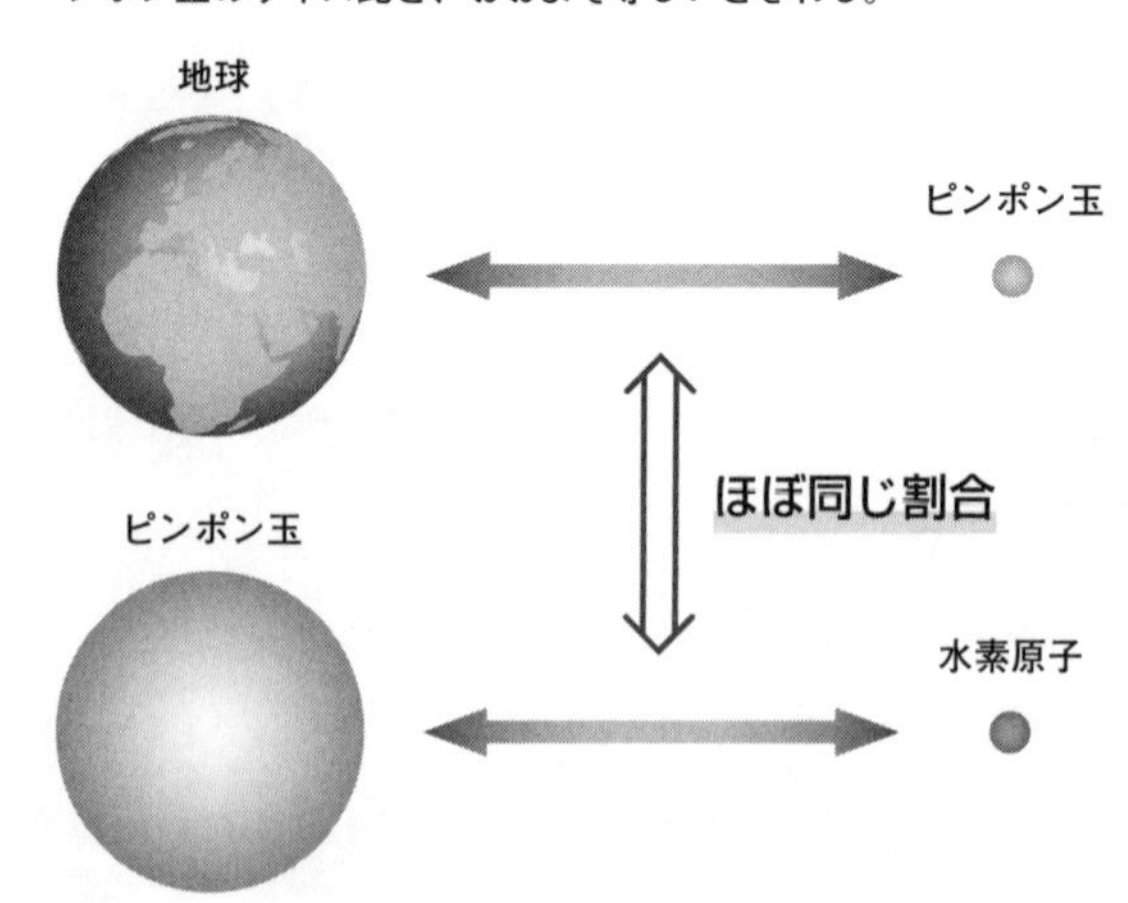

▲原子と原子核のサイズ比は、阪神甲子園球場と１円玉のサイズ比にたとえられることが多い。（写真：DX Broadrec）

原子と原子核

原子は、さらに小さい〝部品〟である、**原子核**と**電子**からできています。非常に小さな原子核を中心として、そのまわりに電子が存在するという原子の構造も、量子論によって明らかにされました。

原子全体の大きさと、原子核の大きさを比べると、どのくらいのサイズ比になるのでしょうか。これは原子の種類によって異なりますが、しばしば「阪神甲子園球場：１円玉」という例が出されます。

また、電子は原子核よりもさらに小さいことがわかっていますが、どれくらいの大きさかは、判明していません。

03

奇妙なポイント❶ ひとつの粒子が波でもある？

波と粒子の二面性

常識の通用しない世界

ミクロの世界の量子的な物理学は、ただ「サイズが小さい」というだけのものではありません。

じつは、量子の世界は、奇妙な法則に支配されています。原子サイズ以下の世界には、**マクロの世界の常識が通用しない**のです。

この奇妙さこそ、難しいところでもあり、とても面白いところでもあります。量子論の根幹にかかわる、ふたつの奇妙なポイントを、まずは概略だけ紹介しましょう。

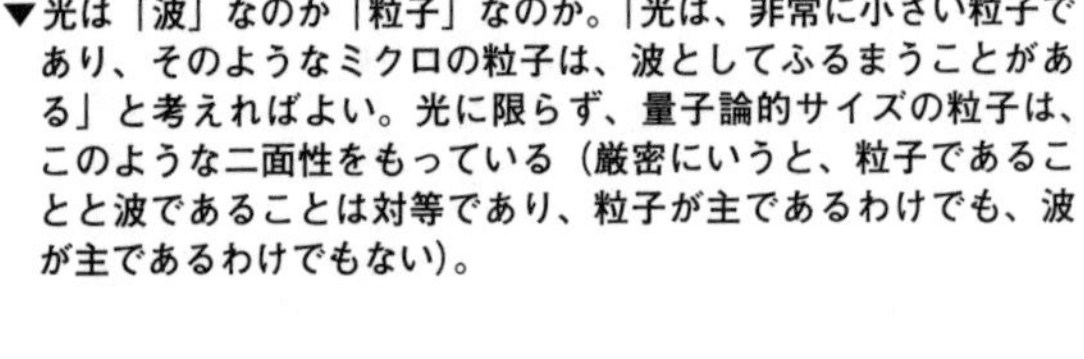

▼光は「波」なのか「粒子」なのか。「光は、非常に小さい粒子であり、そのようなミクロの粒子は、波としてふるまうことがある」と考えればよい。光に限らず、量子論的サイズの粒子は、このような二面性をもっている（厳密にいうと、粒子であることと波であることは対等であり、粒子が主であるわけでも、波が主であるわけでもない）。

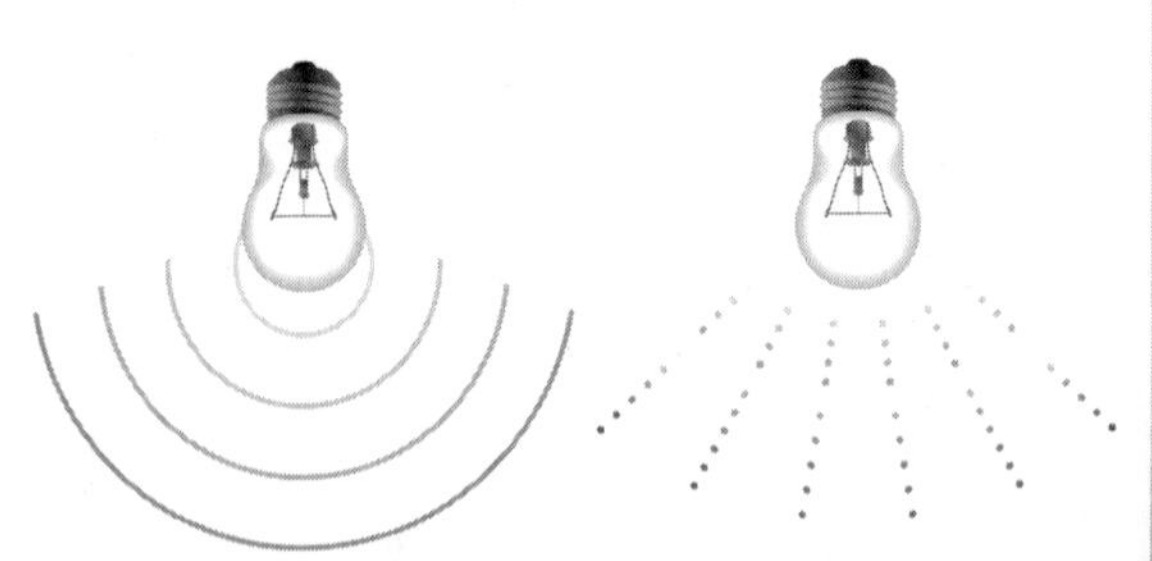

波の性質と粒子の性質

みなさんは、「光」の正体は何だと思いますか?

「光源から、明るさの波が広がっている」というイメージをもつ方もいるでしょう。また、「目に見えない、小さな光の粒がたくさん飛んでいる」と考える方もいるでしょう。

実際、物理学の歴史の中で、「**光は波なのか、粒子なのか**」というテーマは、大問題でした（36ページ参照）。そして、物理学の主役のひとりとも呼ぶべき光の正体は、ほかならぬ量子論によってあばかれます。

その正体とは、「**波でもあるし、粒子でもある**」。いい換えると、「波としての性質と、粒子としての性質をもつ」というものでした。

光だけでなく、たとえば**電子**もこの二面性をもっています。この**波と粒子の二面性**こそ、量子論の奇妙なポイント、その1です。

といっても、これだけでは奇妙さがよくわからないかもしれません。たとえば水も、小さな「粒」の形を取ることもあれば、海の「波」になることもあります。しかし、量子論の「波」とは、たくさんの「粒子」が波打っている現象ではありません。**たった1個の光の「粒子」が、「波」としてふるまうこと**があるのです。

どういうことなのでしょうか。この奇妙さは、第2章以降でじっくり解き明かしていきます。その前にもうひとつ、奇妙なポイントその2を見ておきましょう。

04 状態の重ね合わせ

奇妙なポイント❷ 複数の場所に同時に存在？

箱の中の電子

量子論の奇妙なポイントその2は、**状態の重ね合わせ**と呼ばれる現象です。これを説明するために、**電子**を使ったたとえ話をしましょう。電子も、量子論の主役のひとりです。

ふたを閉めたあとに、真ん中に仕切りを入れることのできる箱を用意して、電子を入れます。ふたを閉め、箱を振って電子を転がしてから、仕切りを入れます。

このとき、常識的には、「電子は、仕切りの右側か左側か、どちらかにある」と考えられますね。

実際、入れたのがたとえばピンポン玉なら、仕切りを入れた時点で、ピンポン玉は右側か左側かどちらかにあります。どちらにあるかわからないにしても、それは人間に観測できないだけで、必ずどちらかに存在し、ふたを開ければ「もともとどちらにあったか」がわかります。

カギは確率

しかし、電子のような量子的サイズのもの

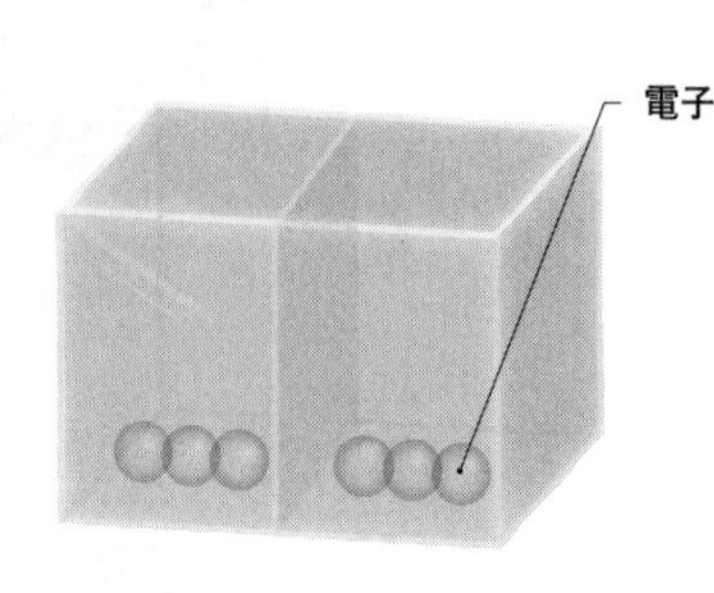

▲箱に入ったピンポン玉なら、観測されていないときでも、ある瞬間には必ずどこかひとつの位置に存在し、ほかの位置には存在しない。しかし量子論的スケールのもの（電子など）の場合、観測されていないときは、さまざまな位置にある状態が、確率的に重ね合わさっていると考えられる。

は違います。電子は、箱の中の**さまざまな場所に、同時に存在**しています。まるで分身の術のように、A地点にある状態がaパーセント、B地点にある状態がbパーセント、C地点にある状態がcパーセント……（以下省略）と、**確率的に重ね合わされている**のです。

　これは、「観測できないから、いろいろな場所にある確率が考えられる」という話ではありません。観測する前は、実際に、同時に複数の場所にあるとしかいえないのです。ふたを開けて観測したときに初めて、電子の位置が1点に確定します。

　この常識はずれの現象も、量子論の重要な特徴のひとつです。そして、**確率**という考え方が、量子論を理解するためのカギになってきますので、頭に入れておいてください。

05

量子論と相対性理論

現代の物理学を切り開いたふたつの理論

同時期に誕生した二大理論

19世紀末から20世紀の初めにかけて作られていった量子論は、それまでの物理学や、人々の常識的なイメージを打ち壊しました。同時期に、やはり従来の物理学をひっくり返すような、革命的な理論がもうひとつ生まれています。**相対性理論**です。

相対性理論が、ドイツ出身の物理学者**アルベルト・アインシュタイン**（1879〜1955年）によって提唱されたことは、よく知られていますが、じつはアインシュタインは、

▼古典物理学と現代物理学のおもな研究分野のイメージ。一般的に、「量子」の考え方が入った物理学を「現代物理学」と呼ぶので、相対性理論を「現代物理学」に分類しないことも多い。

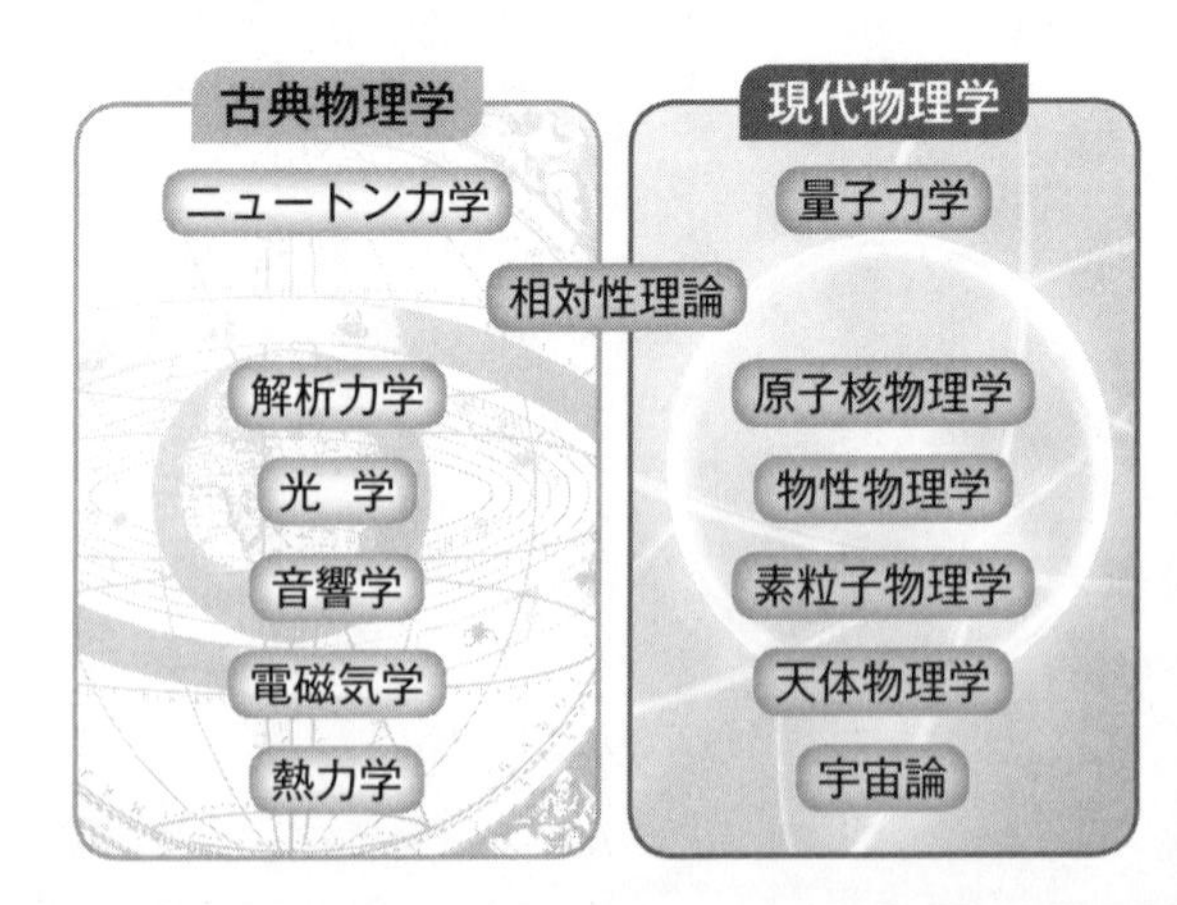

量子論にも非常に大きく貢献しています。

量子論と相対性理論は、それぞれ別のアプローチで、宇宙の秘密に迫っています。量子論がミクロの世界を解明したのと対照的に、相対性理論は、光の速度や巨大な質量といった、大きなスケールで時間と空間を論じます。

そして、量子論と現代物理学を知るうえで、相対性理論についての知識が必要になることがあります。概要を簡単に紹介しましょう。

特殊相対性理論

相対性理論には、1905年に発表された「特殊相対性理論」と、1916年に発表された「一般相対性理論」があります。

特殊相対性理論は、物体の運動を扱う理論です。一般に物体の運動を見るとき、「運動する物体」も「運動を見る視点」もいろいろな速度で運動することができますが、特殊相対性理論では、「見る視点の側は、一定の速度で運動しているか静止している」という限定条件が設定されます。この特殊な設定のために、「特殊」相対性理論と呼ばれるのです。

特殊相対性理論のポイントのひとつは、**光の速度は、どのような立場から見ても一定である**ということです。

宇宙で最も速いのは、真空中を秒速30万キロで進む光の速さです。**光よりも速い運動はありえない**と、特殊相対性理論は定めます。そのうえで、たとえば秒速10万キロで追いかける宇宙船から見ても、光は変わらず秒速30

万キロで進んでいくとされます。

さらに、**光の速度に近づくと、時間の流れはゆっくりになる**ことがわかりました。

私たちは、みんな「同じ時間」を生きているように思い込んでいますが、本当は、それぞれの運動の速度によって、時間の流れ方が変わっているのです。「絶対的」だと考えられていた時間の「相対性」が、明らかにされたのでした。

もうひとつ、有名な「$E = mc^2$」の式を紹介します。Eは**エネルギー**、mは**質量**（物質としての量）、cは光速です。普通、エネルギーと質量はまったく別のものだと考えられていますが、この式は、**質量をエネルギーに、エネルギーを質量に変えられる**ことを表しています。

▼私たちの日常的な感覚では、時速30kmで走っている自転車を、Aさんが時速10kmで追いかけると、「Aさんの立場から見た自転車の速さ」（相対速度）は、「30－10」という単純な引き算で「時速20km」になる。しかし、この「単純な引き算で相対速度を算出できる」という考え方は、じつは非常に遅い速度にしか通用しない思い込みにすぎない。

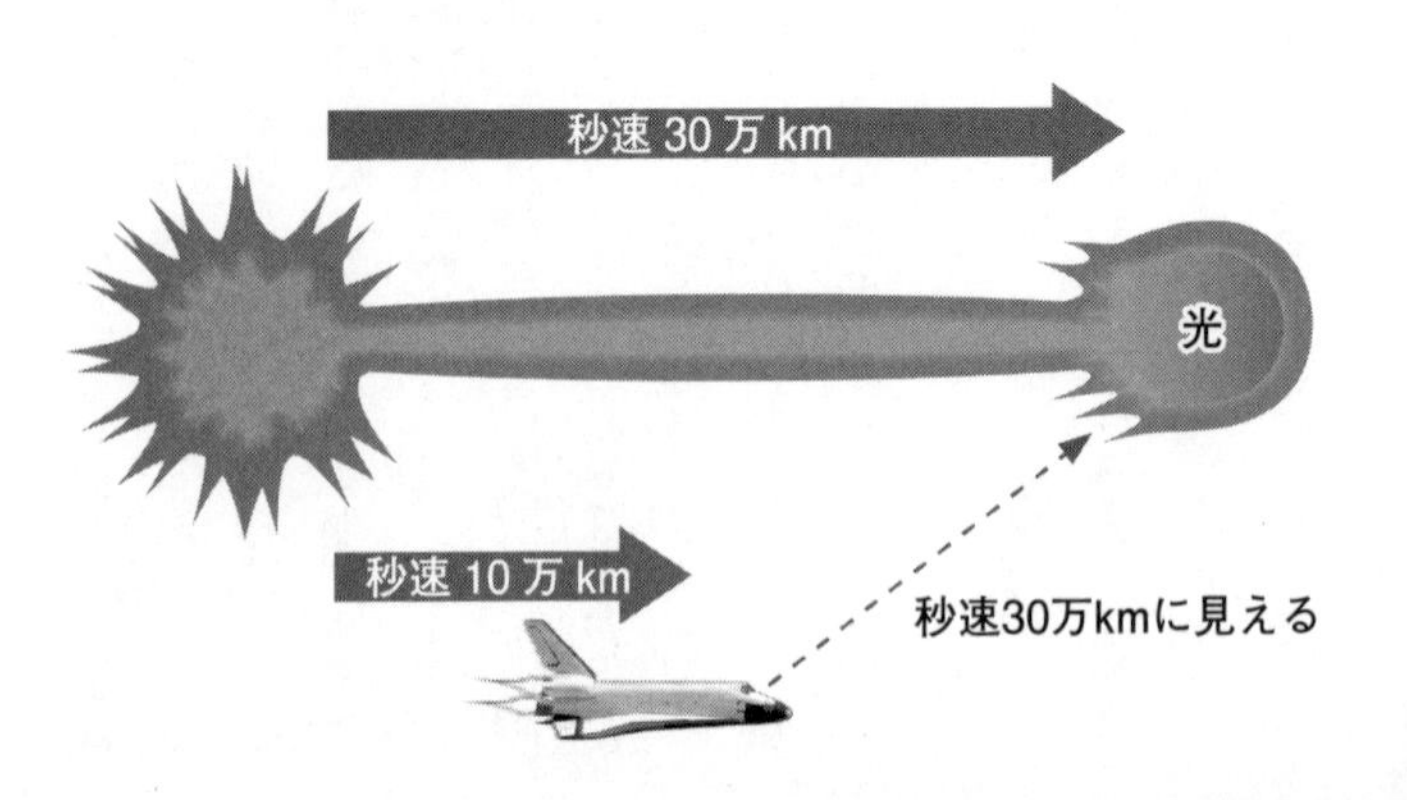

一般相対性理論

驚異的な結論をいくつも導き出した特殊相対性理論にも、弱点がありました。「運動を見る視点」に関して、等速運動という特殊な条件が課せられていることです。この弱点を乗り越えて、加速運動を扱える普遍的な理論として構築されたのが、**一般相対性理論**です。

その結論をまとめると、次のようになります。

❶重力の大きいところでは空間がゆがむ
❷重力の大きいところでは時間の流れがゆっくりになる

▼たとえば、地球は大きな重力をもっているため、地球のまわりでは空間がゆがんでいる。このゆがんだ空間を光が通るとき、光は曲がって見える。大きな重力は、光さえ曲げるのだ。

この理論も、「絶対的」なものだとみなされていた空間と時間が、じつは「相対的」なものだったことをあばき出しています。

量子論と相対性理論は、まったく性格の違う理論ですが、〝常識はずれ〟な面白さでは、似ているともいえそうです。

量子論とノーベル賞

年に1度発表される**ノーベル賞**は、毎年、大きな話題になります。最先端の研究や文学作品、平和活動などにふれるチャンスとして、楽しみにしている人も多いのではないでしょうか。

ノーベル賞は、スウェーデン出身の科学者・発明家**アルフレッド・ノーベル**（1833～1896年）の遺言(ゆいごん)をもとに創設された賞です。**ノーベル財団**によって主宰(しゅさい)され、人類に大きな貢献をした人や団体に授与(じゅよ)されます。物理学賞、化学賞、生理学・医学賞、文学賞、平和賞、経済学賞の6部門があります（経済学賞はのちに設立された賞で、厳密にいうと、ほかの部門とは扱いが違います）。

ノーベル賞が始まったのは、20世紀最初の年、1901年。ちょうど量子論が誕生した時期です。量子論にかかわった研究者たちは、次々にノーベル物理学賞やノーベル化学賞を受賞していきました。ノーベル物理学賞受賞者では、量子論とまったく関係のない人のほうが少ないといえるでしょう。20世紀以降の物理学において、量子論の存在は、それほどまでに大きいのです。

「この研究は、量子論とどんなかかわりがあるんだろう？」と考えてみるのも、ノーベル賞の楽しみ方のひとつかもしれません。

さて次章からは、歴代ノーベル賞受賞者も大勢登場する、量子論の歴史をたどってみましょう。

量子論はこうして誕生した

01 古典力学と「ラプラスの悪魔」

ニュートンが確立した理論ですべてを記述できるか

ニュートン力学の運動の法則

物体にはたらく力と、そこから生まれる運動との関係を解き明かす研究を、**力学**（りきがく）といいます。量子論は20世紀前半に、力学のあり方を大きく変える**量子力学**を生みましたが、この章では、そんな量子論と量子力学がどのように誕生したかを見ていきましょう。

量子の考え方が導入される以前の力学を、**古典力学**といいます。古典力学を確立したのは、イギリスの科学者**アイザック・ニュートン**（1642～1727年）だとされます。

▼ニュートンのまとめた、運動の3法則。

運動の第1法則

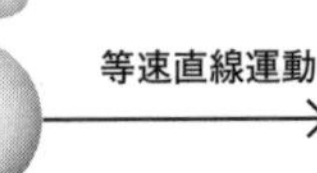

ニュートン

運動の第2法則

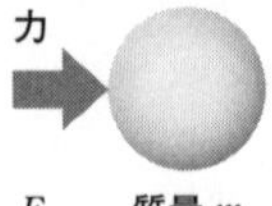

$$F = ma$$

運動の第3法則

ニュートンは、ものごとの変化を調べるための数学的手法である**微分法**・**積分法**を考案し、のちの物理学・数学にはかり知れないほどの貢献をしました。

また、物体の運動についての3つの法則をまとめたのも、ニュートンの功績です。

運動の第1法則は、「静止しているか、または等速直線運動をしている物体は、外から力を加えられない限り、その状態を維持する」というもので、**慣性の法則**といいます。

第2法則は、物体に力を加えるときに生じる**加速度**についてのものです。「大きな力を加えると、その分だけ大きく加速する」「質量が大きいものは、その分だけ動かしにくい」という内容で、Fを力、mを質量、aを加速度として、「$F = ma$」の**運動方程式**で表すことができます。

第3法則は、**作用・反作用の法則**とも呼ばれます。ある物体Aが、別の物体Bに力を加える（作用する）とき、物体Bは物体Aに対して、同じ大きさの力を反対向きに加えている（反作用する）というものです。

これらの法則によって、物理学は、運動の基本的な要素を把握できるようになりました。

万有引力の法則

そしてもうひとつ、ニュートンの代名詞ともいえる、**万有引力の法則**があります。

もちろん、ニュートン以前の人々も、たとえばリンゴに重みがあり、地面に引かれて落

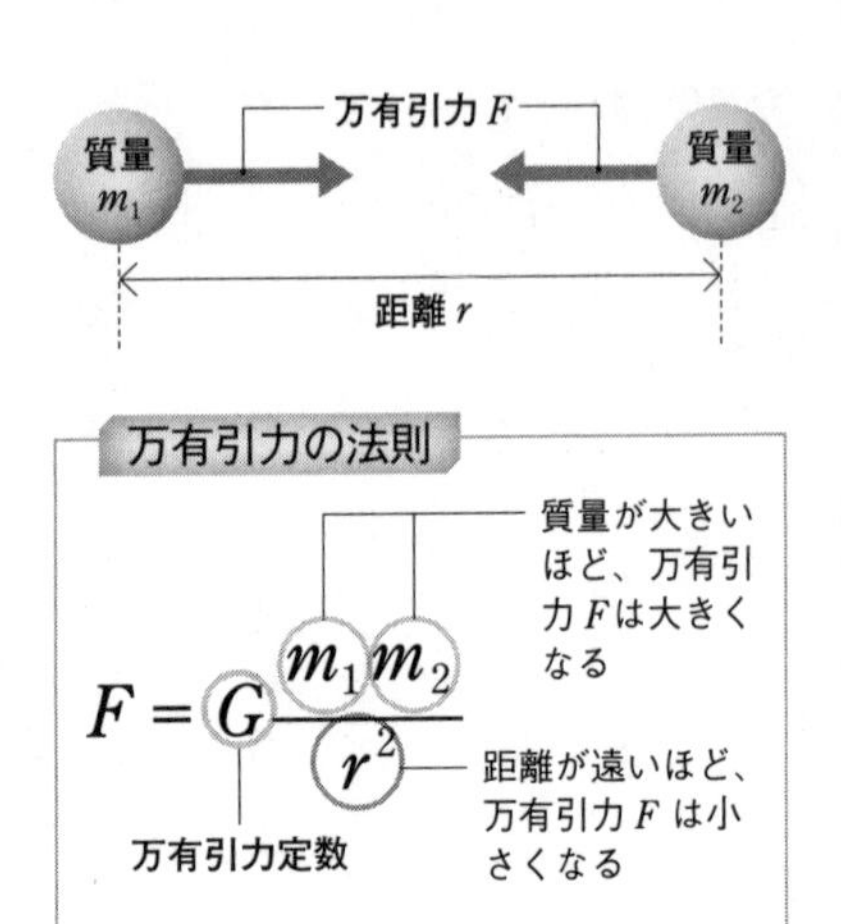

▲万有引力の法則。万有引力 F は、m_1 と m_2 の大小にかかわらず、つねに同じ大きさで向かい合う。

ちることを知っていました。しかし、**宇宙のすべてのものに引力**（**引き合う力**）**が作用する**と考え、「**万有引力は、距離の2乗に反比例する**」という法則を発見したのは、ニュートンが初めてです。

ただし、万有引力の存在を認めない学者たちもいました。

前述した運動についての3つの法則では、物体に力が加わるとき、直接的な接触によって力が伝えられます。それに対して万有引力は、間に力を伝える物質がなくてもはたらくとされており、ここが反論を呼びました。「離れた物体どうしの間で力がはたらくなんて、そんな魔法のようなことがあるわけがない」というのが、反対派のいい分です。

離れた物体に直接作用すると考えられる力を、**遠隔力**（えんかくりょく）といいます。ニュートンは、「なぜ遠隔力がはたらくか」については説明しませんでした。その謎は、19世紀後半に**場**（ば）**の理論**（50ページ参照）が誕生してから、解き明かされていくことになります。

ラプラスの思考実験

17世紀終わりに**ニュートン力学**が確立されたのち、多くの物理学者や数学者が、そこに改良を加えていきます。そして19世紀が始まる頃には、高度に洗練（せんれん）された古典力学に、科学者たちは大きな信頼を寄せていました。

そんな中、「**ラプラスの悪魔**」と呼ばれる思考実験が生まれます。フランスの物理学者・数学者**ピエール＝シモン・ラプラス**（1749～1827年）は、「ある時点の宇宙における、すべての物体の状態と力を、完全に把握した知的存在」を想定します。この知的存在が「ラプラスの悪魔」です。もしそんな悪魔がいたら、その悪魔は古典力学を用いて、宇宙の未来を完璧（かんぺき）に予言できるだろうと、ラプラスは考えました。

▲ピエール＝シモン・ラプラス。

もちろん、宇宙の現状のすべてを知り、さらにそれぞれを力学的に分析することなど、人間には実際問題として不可能でしょうが、原理的には可能だと、ラプラスは考えたのです。そして、「予言できる」ということは、「すでに決まっている」ことを意味します。宇宙には不確定なものなどなく、すべてが古典力学の法則にのっとって、決められたとおりに進んでいくというわけです。

しかしじつは、この考え方は、のちに量子論によって否定されることになります。

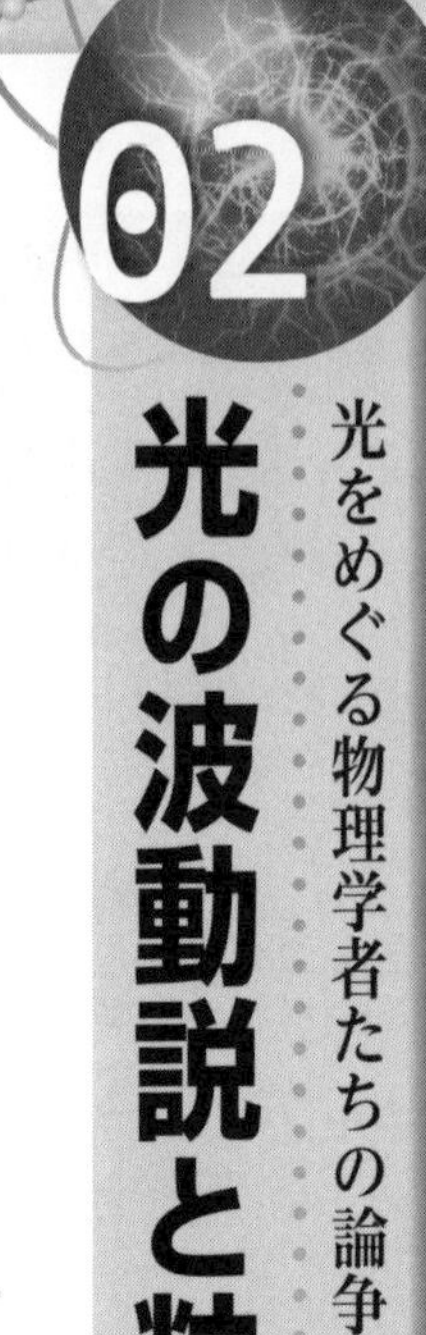

02 光の波動説と粒子説

光をめぐる物理学者たちの論争

ホイヘンスとニュートン

ニュートンは、力学だけでなく、光に関する現象や光の性質を研究する**光学**（こうがく）の分野でも活躍しました。

▲クリスティアン・ホイヘンス。

1690年、オランダの数学者・物理学者**クリスティアン・ホイヘンス**（1629〜1695年）は、**光の波動説**（はどうせつ）を提唱します。つまり「光とは波である」と主張したのです。またホイヘンスは、**エーテル**という物質が、光の波を伝えていると考えました。

これに対してニュートンは、「光の正体は波ではなく、粒子である」とする**光の粒子説**を唱えます。光は、光源から発射される小さな粒子であり、この粒子が空間を飛んでいくというのです。

そのように考えれば、光のふるまいをボールの運動のように、ニュートン力学で記述できるようになります。ニュートンは、自分の力学の万能さを保証するためにも、粒子説にこだわったのでした。

波動説

実体が移動しているのではなく、それぞれの地点で振動が起こっている

A B

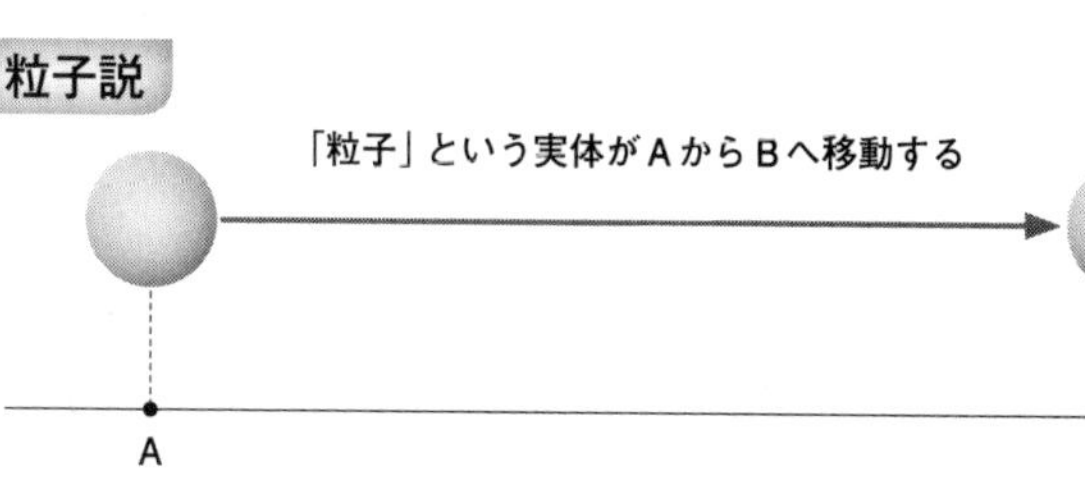

▲光の粒子説と波動説のイメージ。

論争を制したのは？

ニュートンとホイヘンスの間では論争が起こりましたが、18世紀に広く受け入れられるようになったのは、ニュートンの粒子説でした。その一因として、ニュートンの光学研究をまとめた『**光学**』（1704年）という本が、一般読者にも読みやすく書かれていたため、人気を博したことが挙げられます。『光学』は、ニュートン力学の集大成にして代表作である『**プリンキピア**』（1687年）をしのぐほどの影響力をもちました。

第1章で見たように、本当は光には、粒子の性質も波の性質もあります（23ページ参照）。ですから、ニュートンとホイヘンスの

どちらにも、一理あるといえるのです。しかし、ニュートンの粒子説が極端に権威化されたため、18世紀の間、光の波動説はトンデモ理論扱いされることになります。

波のもつ性質

さて、波（波動）にまつわる話は、このあとも頻繁に出てきます。ここで、波の性質を簡単に押さえておきましょう。

まず、波には次の2種類があります。

> **Ⓐ 縦波**……進行方向に振動する
> **Ⓑ 横波**……進行方向と垂直に振動する

▼縦波と横波（上）と、波の基本要素（下）。

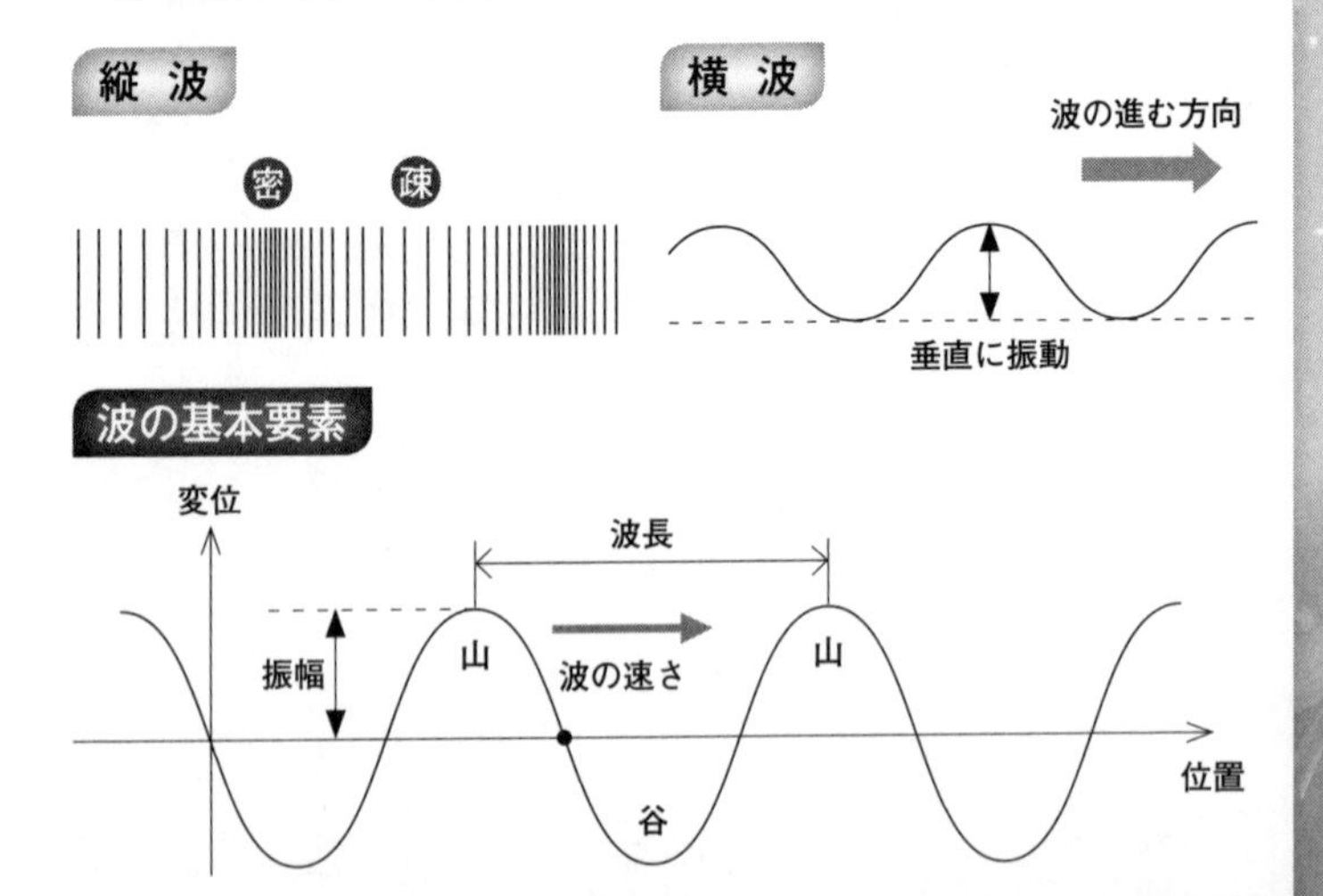

光が波としてふるまうときは横波です。また、音も波の代表例ですが、こちらはほとんどの場合、縦波です。波を分析する際は、縦波でも、進行方向への振動を垂直方向に置き換えて、**山**や**谷**がはっきり見える横波のような図に変換すると、考えやすくなります。

波は、次のような要素で定義されます。

❶ **波長**……1回振動する間に進む距離
❷ **振動数**……単位時間あたりに振動する回数
❸ **速さ**……単位時間あたりに進む距離
❹ **振幅**……振動の大きさ

空間の中で波を伝えるものを、**媒質**といいます。波には、媒質を必要とするものと、必要としないものがあります。音は気体・液体・固体を媒質として伝わりますが、光は媒質なしで伝わります。

また、複数の波が重なり合って新しい波形を生じることを、波の**干渉**といいます。

▼波の干渉。山と山、谷と谷が合わさると、「強め合う干渉」となり、山と谷が合わさると「弱め合う干渉」となる。

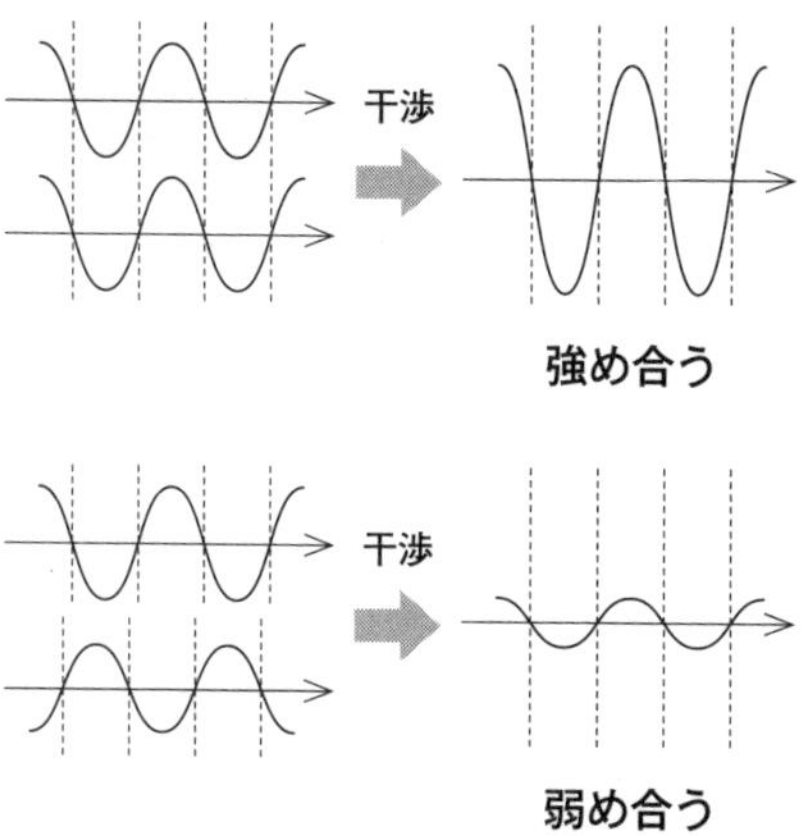

干渉
強め合う

干渉
弱め合う

03 ヤングの実験

干渉を観測して光の波動説を復活させた

スクリーンに何が映るのか

18世紀の間、**ニュートン**による**光の粒子説**が正しいとされていたわけですが、19世紀に入ると、情勢が変化してきます。

潮目（しおめ）が変わるきっかけは、イギリスの物理学者**トマス・ヤング**（1773年～1829年）が、19世紀初頭に行った実験でした。

図のように、光源を用意して、すぐ近くに1本のスリット（切れ込み）が入った遮光板（しゃこうばん）を立てます。その向こうに、少し間隔をあけて2本の平行なスリットが入った遮光板を立てます。そしてさらに奥に、光を映すスクリーンを設置しました。

光源から発せられた光は、真ん中の遮光板の2本のスリットを通って、スクリーンに達します。もしニュートンのいうとおり、光が粒子だとすると、光はただ直進して、スクリーンに明るい2本の線が映るはずです。

干渉は波の性質の証拠

しかし、実験を行ってみると、驚くべき結果が出ました。スクリーンには、明るい線

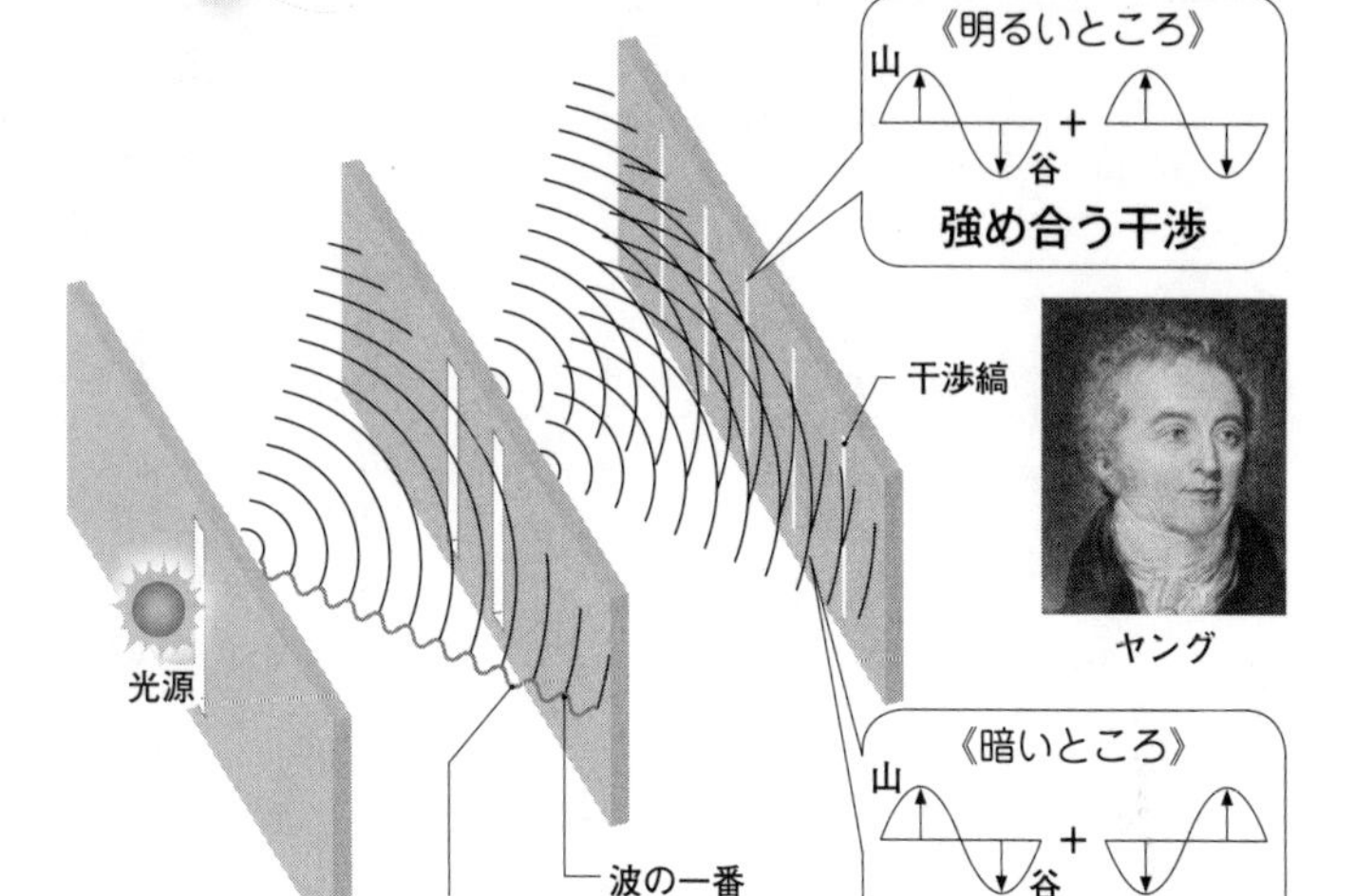

▲ヤングの実験は、光の干渉を通して、光に波としての性質があることを示した。

(明線)と暗い線(暗線)が、交互に何本も観測されたのです。

これを**干渉縞**(かんしょうじま)といいます。干渉縞は、波の**干渉**(39ページ参照)によって生じるものです。つまり、この実験結果は、**光に波の性質があることの証拠**だといえます。

光源から波として広がった光は、真ん中の遮光板のところで、2本のスリットそれぞれから、また波として広がります。このふたつの光の波が互いに干渉して、強め合ったところが明線に、弱め合ったところが暗線になったのです。

光の波動説を唱えたヤングは当初、ニュートンの権威に逆らう者として攻撃されましたが、1820年代までには、波動説が力をもつようになっていきました。

04

量子へとつながる「物質の最小単位」の概念

ドルトンの原子説

原子論の復活

古代ギリシアの哲学者**デモクリトス**（前460頃～前370年頃）は、物質を細かく分割していくと、「それ以上分割できない最小単位」としての**原子**に到達すると主張していました（**原子論**）。

19世紀の初め、長らく忘れられていたこの考え方が、表舞台に呼び戻されます。1803年に近代的な**原子説**を発表したのは、イギリスの化学者・物理学者・気象学者**ジョン・ドルトン**（1766～1844年）でした。

▲デモクリトス。

▲ジョン・ドルトン。

物質は最小単位からなる

ドルトンは1802年、「一方の同一質量の元素と反応するほかの元素の質量は，簡単な整数比となる」という**倍数比例の法則**を発見しました。たとえば、**水素**（H）と**酸素**（O）が化合して**水**（H_2O）や**過酸化水素**

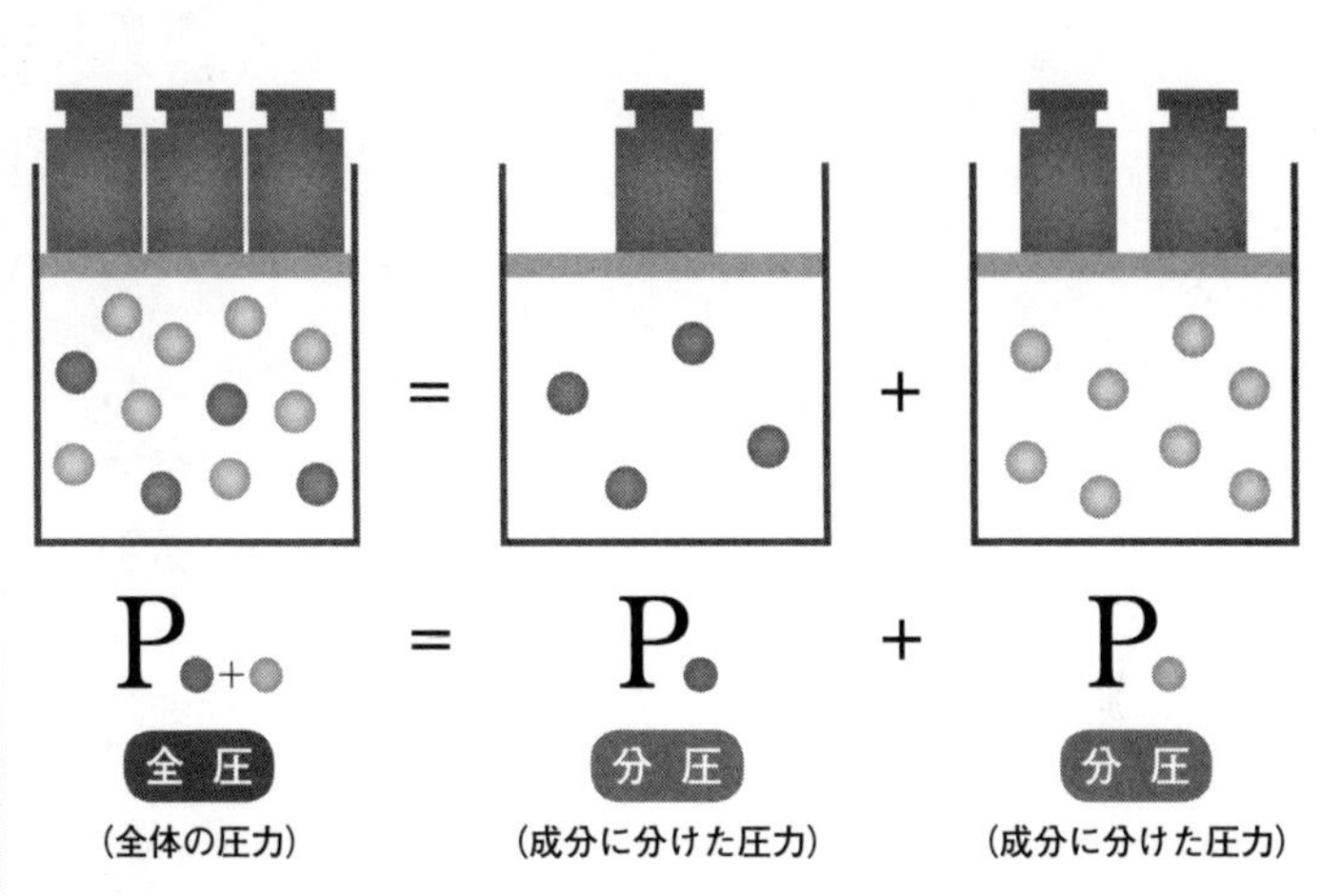

▲ドルトンの法則。混合気体の圧力は、各成分に分けたときの圧力の和に等しい。この法則が成り立つのは、気体が原子でできているからだと、ドルトンは考えた。

（H_2O_2）になるとき、水においては、水素1グラムに対して結合する酸素は8グラム。過酸化水素においては、水素1グラムに対して結合する酸素は16グラムです。つまり、同じ質量の水素と結合する酸素の質量は、8：16＝1：2（簡単な整数比）になります。

またドルトンは、「複数の成分が混ざった混合気体の圧力は、各成分に分けたときの圧力（分圧）を足したものに等しい」という法則も発見しました（**ドルトンの法則**）。

これらの法則は、水素や酸素や混合気体が、「ひとつ」「ふたつ」と**整数で数えられる最小単位**（原子）で構成されているからこそ成立するのだと、ドルトンは主張したのです。当初はあまり相手にされませんでしたが、原子説はのちに力をもつようになっていきます。

エネルギーとは何か

変化を引き起こす力の源

活力からエネルギーへ

18世紀の物理学者たちの間で、**活力論争**と呼ばれる論争が行われていました。

論争のテーマは、ふたつあったとされます。ひとつは、「運動や力を測るとき、どのような尺度を用いるべきか」。

もうひとつは、「宇宙の中のあらゆる運動を通して、増えもせず減りもせず、**保存**されつづける物理量は何か」。

はかばかしい結論は出なかったようですが、この論争の中で出てきた「活力」という概念は、19世紀の半ば以降に体系化される**エネルギー**の理論へとつながっていきます。ちなみに、「エネルギー」という用語をいち早く用いた近代の科学者は、光の干渉実験を行った**ヤング**（40ページ参照）だったとされます。

エネルギーの変換と保存

日常生活でも用いられる「エネルギー」という言葉は、物理学的には、**物体に変化を引き起こすことのできる潜在能力**を意味します。

この潜在的なエネルギーが、実際に物体を変

運動エネルギー	物体が運動することでもつエネルギー。
位置エネルギー	物体が、ある位置（たとえば高所）に存在することでもつエネルギー。
熱エネルギー	原子や分子の熱運動によるエネルギー。
音エネルギー	空気などを伝わる波としての音から生じるエネルギー。
電気エネルギー	電流によって移動するエネルギー。
光エネルギー	電磁波としての光がもつエネルギー。
化学エネルギー	化学反応で放出または吸収されるエネルギー。
原子エネルギー	原子核内部に蓄えられたエネルギー。

▲さまざまな種類のエネルギー。

化させるはたらきとして顕在化したものが、**力**です。力は、エネルギーをある物体からほかの物体へと移動させる過程で、運動状態を変化させたり、物体を変形させたりします。

エネルギーは、力によって物体の間を移動します。また、19世紀半ばには、運動のエネルギーが熱のエネルギーに変換されることがわかりました。エネルギーには多くの種類があり、相互に変換できるのです。

移動し、変換されるエネルギーですが、新しく生まれたり消滅したりすることはありません。じつは、宇宙に存在するエネルギーの総量は、宇宙の誕生のときから増減していないのです。この**エネルギー保存の法則**も、19世紀半ば、複数の科学者たちによって発見されました。

06 電磁気学の誕生と発展

電気と磁気の関係を探る

電気の研究

19世紀に顕著に発展した物理学の分野は、**熱力学**と**電磁気学**です。熱力学は、前項目でふれた**エネルギー**の研究に、大きく貢献しました。ここでは、電磁気学のほうを紹介しましょう。電磁気学の成果も、量子論の誕生に深くかかわってくるからです。

ヨーロッパでは、17世紀頃から**電気**の研究が生まれました。18世紀には、電気に異なるふたつの極（**＋極**と**－極**）があることがわかります。イギリスの科学者**ヘンリー・キャ**

▼クーロンの法則。キャヴェンディッシュが発見の先取権を主張しなかったため、のちに同じ法則を再発見したフランスの物理学者シャルル・ド・クーロン（1736～1806年）の名がつけられた。式の形は、万有引力の法則（34ページ参照）と似ている。

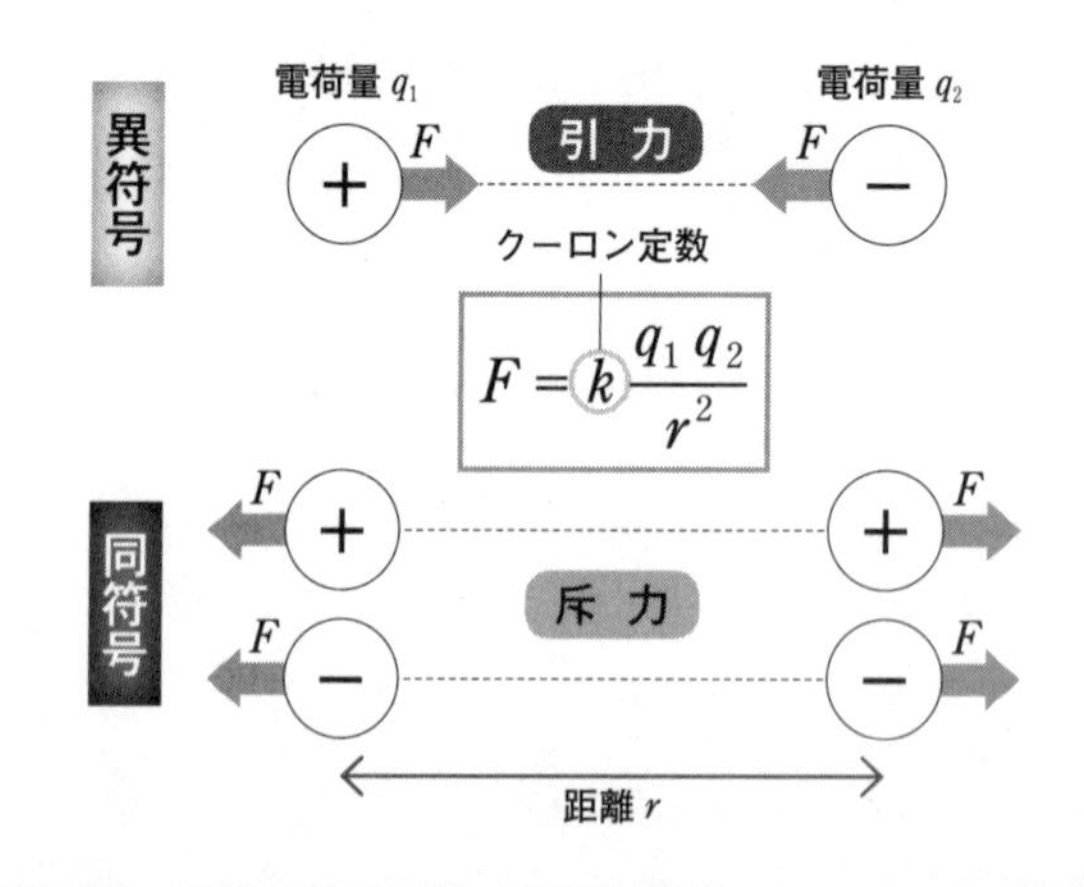

ヴェンディッシュ（1731〜1810年）は、同じ極の間にはたらく**斥力**（反発し合う力）と、違う極の間にはたらく引力についての法則（**クーロンの法則**）を発見しました。

電気と磁気の関係は？

さて1819年、デンマークの物理学者**ハンス・クリスティアン・エルステッド**（1777〜1851年）は、電線に電流を流すと（電気的現象）、近くに置いた方位磁石の針がふれる（磁気的現象）ことを発見しました。

▲エルステッド。

つまり、それまでまったく別のものだと考えられていた電気と磁気との間に、何か関係があるらしいことが見えてきたのです。

▲アンペール。

1820年、フランスの物理学者**アンドレ＝マリ・アンペール**（1775〜1836年）が、電流のまわりに磁気が発生することを表す**アンペールの法則**を発見します。

1831年には、イギリスの実験科学者**マイケル・ファラデー**（1791〜1867年）が、磁気の変化から電流が生まれる**電磁誘導**の現象を、実験で確認して理論化しました。電気と磁気との関係を探る電磁気学は、次々に重要な発見を生んでいったのです。

電気と磁気が空間の性質としてとらえ直される

場の理論とマクスウェルの方程式

電気や磁気は遠隔力か？

ところで、電気や磁気の力は、どのようにして伝わるのでしょうか？

キャヴェンディッシュの発見した、電気の引力と斥力を表す**クーロンの法則**（46～47ページ参照）は、考え方としても式の形としても、**ニュートンの万有引力の法則**（34ページ参照）によく似ています。万有引力の法則は、空間を隔(へだ)てていても直接的に作用する、**遠隔力**だと考えられていたのでした。それと同じように、人々は当初、「電気と磁気の引力・斥力は、離れたものどうしの間で瞬時にはたらく遠隔力だ」と考えていました。

遠隔力から近接力へ

これに異を唱えたのが、**ファラデー**です。ファラデーは、「電気や磁気の力は、離れたものに直接作用するのではなく、まわりの空間に順々に伝わっていく」と主張します。そ

▲ファラデー。

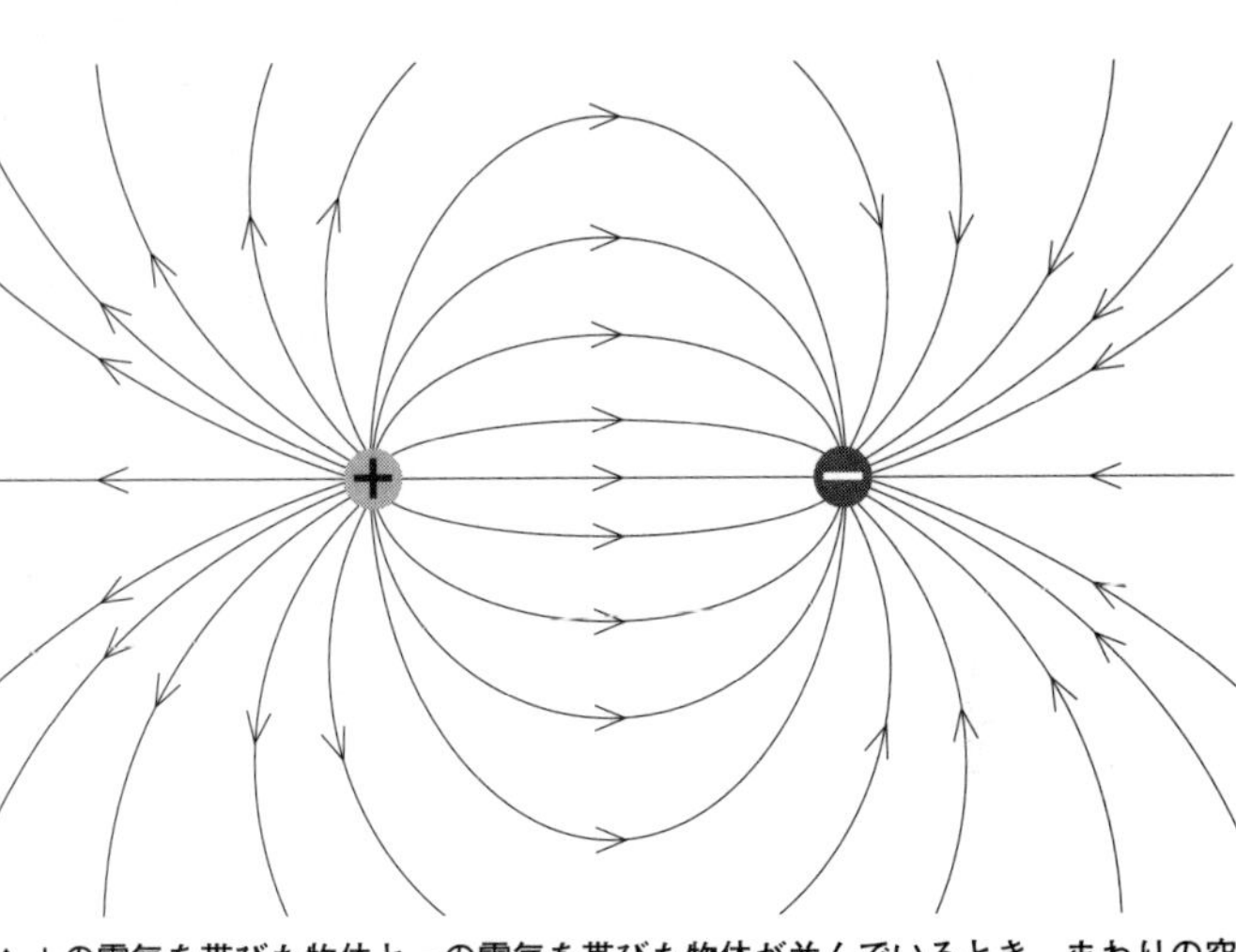

▲＋の電気を帯びた物体と－の電気を帯びた物体が並んでいるとき、まわりの空間（場）の電気力線はこのようになる。

して、その伝播の仕方を、**力線**という仮想的な線として表現しました。

特に、電気の力線を**電気力線**、磁気の力線を**磁力線**と呼びます。

物体Aと物体Bの間ではたらく電気的な力を、力線を用いて考えてみましょう。物体Aの電気は、電気力線に沿ってまわりの空間に伝わり、その空間が、物体Bに電気を伝えます。逆も同様です。

力線の概念を導入すれば、電気や磁気を遠隔力だと考える必要がなくなります。

AもBもその空間にあり、直接ふれている空間から力を伝えられるわけですから、これは遠隔力ではありません。

ファラデーは、電気や磁気を**近接力**（じかに接しているものから受ける力）として説明する理論を作り出したのです。

場の理論

また、ファラデーの理論によると、**電荷**（帯びている電気）をもった物体がある空間に置かれたとき、その空間は、電気力線で表されるような〝性質〟をもつことになります。そして、空間にあるものは、その〝性質〟から影響を受けます。

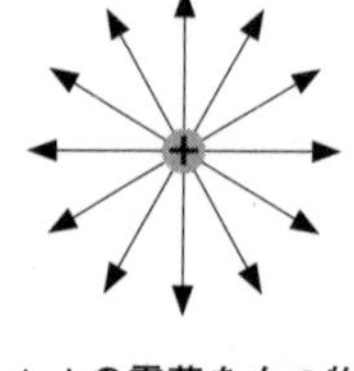

▲＋の電荷をもつ物体が置かれた空間。

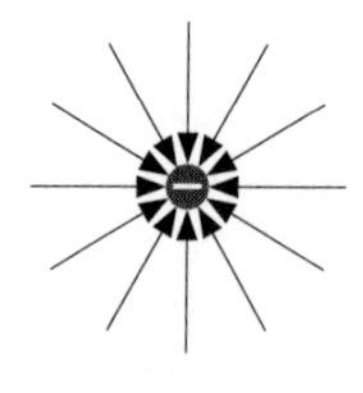

▲－の電荷をもつ物体が置かれた空間。

一般に、物理的な現象を、空間（場）のもっている性質から説明する理論を、**場の理論**といいます。ファラデーは、場の理論を先駆的に示したといえるでしょう。

この「場」という考え方は、のちに量子論でも、大きな役割を果たすことになります。

マクスウェルの方程式

ファラデーの理論を発展的に受け継いだのは、イギリスの物理学者**ジェームズ・クラーク・マクスウェル**（1831～1873年）です。彼は、19世紀最高の物理学者ともいわれます。

マスクウェルは、1864年、それまでの

ファラデーの電磁誘導の法則

$$\mathrm{rot}\,\vec{E} = -\frac{\partial \vec{B}}{\partial t}$$

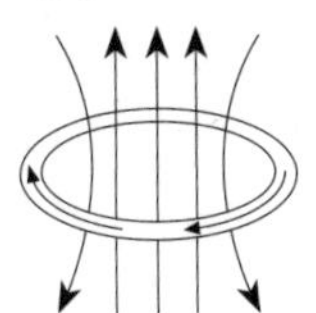

磁場が時間変化すると電場が生まれる

アンペールの法則

$$\mathrm{rot}\,\vec{H} = \vec{j}$$

電流のまわりに磁場ができる

＊マクスウェルは上式の右辺に変位電流 $\left(\frac{\partial \vec{D}}{\partial t}\right)$ と呼ばれる項をつけ加え、

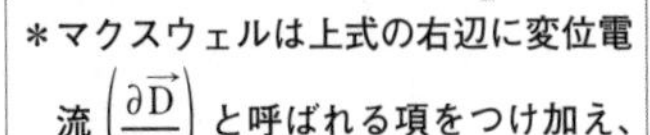

改良版のアンペールの法則を作り上げた。上式は改良前。

電場のガウスの法則

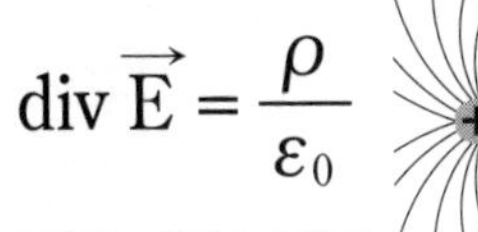

$$\mathrm{div}\,\vec{E} = \frac{\rho}{\varepsilon_0}$$

電場は＋電荷から出て－電荷に吸い込まれる

磁場のガウスの法則

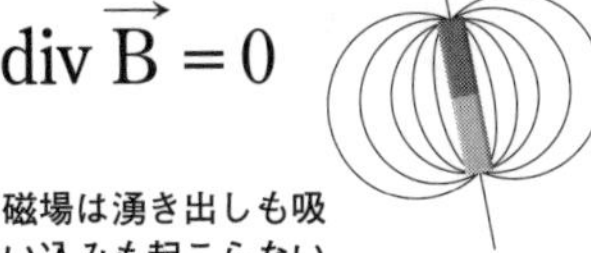

$$\mathrm{div}\,\vec{B} = 0$$

磁場は湧き出しも吸い込みも起こらない

▲マクスウェルが整理した４つの方程式。

▲マクスウェル。

電磁気学の成果を、場の形式を用いた方程式にまとめあげました。

マクスウェルの方程式は、４つの法則を表す美しい式です。この方程式によって、電気と磁気が同じひとつのものの異なった現れ方にすぎないことが、はっきりと示されました。その「同じひとつのもの」を、**電磁気**と呼びます。

ここに、古典電磁気学の理論が完成されたといわれています。電気や磁気は、場としてとらえ直され、**電場**や**磁場**、合わせて**電磁場**と表現されるようになりました。

08 電磁波の発見

物理学が光の正体に迫っていく

マクスウェルの予言

電場と磁場に関する**マクスウェルの方程式**を、数学的に操作していくと、**波を表現する形の式**がえられます。電場と磁場が振動するこの波は、**電磁波**（でんじは）と名づけられました。

マクスウェルの方程式には、「電場から磁場が生まれる」という内容と、「磁場の変化から電場が生まれる」という内容が入っています。ですから、振動する電場と磁場は、互いに生み出し合いながら、どこまでも進んでいくことになります。つまり、波を伝える**媒質**（39ページ参照）となるような物質がまったく存在しないところでも、電磁波は伝わっていくのです（ただし、マクスウェル自身は「電磁波に媒質はない」とは考えていませんでした。それについては54ページで後述します）。

マクスウェルは、この電磁波の進む速さがどれくらいなのか、計算してみました。すると、1849年にフランスの物理学者**アルマン・フィゾー**（1819～1896年）が測定した**光の速度**に、非常に近い値が得られました。

このことからマクスウェルは、「**光とは、**

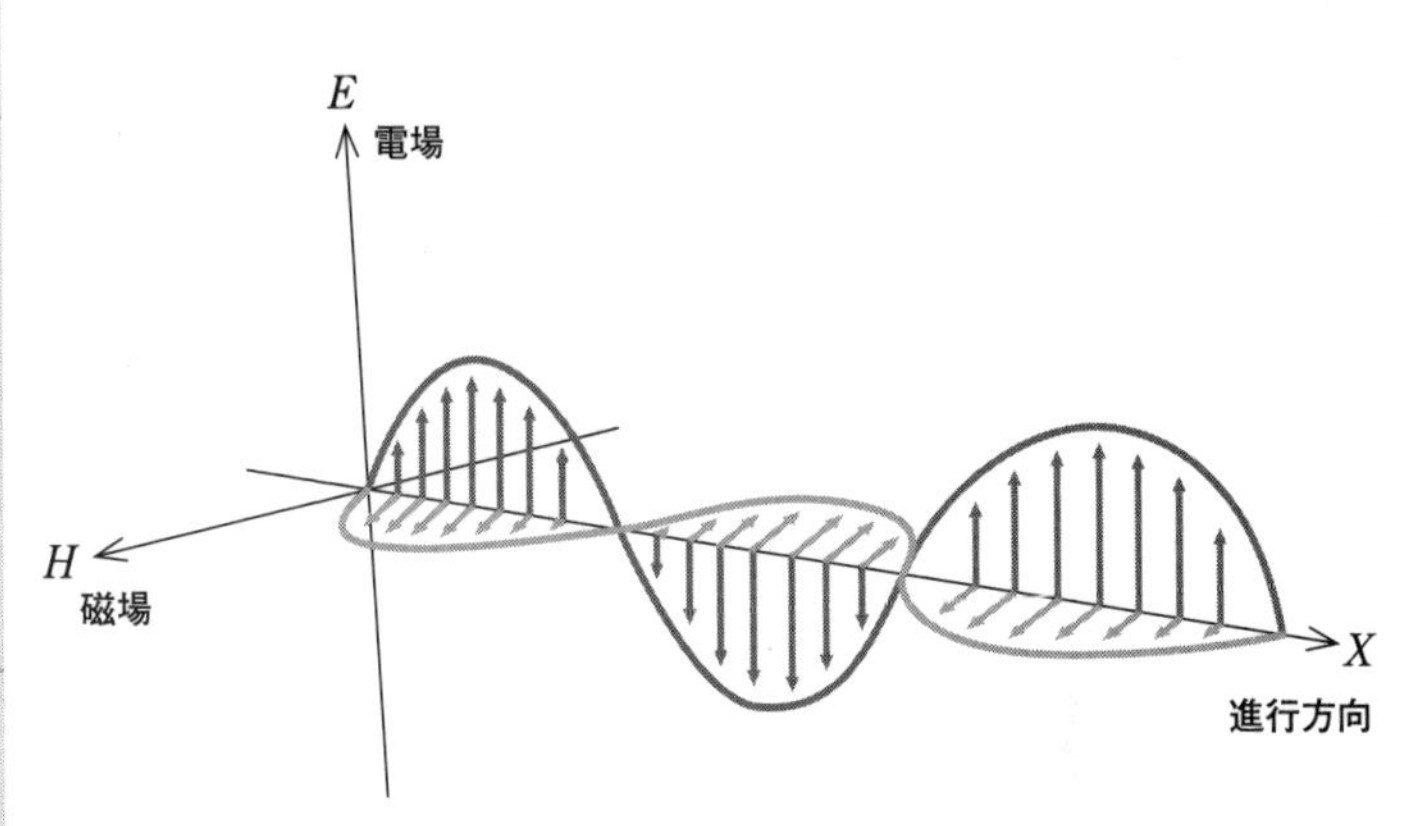

▲電磁波の伝わり方。電磁波がX軸方向に進むとき、電場はE軸方向に振動する波になり、磁場はH軸方向に振動する波になる。電場と磁場は、互いを生み出し合いながら、媒質のないところでも、どこまでも進んでいく。

電磁波の一種である」と結論します。これは、**ヤングの実験**（40ページ参照）以降有力視されていた**光の波動説**の、決定打とされました。

ヘルツによる実証

マクスウェルが理論を発表した段階では、電磁波の存在は、実験によって証明されていませんでした。マクスウェルの死後、実験によって電磁波を発見したのは、ドイツの物理学者**ハインリヒ・ヘルツ**（1857～1894年）です。1888年のことでした。

▲ハインリヒ・ヘルツ。

電磁波の存在が確かめられ、光が電磁波であることも証明されると、光の正体をもあばき出したマクスウェルの理論は、19世紀物理学最大の達成として権威化されました。

エーテルをめぐって

さて、マクスウェルは、光を含めた電磁波には、**エーテル**（36ページ参照）という媒質があると考えていました。マクスウェルに限らず、当時の物理学者たちは、エーテルが宇宙に充満し、光の波を伝えていると信じていたのです。そうでなければ、空気もない真空の宇宙を、光が伝わるわけがないというのが、彼らの考えでした。

このエーテルの存在を、実験によって確かめようとする物理学者が現れます。アメリカの**アルバート・マイケルソン**（1852〜1931年）と**エドワード・モーリー**（1838〜1923年）です。1887年、有名な**マイケルソン＝モーリーの実験**が行われます。

マイケルソン＝モーリーの実験

空気の中を自転車で走るとき、風を感じます。それと同じように、エーテルが充満した宇宙をものすごい速度で公転している地球は、「エーテルの風」を受けているはずです。この「エーテルの風」が、光の速度に影響しているはずだと、マイケルソンらは考えました。

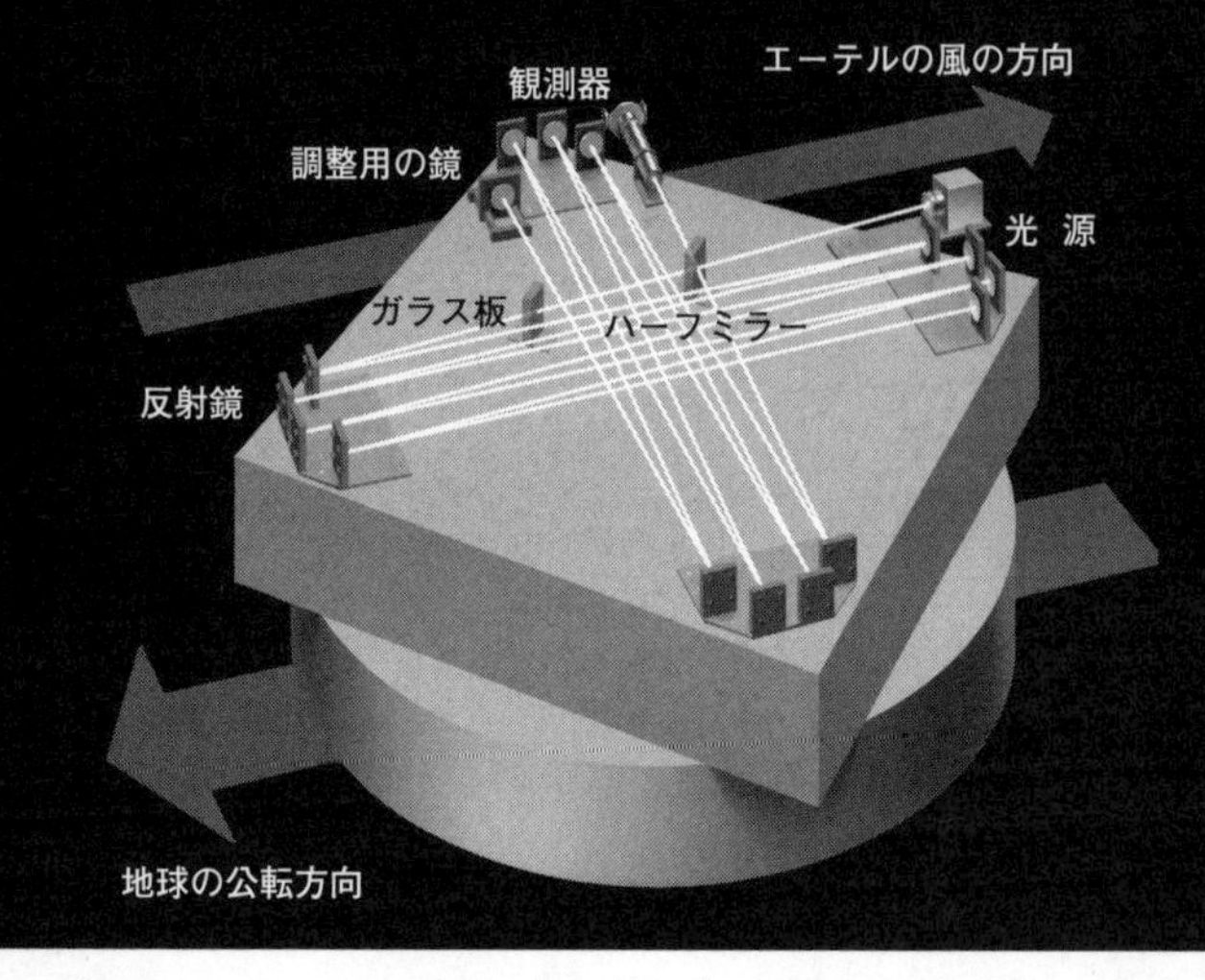

▲マイケルソン＝モーリーの実験に使われた「マイケルソン干渉計」の模式図。マイケルソンらは、この実験によってエーテルの存在を証明できると考えていたが、結果的に、エーテルが存在しないこと（光に媒質がないこと）を証明してしまった。

実験に使われたのは、上図のような**マイケルソン干渉計**（かんしょうけい）です。

ひとつの光を、互いに垂直なふたつの光線に分け、それぞれを鏡に反射させて中央に戻し、重ね合わせて**干渉**（39ページ参照）させます。もし「エーテルの風」が存在するなら、「エーテルの風」に平行な方向と、垂直な方向とで、光の速さが違い、そのことが**干渉縞**（41ページ参照）からわかるはずでした。

しかし、実験の結果を見ると、どの方向でも光の速さに差は見られませんでした。つまり、「エーテルの風」は吹いていなかったのです。**エーテルの存在が否定された**ことになります。光は、媒質をもたない波でした。

この光と電磁波の正体を、さらに探るところから、量子論が誕生することになります。

09 次々に発見される謎の放射
X線と放射線

波長の長い電磁波

電磁波の一種である光は、一般に、目に見える明るさのことだと思われていますが、じつは**可視光線**（かしこうせん）は、光の中の一部でしかありません。電磁波は波なので、**波長**（39ページ参照）がありますが、人間の目は、一定の幅の波長をもつ電磁波しか見ることができないのです。

可視光線の中でも波長の長い光は、赤色に見えます。そこからさらに波長が長くなって、人間の目には見えなくなった光を、**赤外線**（せきがいせん）と

▼電磁波の波長と光のスペクトル。

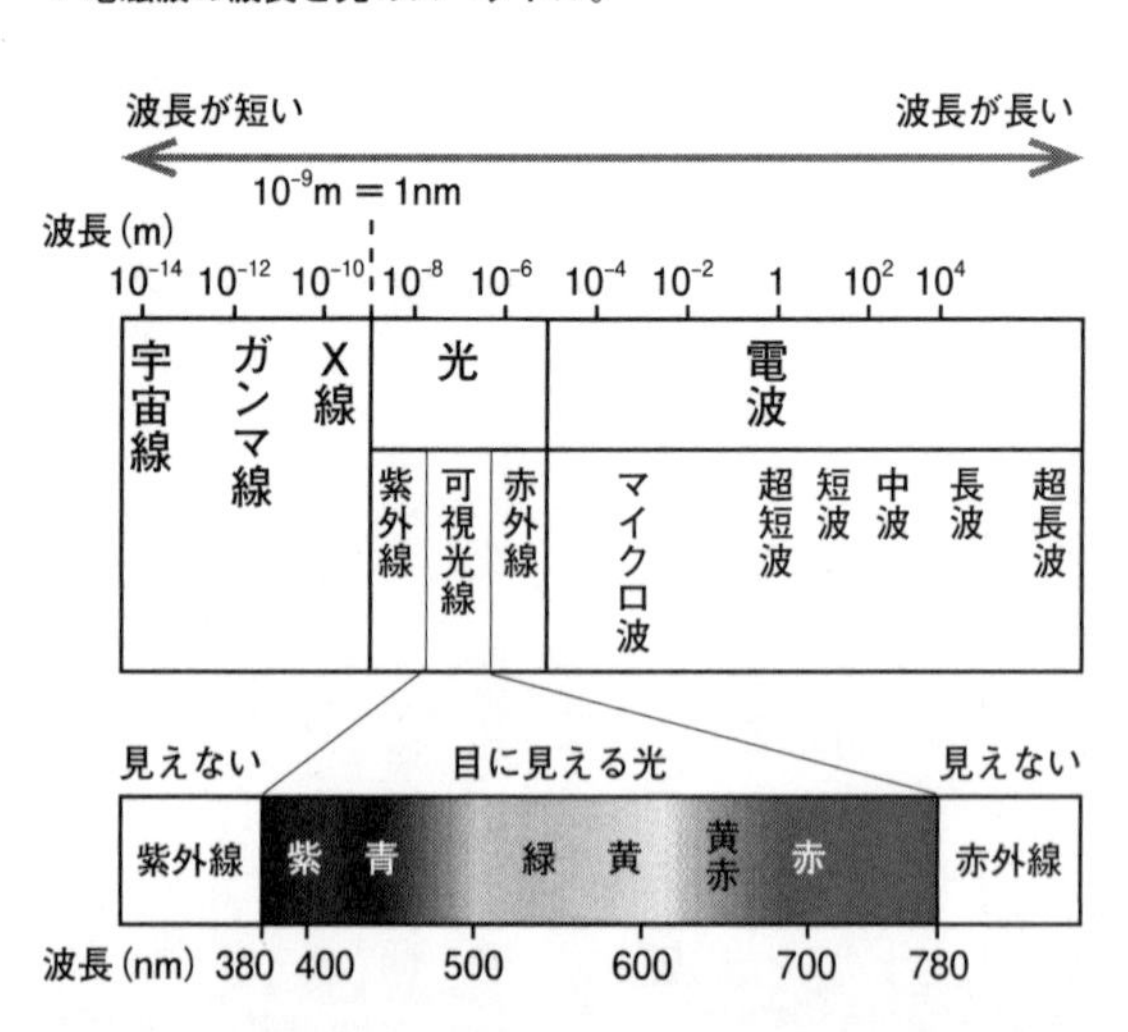

いいます。これは電子レンジや暖房機器に用いられます。

　もっと波長が長くなると、光ではなく、**電波**と呼ばれるようになります。波長が長いということは、波としての性質が顕著に出ることを意味します。この波の性質が、ラジオやインターネットなどの通信に利用されます。

波長の短い電磁波

　今度は逆に、波長の短い電磁波を見ていきましょう。

　可視光線の中で、波長の短い光は、紫色に見えます。さらに波長が短くなり、人間には見えない光になったものを、**紫外線**といいます。日焼けの原因として有名です。

　紫外線よりも波長が短い電磁波は、光とは呼ばれず、**X線**や**ガンマ線**といった名前がつけられています。宇宙から地球に降り注ぐ**宇宙線**も、非常に波長の短い電磁波です。

　波長が短いと、厚みの薄いものや密度の低いものを**透過**することができます。

X線の発見

　X線は1895年、ドイツの物理学者**ヴィルヘルム・レントゲン**（1845～1923年）によって発見されました。

　レントゲンは、**陰極線**の研究をしているところでした。陰極線とは、真空の容器に一対

▲ヴィルヘルム・レントゲン。

の電極を入れて電圧をかけると、－極（マイナス）の逆側の内壁が光る現象です。これは、－極（マイナス）から撃ち出された**電子**が、容器の内壁に衝突するために起こっていることなのですが、当時はまだ電子が発見されていなかったため、謎の現象とされていました。

この実験中にレントゲンは、陰極線とは違う、正体不明な何かが放射されているのを発見します。これがX線です。

X線は透過性が高く、写真を感光（かんこう）させました。この性質は、人体などの内部を可視化するいわゆる**レントゲン写真**として、現在も利用されています。

放射線の発見

X線の発見に刺激された科学者たちは次々に、未知の放射を見つけていきました。

1896年、フランスの物理学者**アンリ・ベクレル**（1852～1908年）は、**ウラン**という鉱物が目に見えない放射を発していることを突き止めます。同じくフランスの**ピエール・キュリー**（1859～1906年）と、その妻でポーランド出身の**マリー・キュリー**（1867～1934年）は、ウラン以外の物質からも放射が出ているのを発見し、

▲アンリ・ベクレル。

▲ピエール・キュリー（左）とマリー・キュリー（右）。

それらを**放射線**と名づけました。放射線を出す物質は**放射性物質**といい、放射線を出す性質を**放射能**といいます。

1899年には、ニュージーランド出身の**アーネスト・ラザフォード**（1871～1937年）が、**アルファ線**と**ベータ線**という2種類の放射線を発見しました。

当時、放射線の正体はよくわかっていませんでしたが、現在の目から見ると、放射線とは**強いエネルギーをもって飛ぶ粒子や電磁波**の総称です。X線は、電磁波であると同時に、最初に発見された放射線でした。

▼放射線の例と、それぞれの透過性（何をすり抜け、どこで止まるか）。

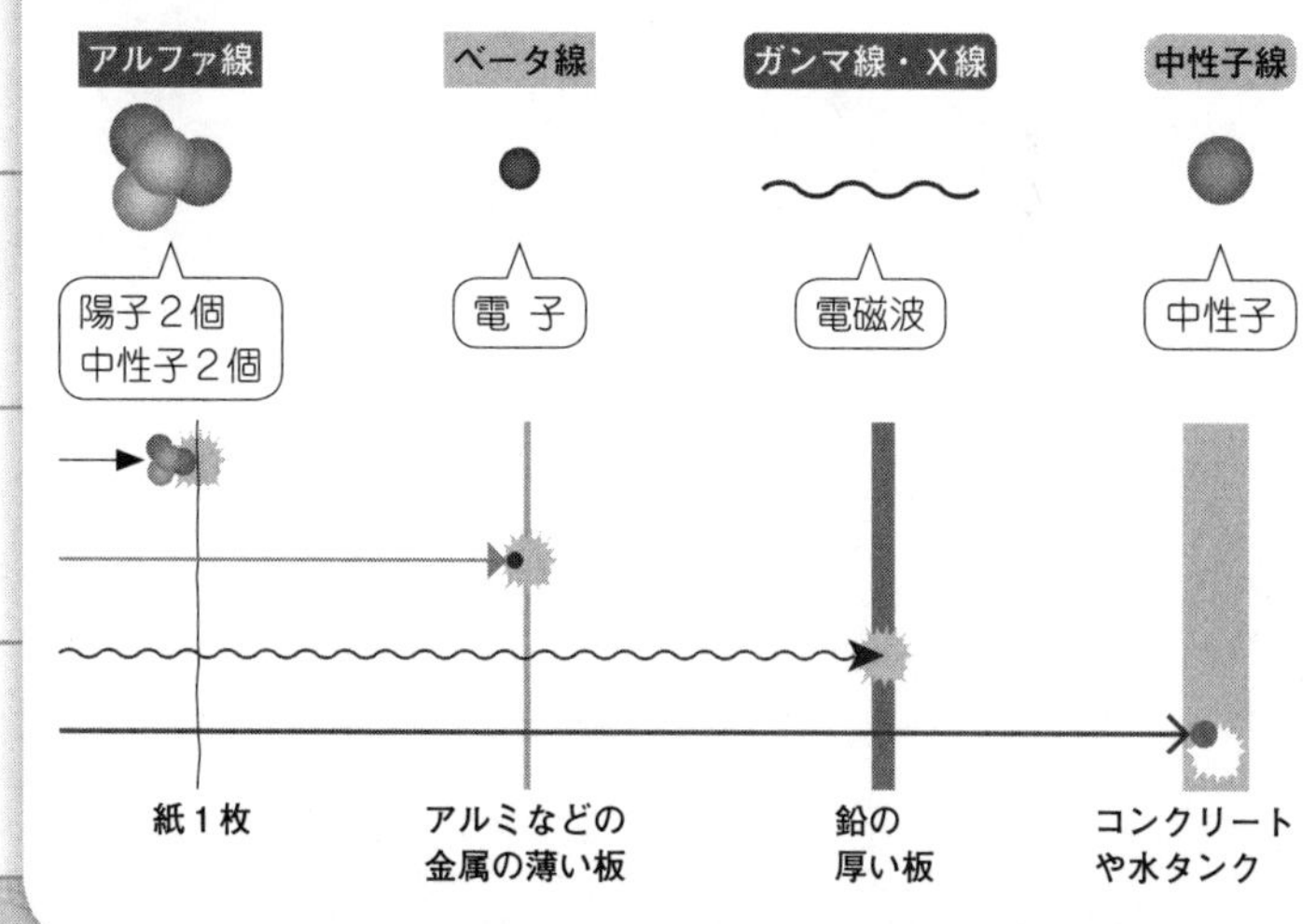

10 製鉄業と黒体問題

量子論の萌芽は溶鉱炉の中にあった

溶鉱炉の温度が知りたい

さて、いよいよ19世紀最後の年に、量子論の産声が上がります。そこには、ここまで何度も登場した**光**が、大きくかかわってきます。

19世紀末のドイツでは、製鉄業の発展を受けて、溶鉱炉の効率的な管理が望まれていました。そのためには、熟練した職人の経験だけに頼らずに、**炉内の温度を正しく測定する必要**があります。しかし、数千度にも達する炉内を、直接測れる温度計はありません。どうすればよいでしょうか。

▼ドイツのフォルクリンゲン製鉄所。製鉄業の全盛期の姿が残っており、世界遺産にもなっている。

加熱された物質は、温度に応じて**色**を変えることがわかっています。これは、加えられた熱エネルギーによって、物質を構成する電子などが振動し、その振動に応じた波長の**電磁波（光）**を放射しているのです（電磁波の波長が、光の色を決めます。56ページ参照）。

つまり、物体の**温度と色（光）の間には、深い関係がある**わけです。この関係がはっきりわかれば、溶鉱炉から出る光を見るだけで、炉内の温度を知ることができそうです。

しかし実際は、物質表面での光の反射などがからんできて、温度と色の関係は複雑になり、うまく理論化できていませんでした。

このような状況の中、19世紀半ばに提示されていたひとつのアイデアに、物理学者たちの関心が寄せられます。

黒体問題

ドイツの物理学者**グスタフ・キルヒホッフ**（1824〜1887年）は1859年、色と温度の問題をシンプルにするため、**黒体**という架空の物質を考案していました。

黒体とは、外から当てられるあらゆる波長の電磁波を、すべて吸収できる物質です。表面での反射などがないため、理想的な純粋さで、放射される光（電磁波）の色と温度の関係を調べられます。

▲グスタフ・キルヒホッフ。

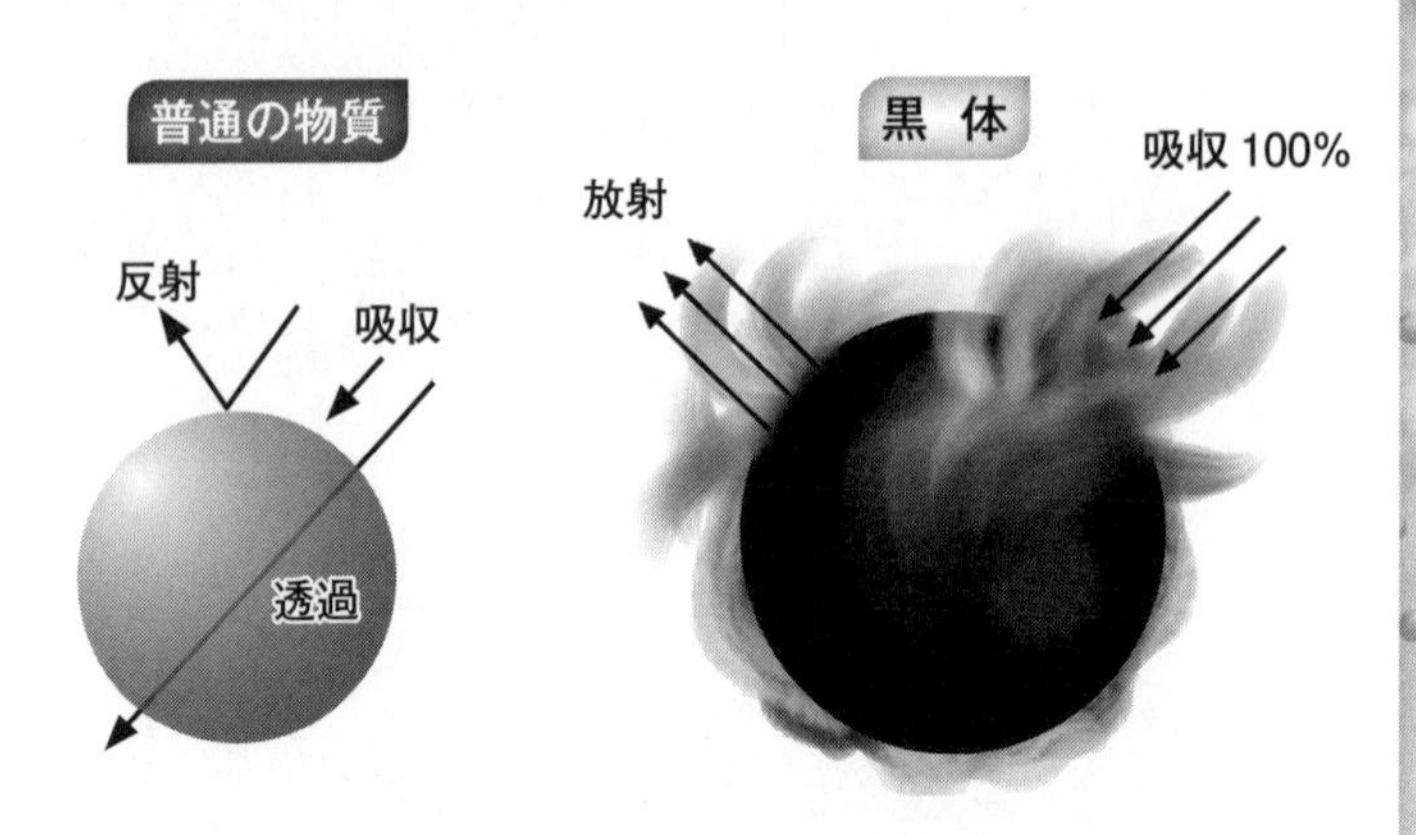

▲普通の物質に電磁波が当たるとき、電磁波のいくらかは、表面で反射したり、物質を透過したりする。温度と色（光の波長）の関係を、純粋に理論的に追究するには、当てられた電磁波をまったく反射せず、透過もさせず、完全に吸収できる「黒体」を考える必要があった。

キルヒホッフはこういう架空の物質の想定を通して、「加熱された物体が放射する電磁波の波長と、温度との関係を、純粋に理論的に探究すればよい」という方針を示したのです。これを**黒体問題**といいます。

ふたつの公式

19世紀末に黒体問題が再注目されると、物理学者たちは、「黒体が放射すると考えられる電磁波（**黒体放射**）の波長と温度の関係」を、数式で表そうと試行錯誤します。実際には、波長に反比例する**振動数**（39ページ参照）と温度の関係が探られました。

1896年、ドイツの物理学者**ヴィルヘル**

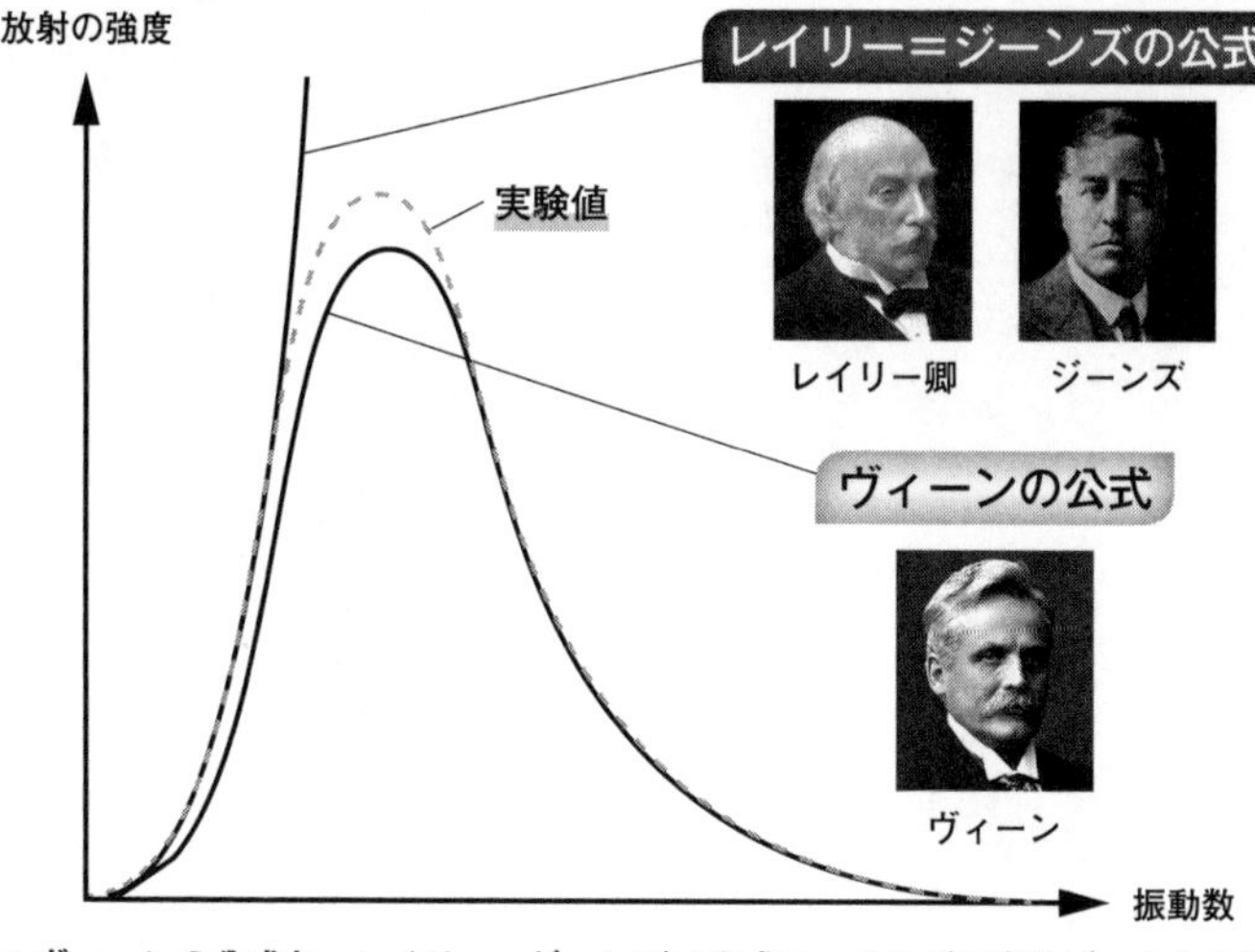

▲ヴィーンの公式と、レイリー＝ジーンズの公式は、それぞれ実験データと合致する領域が限られていた。黒体放射をあらゆる領域で正しく表現できる公式を見つけ出すことが、物理学者たちの課題だった。

ム・ヴィーン（1864〜1928年）が、**ヴィーンの公式**を発表します。短い波長（高振動数）の領域では、当時実験によって得られたデータとよく一致しました。

しかし1899年、より高温で低振動数の計測が行われると、ヴィーンの公式が実験結果から大きくズレることがわかります。

そして1900年、イギリスの物理学者**レイリー卿**（**ジョン・ウィリアム・ストラット**、1842〜1919年）が、別の公式を発表しました。のちにイギリスの**ジェームズ・ジーンズ**（1877〜1946年）の指摘を受けて修正され、**レイリー＝ジーンズの公式**と呼ばれることになるこの式は、低振動数の領域では実験結果と合いましたが、逆に、高振動数の領域には通用しませんでした。

振動子のエネルギーは量子化されている

プランクの量子仮説

プランクの公式の意味は？

ベルリン大学の理論物理学の教授であった**マックス・プランク**（1858～1947年）も、**黒体問題**に取り組んでいました。

1900年、彼は**ヴィーンの公式**を改良して、「あらゆる振動数の領域で観測データと合致する式」を、ついに作り出します。

キルヒホッフ以来の悲願が成就したわけですが、プランクは手放しでは喜べませんでした。その**プランクの公式**は、直観的な推論によって導かれたものでしかなかったからです。

なぜその式が成り立つのか、理論的な裏づけを見つけなければいけません。

▲マックス・プランク。

自分の発見した公式に、どんな物理的意味があるのか、プランクは懸命に考えます。そして、ある仮説にたどり着くのです。

エネルギーの最小単位

プランクはまず、「黒体を構成しているの

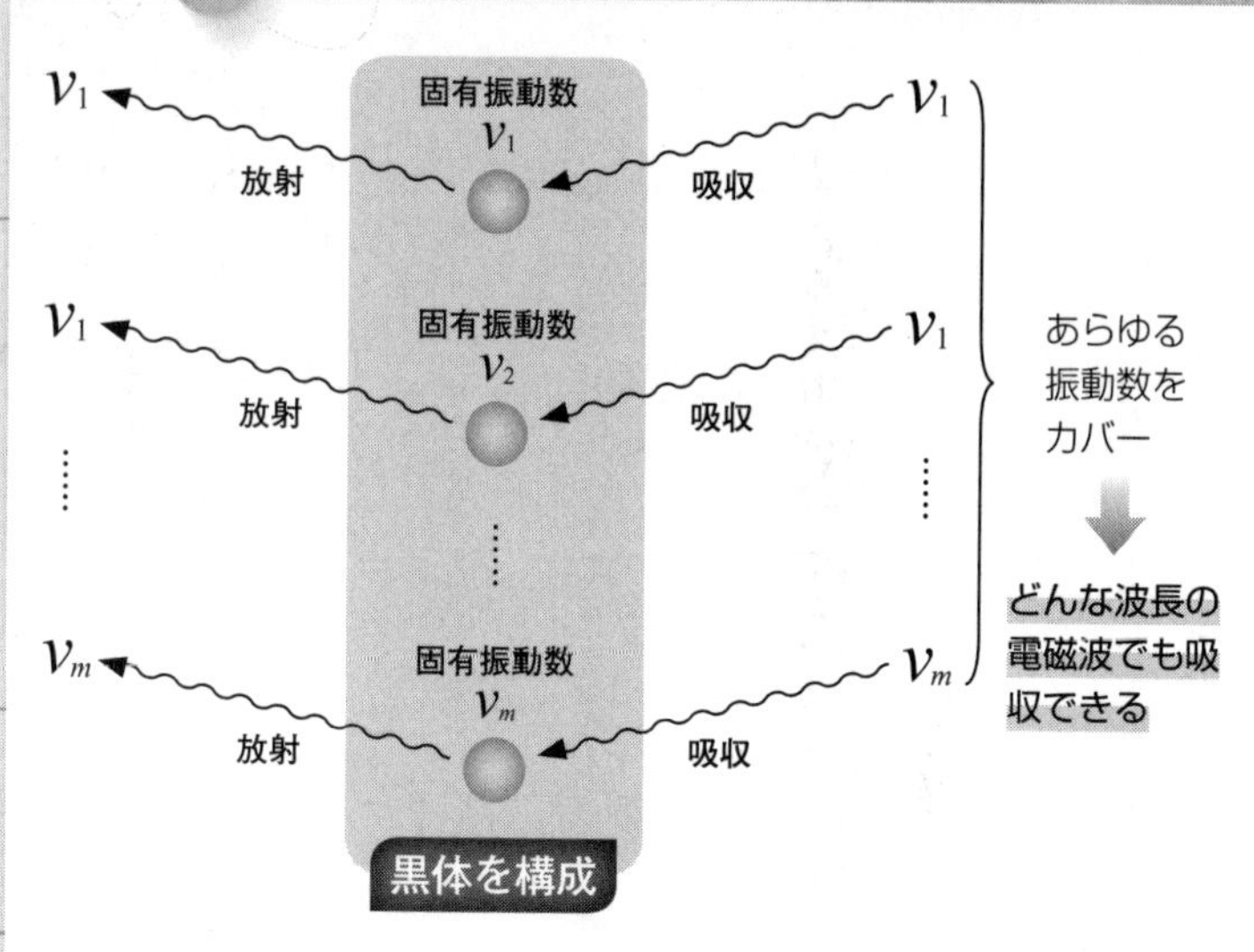

▲黒体を構成する振動子のイメージ。「粒子の振動によって電磁波が放射される」というアイデアは正しい。61ページも参照のこと。

は、膨大（ぼうだい）な数の、電荷をもつ粒子である」と考えます。粒子には、それぞれ固有の振動数があって、自分と同じ振動数の電磁波を吸収し、放射します。そのような粒子を、プランクは**振動子**（しんどうし）と呼びました。

そして彼は、プランクの公式が成立するには、「振動子が吸収・放射するエネルギーは、**離散**的な値しか取れない」という法則があるとしか考えられないことを突き止めます。「離散」とは「連続」の反対で、「とびとび」という意味です（17ページ参照）。

プランクはここから、「ひとつの振動子が受け取ったり外に出したりするエネルギーには、それ以上細かく分割することのできない**最小単位**（かたまり）があるのではないか」という仮説を立てました。

この「最小単位」のアイデアこそ、**量子**の概念です。ここで考えたエネルギーの最小単位は、**エネルギー量子**といいます。

プランク定数の導入

プランクは、エネルギー量子を表現するために、**プランク定数** h という途方もなく小さい値を考えました。

それぞれの振動子を特徴づけるのは、固有の振動数なのですから、ある振動子のエネルギー量子を表現するときは、振動数と関連づけるのがよさそうです。

そこで、エネルギーの離散(とびとび)的な変化から、エネルギー量子の値 E を調べ、これを振動

▼プランク定数の考え方。電磁波(光)のエネルギーは、必ず $h\nu$ の整数倍の値を取る。プランクは、これを「振動子」の性質だと考えていたが、のちにアインシュタインの「光量子論」(68ページ参照)が発表・実証されると、「そもそも電磁波(光)が量子化されている」ことが判明する。

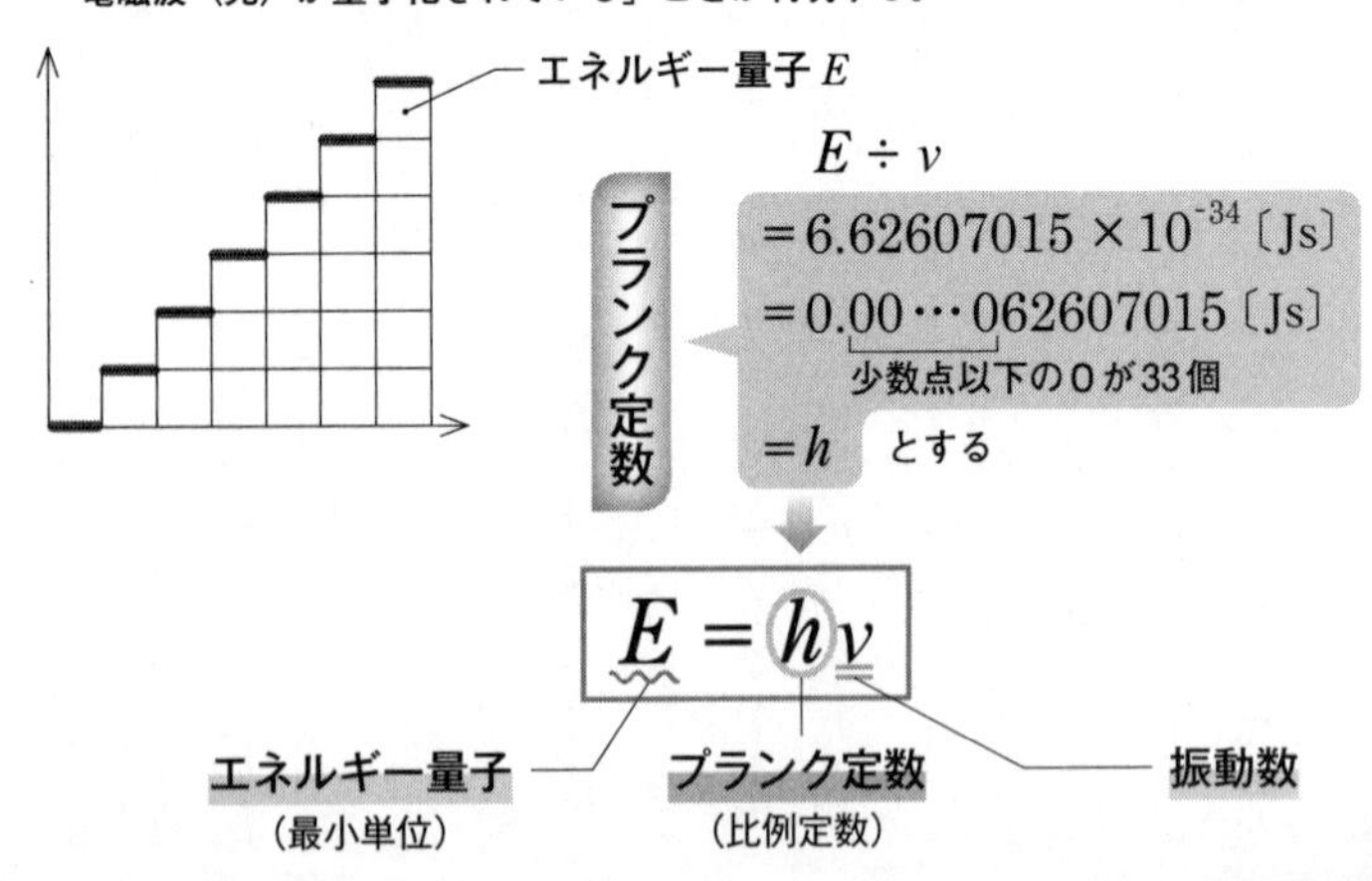

子の固有振動数νで割ってみます。すると、非常に小さい決まった数値が出てきます。
この定数をhの記号で表すと、エネルギー量子Eは、「$E=h\nu$」と表現されます。hは、エネルギー量子と振動数の比例関係における**比例定数**です。プランク定数の値は、現在、「6.62607015×10のマイナス34乗」とされています。

量子革命の始まり

こうして、エネルギー量子は$h\nu$の形で表現されました。つまり、νという振動数をもった振動子は、$h\nu$の**整数倍**のエネルギーしか、吸収も放射もできないのです。

このプランクの**量子仮説**は、画期的な理論でした。従来の熱力学や電磁気学では、「エネルギーなどの物理量は連続的に変化する」と考えられていたからです。しかし、物理量の変化が連続的であるかのように見えるのは、「プランク定数hの分の段差が、小さすぎて認識できない」というだけの話だったのです。
ただし、プランクは「実際に、自然界のエネルギーはすべて、$h\nu$のかたまりからできている」と考えていたわけではなく、「振動子が、かたまりでしかエネルギーを扱えない」だけだと思っていました。彼は、自分自身が発見した量子の考え方に、なかなかなじめなかったようです。物理学の歴史を塗り替える量子論は、その産みの親にとっても、驚きの内容だったのです。

12 アインシュタインの光量子論

量子化されているのは光（電磁波）自体だった！

量子論の次の一歩

19世紀最後の年に最初の一歩が記された量子論でしたが、**プランク**による半信半疑のその一歩だけでは、もしかしたらなかなか発展しなかったかもしれません。

しかし、**量子仮説**の4年半後、次の大きな一歩が、ひとりの天才によって踏み出されます。のちに20世紀最高の物理学者とも呼ばれることになる、ドイツ出身の**アルベルト・アインシュタイン**（1879〜1955年）が1905年に発表した、**光量子論**（こうりょうし）です。これは、「**光に代表される電磁波は、それ自体が量子でできている**」とする理論でした。

光自体が量子化されている

1803年に**ドルトン**が発表した**原子説**（42ページ参照）は、20世紀に入っても物理学者たちの間に賛否両論を呼んでいましたが、アインシュタインは原子説を信じていました。

原子説の考え方では、あらゆる物質は**原子**でできていて、その原子が**エネルギー**をもちます。気体を例に取ると、ひとかたまりの気体のエネルギーは、その中の原子ひとつひとつのエネルギーを足したものになります。

ここからアインシュタインは、「気体が原子の集まりなら、**光**や**電磁波**も、同じような**粒子の集まり**なのではないか」と考えました。

これは大胆な着想でした。**マクスウェル**の理論を**ヘルツ**が実証して以来（52～54ページ参照）、「光（電磁波）は粒子ではなく、**波**である」というのが、物理学者たちの間で常識とされていたからです。アインシュタインは当時の常識に逆らって、「光（電磁波）はなめらかな波ではなく、粒子のような最小単位（かたまり）からできている」と考えたのです。

光自体が**量子化**されているわけですから、それに応じて当然、光のもつエネルギーも最小単位をもつことになります。その最小単位、つまり量子は、プランクの$h\nu$と一致します。つまり、アインシュタインの光量子論は、プランクの量子仮説と同じ結論に達します。

しかしアインシュタインは、プランクの理論を発展させる形で光量子論を作ったわけではありません。むしろふたりは当初、互いの理論に対して批判的でした。そして、理論的に正しかったのは、アインシュタインでした。

▼プランクとアインシュタインの理論の違い。

プランク
量子仮説
量子化されているのは振動子のふるまいである

アインシュタイン
光量子論
電磁波（光）自体が量子化されている

13 光電効果の理由を解明

光の粒子が電子を叩き出す

光電効果とは何か

もちろん**アインシュタイン**は、ただ単に思いつきとして**光量子論**を唱えたわけではありません。論文の中で、「光（電磁波）が量子だと考えると、さまざまな現象を簡単に説明することができる」ということを説き、自説に説得力を与えています。

その中でも、特に有力な証拠となるのが、**光電効果**に対する説明です。

光電効果は、1887年に**ヘルツ**（53ページ参照）によって発見されました。ヘルツが気づいた現象は、「2個の金属球の間に火花が散っているとき、片方の金属球に紫外線を当てると、火花の明るさが増す」というものでした。ヘルツはこの現象がなぜ起こるのかを考えましたが、当時の理論では説明することができませんでした。

その10年後、1897年に**電子**が発見されます（76ページ参照）。そして1902年、ハンガリー出身の物理学者**フィリッ**

▲フィリップ・レーナルト。

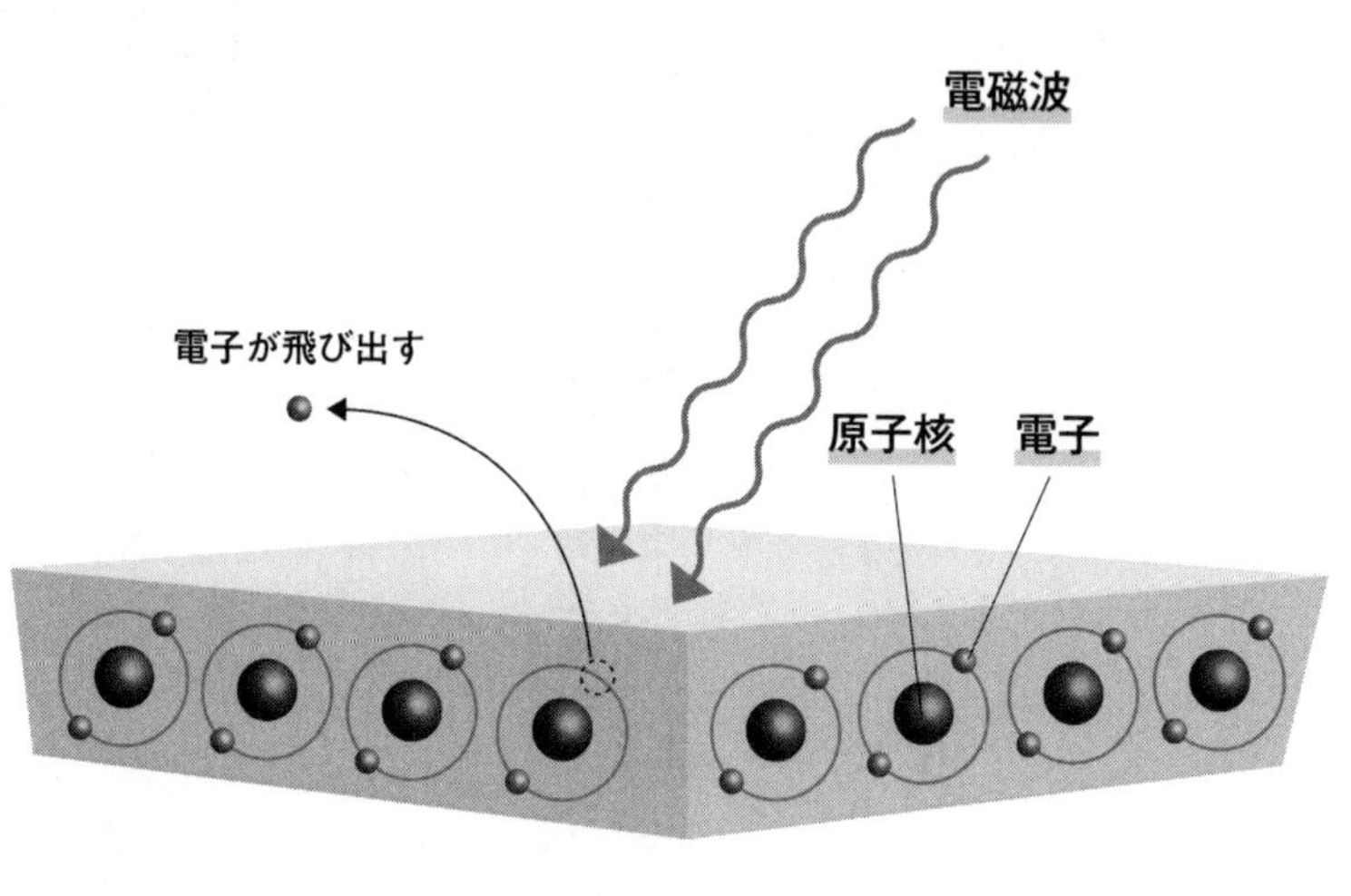

▲光電効果のイメージ。電子が発見されるまで、この現象が何なのか、だれにもわからなかった。

プ・レーナルト（1862〜1947年）が実験を行い、光電効果が「金属の表面に、ある一定以上のエネルギーをもつ電磁波を照射すると、金属から電子が飛び出す」という現象であることを解明しました。

不都合な実験結果

この光電効果で、**照射する光を強くして電磁波の強度を上げる**と、飛び出してくる電子の数やエネルギーは、どのように変化するでしょうか。

「電磁波は（粒子ではなく）波である」とする当時の常識から、次のような予測が立てられました。

① 飛び出す電子の個数は変わらない
② 飛び出す電子のエネルギーは増大する

しかし、レーナルトの実験結果は、その反対になってしまいました。

❶ **飛び出す電子の個数が増えた**
❷ **飛び出す電子のエネルギーは不変**

光が粒子なら説明がつく

なぜこのような結果が出たのでしょうか。まだだれも解き明かしていませんでしたが、アインシュタインは、「電磁波が粒子のような最小単位からなるものだという自分の説が正しければ、説明がつく」と主張しました。電磁波（光）の量子を**光量子**（こうりょうし）と呼ぶと、光電効果は次のようにイメージできます。

電子は、ある一定の強さで、金属の表面につなぎ止められています。そこに電磁波の光量子がやってきて、電子にエネルギーを渡します。一定以上のエネルギーを受け取れば、電子は金属表面から逃げ出すことができます。

ここで、❶を考えます。電磁波が光量子でできているなら、「電磁波の強度を上げる」ということは、「電磁波を構成している光量子の個数を増やす」ことを意味します。より多くの光量子が金属表面にやってくれば、それだけ多くの個数の電子を叩き出せるのです。

次に、❷を考えます。飛び出す電子のエ

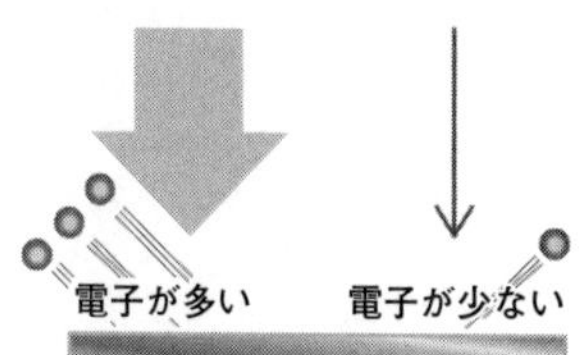

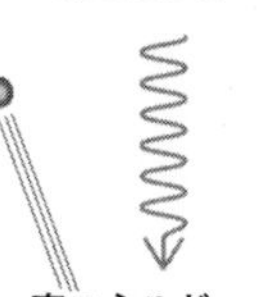

▲照射する電磁波の強度を変えた光電効果の実験（左）では、飛び出す電子のエネルギーは同じで、個数に違いが出た。逆に、電磁波の振動数（波長）を変えた実験（右）を行うと、飛び出す電子の個数は同じで、エネルギーに違いが出る。照射する電磁波の振動数が高い（波長が短い）ほど、光量子のエネルギーが高く、その分、大きなエネルギーを電子に与えることができる。

ネルギーの大きさは、金属表面にやってきた光量子のエネルギーによって決まります。そして光量子のエネルギーは、光量子の**振動数**に比例するのでした（$E=h\nu$）。

ということは、光量子の強度を上げても飛び出す電子のエネルギーが増えないのは当然で、電子のエネルギーを増やしたいなら、電磁波の振動数を上げればよいのです。

ただし、光電効果を含むいくつかの現象でしか、こんなにも単純に「1個ずつの粒子レベルで、光量子が電子にエネルギーを与える」とする考え方は通用しません。電磁波は、**単純な波でも単純な粒子でもなく、両方の性質をもつ**ものなのです。

「量子」のアイデアはこののち、**前期量子論**として実を結んでいきます。

「奇跡の年」と原子の発見

アインシュタインの**光量子論**は、当初はまともに相手にされませんでした。しかし1916年、アメリカの物理学者**ロバート・ミリカン**（1868～1953年）が、光量子論を否定しようとして**光電効果**を精密に測定したところ、アインシュタインが予測したとおりの結果が出てしまいます。このことによって、光量子論は受け入れられ、量子論の重要な基礎となります。この研究は、アインシュタインが1921年度のノーベル物理学賞を受賞する際の、授賞理由ともなりました。

光量子論が発表された1905年は、アインシュタインの「**奇跡の年**」と呼ばれます。ほかにも**特殊相対性理論**（27ページ参照）など、いくつもの非常に重要な論文が発表されたからです。

そのうちのひとつに、**ブラウン運動**の研究があります。ブラウン運動とは、花粉の中の微粒子が水中でランダムに動く現象で、1827年にスコットランドの植物学者**ロバート・ブラウン**（1773～1858年）によって発見されていました。アインシュタインは、ブラウン運動が**分子**の衝突によって起こる仕組みを論じ、当時まだ確かめられていなかった**分子や原子の実在**を、理論的に示しました。この理論は1908年、フランスの物理学者**ジャン・ペラン**（1870～1942年）の実験で実証され、以来、原子の存在が認められるようになったのです。

物理学を塗り替えた前期量子論

01 初期原子模型とその問題点

原子の内部構造はどうなれば安定するのか

その経緯を見ていくために、まずは20世紀初頭、原子の内部構造がどのように考えられていたかを押さえましょう。現在、原子は一般に、「原子核のまわりを電子が飛んでいるもの」（19ページ参照）としてイメージされていますが、そのイメージはどのようにして形成されたのでしょうか。

電子の発見

少し年代をさかのぼって、1897年、イギリスの物理学者**ジョゼフ・ジョン・トムソ**

次なる主役は原子

ここまで**光**（**電磁波**）や**電子**が重要な役割を演じていた量子論の表舞台に、1910年代、**原子**（42ページ参照）が躍（おど）り出てきます。

プランクや**アインシュタイン**の理論は、当初あまり本気で信じられてはいませんでしたが、「量子というアイデアを用いれば、**原子の内部構造**を説明できるかもしれない」とわかると、ミクロの世界を理解するうえでの量子論の必要性が、広く認められるようになったのです。

▲J・J・トムソン。

ン（1856〜1940年）は、陰極線（57ページ参照）の正体が、−（マイナス）の電荷をもつ非常に小さい粒子であることを発見しました。この粒子は、**電子**と名づけられます。

さらにさまざまな研究から、「すべての原子は、構成要素として電子を含む」ということが明らかになりました。じつはこの発見は、とても画期的なものです。原子とはもともと、「それ以上細かく分割できない、物質の最小単位」を意味する概念だったはずだからです。原子に、それを構成する要素（つまり、もっと細かい単位）があるならば、いわば原子が「原子」でなくなってしまいます。

ペランの太陽系モデル

では、**原子の内部構造**は、どのようになっているのでしょうか。

いち早く**原子模型**を考案したのは、フランスの**ペラン**（74ページ参照）です。彼は1901年、**太陽系モデル**と呼ばれる構造を想定しました。これは、原子の中央に＋（プラス）の電荷をもつ**原子核**があり、そのまわりをたくさんの電子がバラバラに回転しているというものです。電子が−（マイナス）の電荷をもつので、電気的につり合いが取れるように、＋（プラス）の電荷をもつ何

▲ジャン・ペラン。

かが原子の中になければならないということで、原子核が案出されたのでした。

　ただ、ペランの太陽系モデルには、大きな欠陥がありました。−の電荷をもつ電子が回転運動を行うと、理論的には、まわりの電磁場をゆさぶって、電磁波を発生させます。その電磁波が、電子のエネルギーを持ち去るので、エネルギーを失った電子は、一瞬で中央の重い原子核に引き寄せられてしまうはずなのです。とすると、原子は瞬時につぶれてしまい、太陽系のような形は成り立ちません。

長岡半太郎の土星モデル

　1903年、日本の物理学者**長岡半太郎**（1865〜1950年）は、ペランの研究とは独立に、ペランの欠点を克服した**土星モデル**の原子模型を作ります。これは、＋の電荷をもつ原子核のまわりを、きれいなリング状に集まった電子のグループが、いっせいに回転するというものでした。

　この構造ならば電磁場が安定し、電磁波を発生させずにすむと考えられましたが、−

▲長岡半太郎。

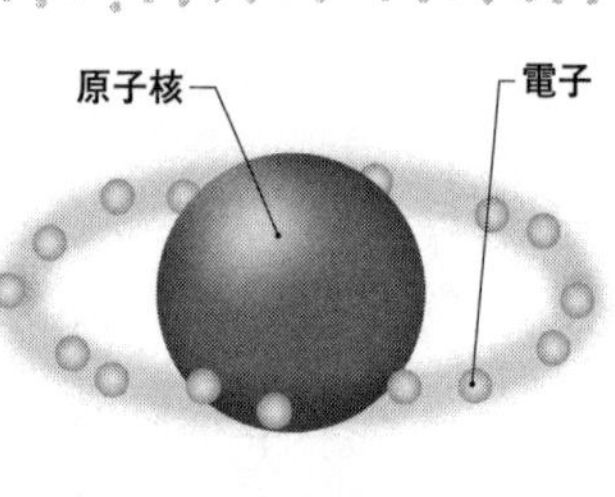

▲土星モデルの原子模型。

の電荷をもつ電子どうしが反発してリングがゆがむと、原子は一気につぶれます。やはり、原子が安定して存在している（もちろん、そうでなければ物質がすべて壊れてしまいます！）という事実と整合しませんでした。

プラムプディングモデル

電子を発見した**J・J・トムソン**は、1904年、**プラムプディングモデル**の原子模型を発表しました。プラムプディングとは、干しブドウの入った蒸しパンのことです。トムソンは、ふんわりしたパン生地のように＋の電荷のかたまりがあり、その中で電子が輪になって回転すると考えました（この電子が干しブドウにあたります）。原子核を想定しないことで、原子核と電子がくっついてつぶれてしまうのを回避しようとしたのです。

しかし、「＋の電荷のかたまりの中を、どうして電子が運動できるのか」という疑問が残ります。物理学者たちは、さまざまな実験によって、原子の内部を探りつづけました。

▼J・J・トムソンの考案したプラムプディングモデルは、しばしば下図のように表現されるが、電子は原子の中でリング状に回転運動するとされる。

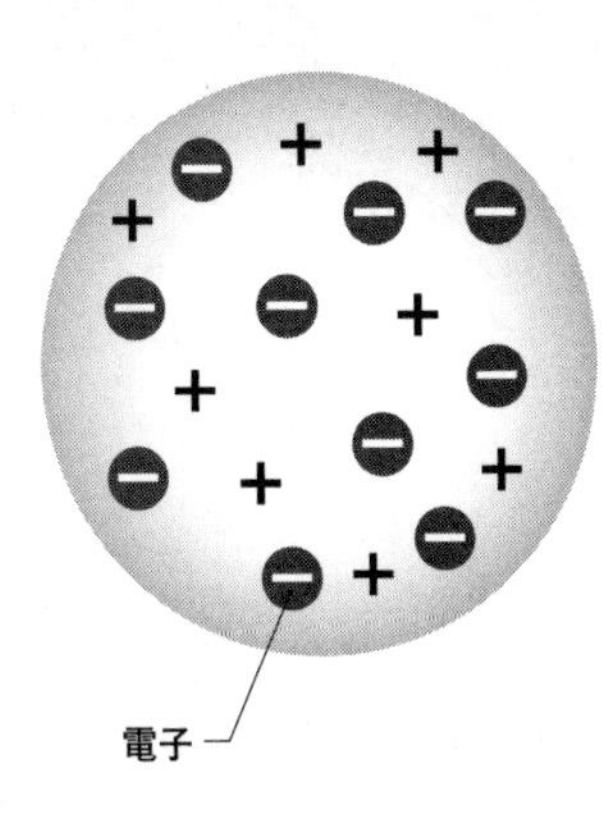

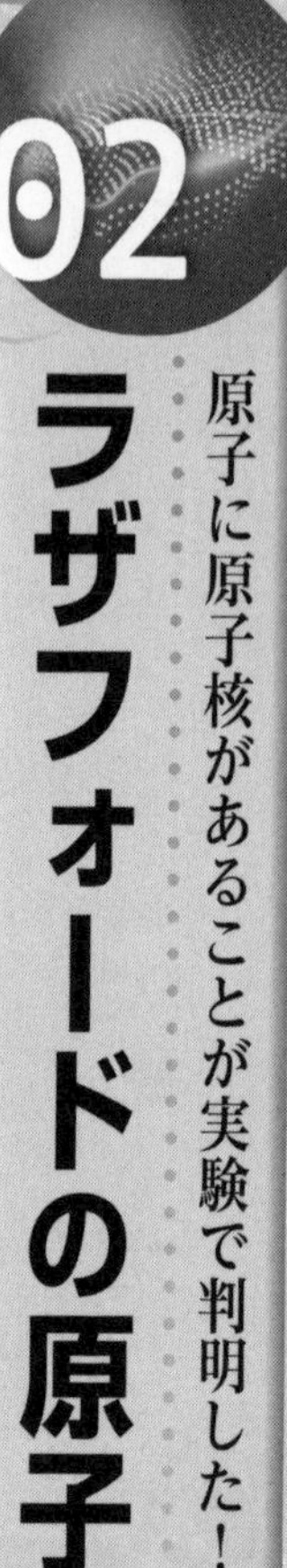

02 ラザフォードの原子模型

原子に原子核があることが実験で判明した！

原子研究の第一人者

20世紀初頭に、原子の研究で非常に大きな業績をあげた科学者のひとりが、**J・J・トムソン**の弟子である、ニュージーランド出身の**ラザフォード**（59ページ参照）です。

▲アーネスト・ラザフォード。

1901年、彼はイギリスの科学者**フレデリック・ソディ**（1877〜1956年）とともに、元素が放射線を出して別の元素に変わる「放射性元素変換」を発見しました。これはのちに**放射性崩壊**（ほうかい）という現象（90ページ参照）であることがわかり、原子に内部構造があることの有力な証拠になっていきます。

▲フレデリック・ソディ。

さて1909年、ラザフォードは、ある実験を監督（かんとく）しました。

実験を行ったのは、ドイツ出身の物理学者**ハンス・ガイガー**（1882〜1945年）

と、イギリス出身の物理学者**アーネスト・マースデン**（1889〜1970年）です。当時、ガイガーはラザフォードの助手で、マースデンは学生でした。原子の内部構造について、大きなヒントをもたらしたこの実験は、**ガイガー＝マースデンの実験**、あるいは**ラザフォードの散乱実験**と呼ばれ、非常に有名です。

ガイガー＝マースデンの実験

ラザフォードが発見した**アルファ線**（59ページ参照）は、＋（プラス）の電荷をもっており、その正体は「電子を2個失ったヘリウム原子」であることが、1908年に判明していました。

このアルファ線の粒子のビームを、薄い金属（きんぞく）箔（はく）に照射します。

アルファ線は、金属箔を透過する際、原子内部の＋（プラス）の電気と反発し合って、軌道を変え

ガイガー

マースデン

▼ガイガー＝マースデンの実験に先立って、「原子の構造が、原子核のないプラムプディングモデルのとおりであるとしたら、アルファ線は少し軌道を変えながらも、金属箔の原子を透過するだろう」という予想が立てられた。

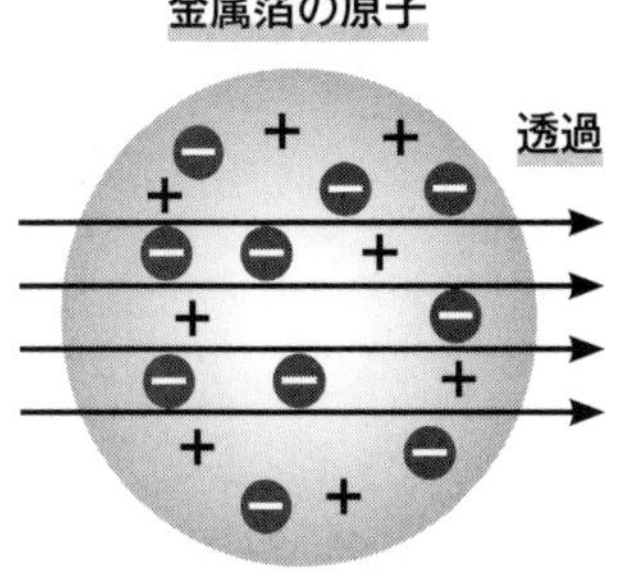

るはずです。しかし、トムソンの**プラムプディングモデル**では、原子全体に広がる＋の電気と、ところどころにある電子の－の電気が相殺しています。そのため、アルファ線の進路が大きく変化することはないだろうと、事前には予想されていました。

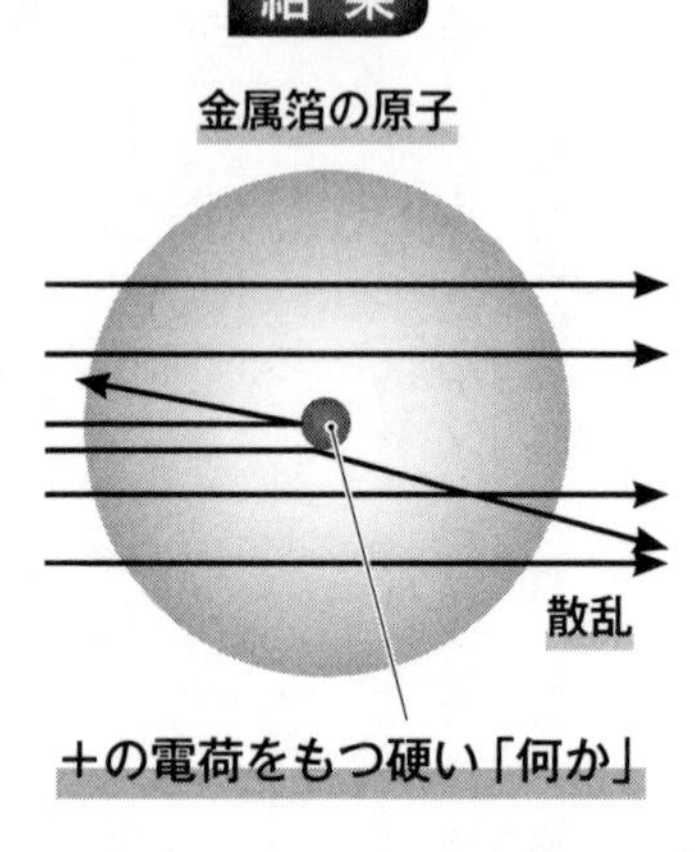

▲ガイガー＝マースデンの実験結果からイメージされた、原子の内部。

ところが、実験結果は違っていました。アルファ線の粒子の大半は透過しましたが、予測よりもずっと大きな角度で跳ね返される粒子があったのです。

これは、プラムプディングモデルでは説明がつかないことでした。

新しい原子模型

ラザフォードはこの結果から、「原子の内部はすかすかで、＋の電気は、非常に小さい中心部分に集中しているのではないか」と考えます。そのように仮定すれば、一部のアルファ線が強く弾き返されたことの説明がつくのです。

ラザフォードは1911年、＋（プラス）の電荷をもつ**原子核**の周囲を**電子**が飛び回っている原子模型を提案しました。このラザフォードの原子模型のおかげで、多くの人々は、原子の姿をイメージしやすくなりました。ラザフォードは「原子物理学の父」と呼ばれています。

▲ラザフォードの原子模型。じつは量子論からわかる原子の実態とは違っているが、イメージしやすいため、現在でもしばしば、このような形で描かれる。

しかし、このモデルが、**ペラン**による**太陽系モデル**の問題点（78ページ参照）を解消していないことは明らかです。回転運動する電子は、電磁波を放出してエネルギーを失い、回転の中心である原子核に向かって落ちていってしまうはずです。いったい、どうすれば原子の構造が安定するのでしょうか。

▼ラザフォードの原子模型に、従来の古典電磁気学を適用するときのイメージ。電子が原子核のほうへ墜落し、原子はつぶれてしまう。しかし、実際そうはならないおかげで、さまざまな物質が今あるように存在している。ということは、ラザフォードの原子模型の理論には、何か足りないところがあるのだ。

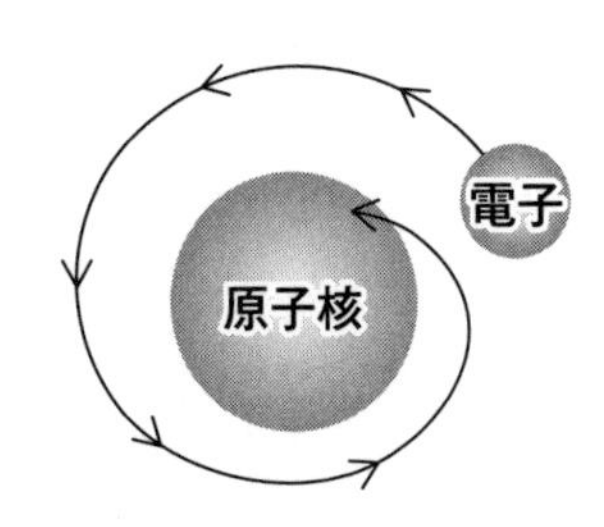

03 ボーアの原子模型

量子論を原子の構造に適用した破天荒な理論

エネルギー量子を取り入れる

デンマークの物理学者**ニールス・ボーア**（1885〜1962年）は、ラザフォードの原子模型が抱えていた問題を解決すべく、**プランク**の**エネルギー量子**の考え方（64ページ参照）を取り入れた、非常に独創的な原子模型を、1913年に提示しました。

ボーアがやったのは、「実験と妥当な解釈を積み上げて、隠されていた法則に迫ること」ではありませんでした。彼は、「こんな法則があるなら、問題が解決する」といえる

▼ボーアの量子条件。電子軌道は、原子核のまわりに同心円状に、とびとびにあって、一定の幅をあけて存在する軌道のどれかの上にしか、電子はいられない。しかし、軌道上にある限り、回転運動しても電子は電磁波を放出せず、エネルギーを失わないとされた（定常状態）。

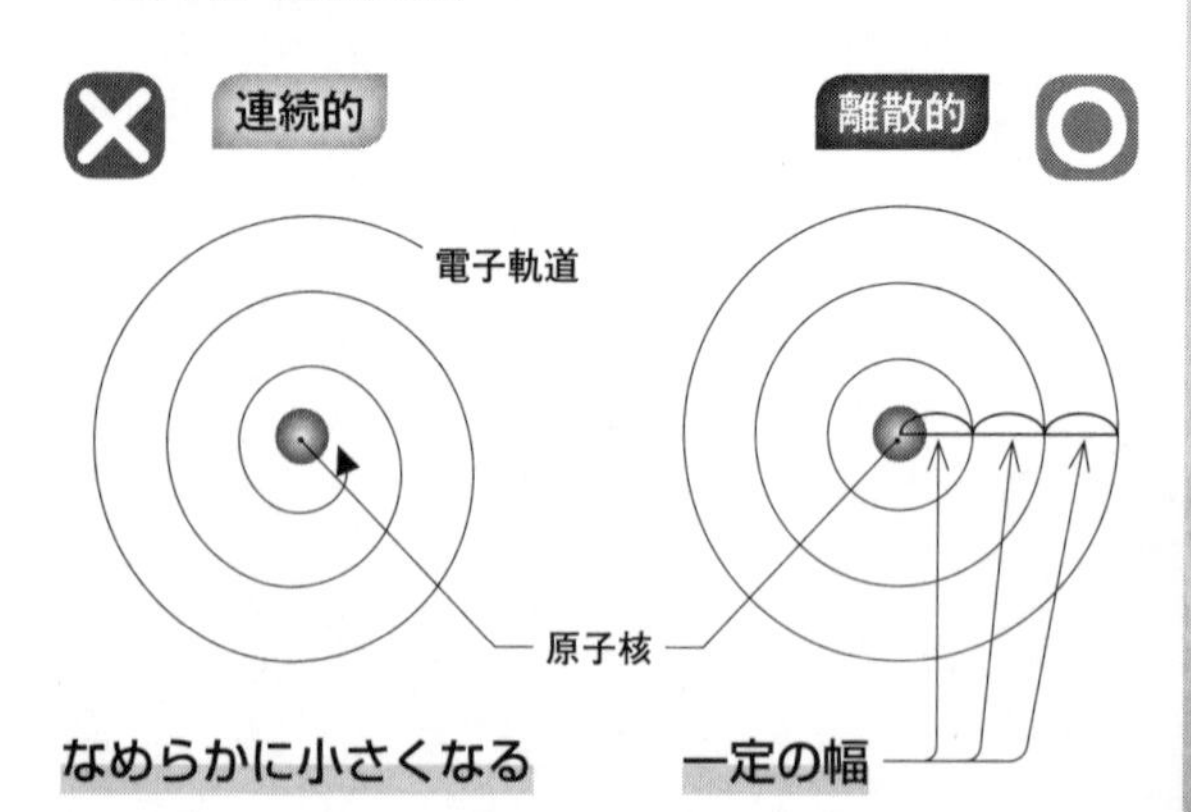

ような法則を、勝手に作ってしまったのです。

ボーアの量子条件

従来の古典電磁気学に従うと、回転運動する電子は徐々にエネルギーを放出し、軌道がだんだん小さくなって、原子核のほうへ吸い寄せられることになります。その移動は非常に短い時間で起こりますが、エネルギーを失うプロセスも、軌道が小さくなるプロセスも、なめらかに、連続的に起こると考えられます。

しかし、実際はそんなプロセスは見られません。それはなぜかと考えたボーアは、「電子が原子核のまわりを回転する軌道は、連続的に小さくなることができない」のではないか、と考えます。そんな法則があるなら、問題が解決すると。

そしてボーアは、「原子核のまわりを回転運動する電子の軌道は、連続的ではなく、離散的になっているはずだ」と主張します。

いい換えると、電子軌道は**量子化**されており、原子核から軌道までの距離は、**一定の幅の整数倍**の値しか取れないということになります。

これを、**ボーアの量子条件**といいます。そして、原子核周囲の離散的の軌道上を電子が回っていることを**定常状態**といい、定常状態にある電子は、回転運動してもエネルギーを失わないとされました。そんな法則はニュートン力学からもマクスウェルの電磁気学からも導けないにもかかわらず、「そうに違いない」と勝手に決めたのです。

ボーアの考えた原子

ボーアの考えた原子の構造は、下図のようなものです。原子核周囲の電子軌道の大きさは、**プランク定数** h（66ページ参照）を含むある一定の値の、整数倍しか取れません。

軌道には、それぞれに固有の**エネルギー準位**（エネルギーの高さ）があり、原子核に近い内側ほど低く、外側ほど高くなっています。

ひとつの軌道の上を回転している（定常状態にある）電子は、ときに、別の軌道にジャンプします。内側の軌道（低いエネルギーの状態）にジャンプするときは、最小単位のエ

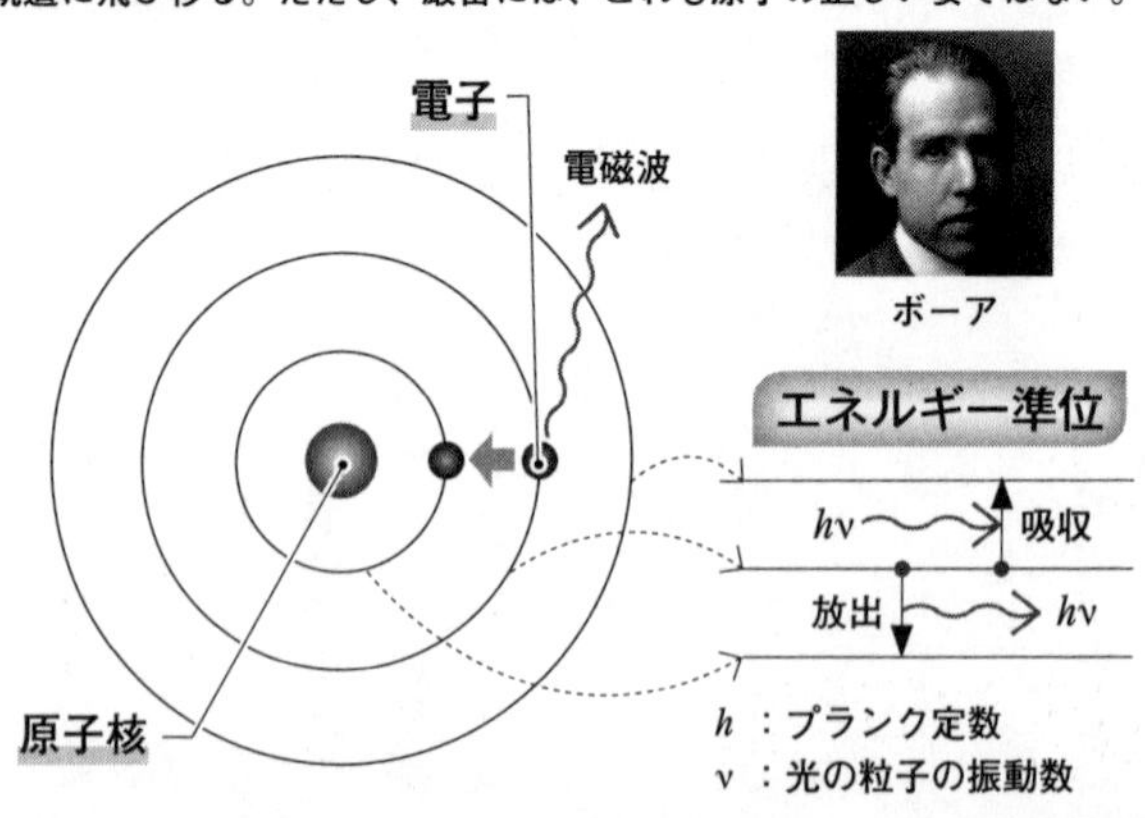

▼ボーアの原子模型。原子核のまわりに、電子の軌道が同心円状に存在する。エネルギー準位は内側が低く、外側が高い。ボーアの考えでは、ときに電子は、電磁波（光）のエネルギー（$h\nu$）を外部に放出しながら、ひとつ内側の軌道に飛び移る。あるいは、電磁波のエネルギーを外部から吸収しながら、ひとつ外側の軌道に飛び移る。ただし、厳密には、これも原子の正しい姿ではない。

ネルギーを、電磁波として放出します。逆に、外側の軌道（高いエネルギーの状態）にジャンプするときは、同じ単位のエネルギーを、電磁波として外部から吸収します。その最小単位のエネルギーは、**エネルギー量子 $h\nu$** です。

線スペクトルの説明

「なぜ？」とボーアに聞いても、答えてはくれません。ただそうなっているとしか考えられないのです。**量子論を原子に適用**したこの理論は、天才的なひらめきだといえますが、理由は説明されず、非常に強引でもあります。しかし、長らく謎だった「線スペクトル」という現象を見事に説明できたため、すぐに受け入れられました。

光を色で分解したとき、連続（なめらか）的なグラデーションになるスペクトルを**連続スペクトル**といいます。それに対して、ほかの部分は連続的なのに、ところどころに切れたような線が入ることがあります。これが**線スペクトル**です。ボーアの理論では線スペクトルは、電子がほかの軌道にジャンプする際、電磁波を放出または吸収するせいで生じるとされました。

▼連続スペクトルと線スペクトル。暗線は電子が電磁波（光）を吸収したことを、輝線は電子が電磁波（光）を放出したことを示す。

連続スペクトル

線スペクトル（暗線）

線スペクトル（輝線（きせん））

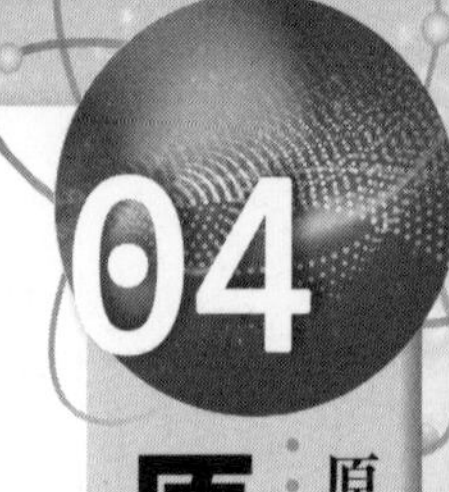

04 原子の内部構造と放射性崩壊

原子核を構成する要素がわかった！

陽子の発見

ボーアの原子模型が発表されたのち、原子の内部構造について、さらなる発見がありました。

19世紀末に、原子の内部の**電子**が発見されていましたが（76ページ参照）、電子は－（マイナス）の電荷をもっていますので、科学者たちは「原子の中に、＋（プラス）の電荷をもって電子とバランスを保っている何ものかが存在しているはずだ」と考えました。それは**原子核**として姿を現しましたが（83ページ参照）、その原子核の中身が明らかになっていくのです。

1918年、窒素（ちっそ）ガスに**アルファ線**を当てる実験をしていた**ラザフォード**は、「**水素の原子核**と同じもの」が発生していることに気づきました。水素が混じっているはずがなかったので、「水素の原子核（と同じもの）」は、窒素の原子核が壊れて飛び出したものだと考える以外ありませんでした。

この「水素の原子核（と同じもの）」は、＋（プラス）の電荷をもつ、電子と同じくらい基本的な粒子だという結論に、ラザフォードは達します。そしてその粒子を、**陽子**（ようし）と名づけたのです。

▲原子は原子核と電子でできており、原子核は陽子と中性子でできている。

中性子の予言と発見

水素原子は、陽子1個を原子核として、電子1個とともに構成されており、その原子核は非常に軽いものですが、ほかの物質を調べてみると、いろいろな重さの原子核をもっています。

電荷や重さを計算したラザフォードは1920年、「電荷的に中性で、陽子とほぼ同じ質量をもつ、未知の粒子」が存在するはずだ、との予想を発表しました。その粒子が陽子とともに、いろいろな原子の原子核を構成しているというのです。のちの1932年、イギリスの物理学者**ジェームズ・チャドウィック**（1891～1974年）の実験により、そのとおりの粒子の存在が証明され、**中性子**と名づけられました。

同位体とは何か

こうしてひとまず、原子の「材料」がそろいました。そして、これらの「材料」を用いれば、**放射線**（58ページ参照）の正体を説明することができます。

ほとんどの原子では、陽子と中性子と電子の個数が一致します。高校の化学で学ぶ**元素周期表**は、陽子の個数を**原子番号**とし、その小さい順に原子（正確には元素）を並べたものです。

たとえば原子番号2の**ヘリウム**は普通、陽子2個、中性子2個、電子2個をもっています。原子番号6の**炭素**は、多くの場合、陽子・中性子・電子を6個ずつもっています。

しかし、ほんの一部の炭素は、中性子を7個もっていたり、あるいは8個もっていたりします。このように、原子を構成する中性子の個数が異なるものを、**同位体**（どういたい）といいます。

放射性崩壊と放射線

炭素の同位体のうち、中性子を8個もつもの（**炭素14**）は、非常に不安定な状態です。そこで、安定した状態に変わろうとして、**放射性崩壊**（80ページ参照）という現象を引き起こします。これは、原子核が放射線を出し

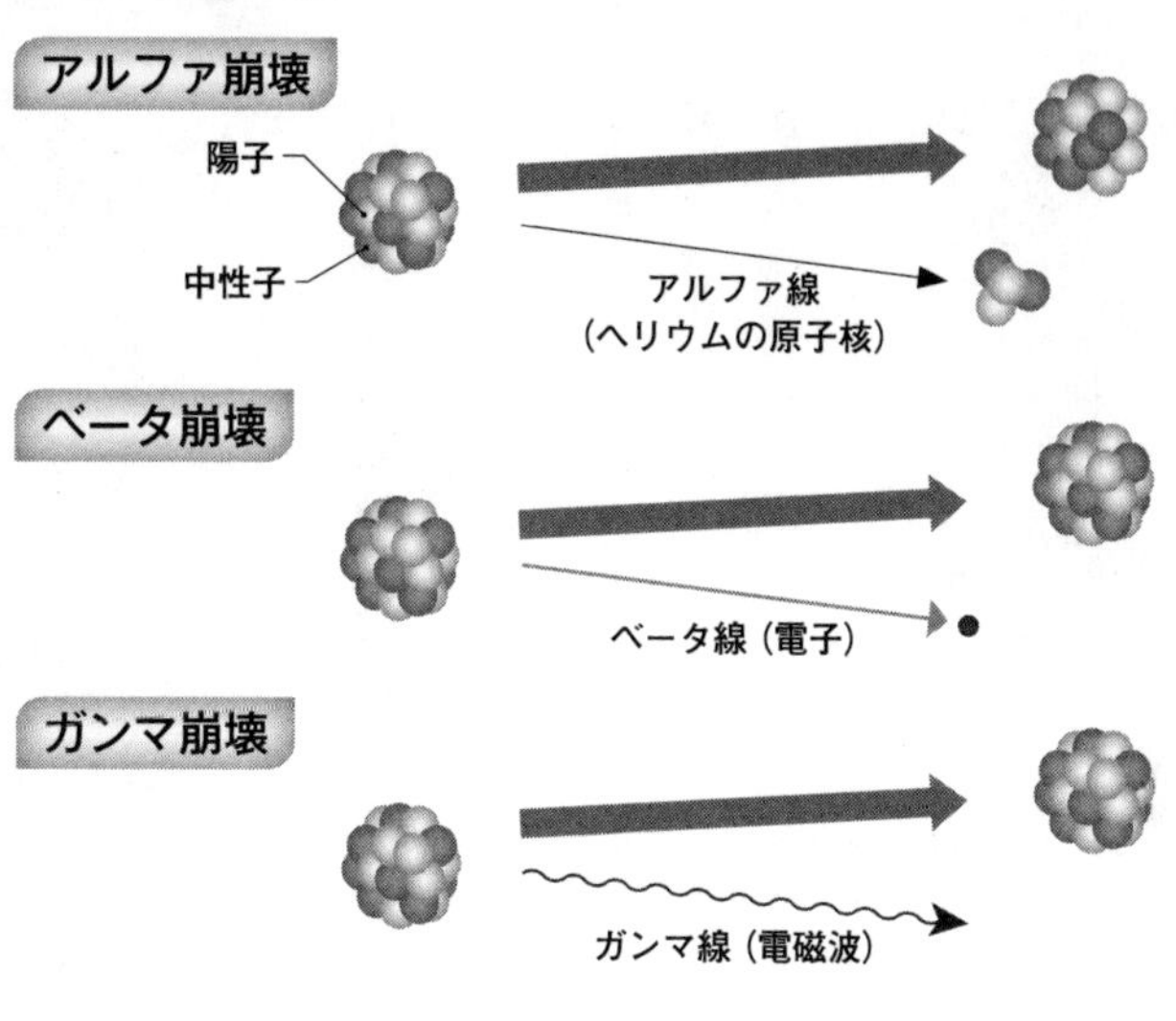

▲放射性崩壊と、そのとき放出される放射線。

ながら、別の原子核へと構造的に変化する現象です。**放射性物質**が放射線を発するのは、この放射性崩壊が原因です。

ここでの炭素14の放射性崩壊は、**ベータ崩壊**といいます。これは、**中性子が陽子に変化する**現象です。陽子が増えるので原子番号が増え、炭素14は**窒素**(ちっそ)になって安定します。

このとき、**電子**と**反電子ニュートリノ**というものが、原子核から放出されます。これが放射線の代表格のひとつ、**ベータ線**です。

同じように、**アルファ線**は**アルファ崩壊**から生じます。アルファ崩壊とは、ある原子核が**ヘリウムの原子核**(陽子ふたつと中性子ふたつ)を放出して別の原子核に変わる放射性崩壊であり、このときの放射線(ヘリウムの原子核)がアルファ線なのです。

05 ド・ブロイの物質波

量子条件の謎を「波」から解く

量子条件とは何なのか

ボーアの理論（84ページ参照）は、原子の中に**量子条件**を持ち込むことで、原子がつぶれない理由を解明し、さらに線スペクトルのような現象にも説明を与えることができました。しかし、結果オーライとはいきません。ボーアの量子条件は「そんな法則があれば、問題が解決する」ということで要請されたものにすぎず、その物理的な意味がわかっていないからです。

▲ルイ・ド・ブロイ。

量子条件とは何なのか。問題を解くカギを見つけたのは、フランスの物理学者**ルイ・ド・ブロイ**（1892〜1987年）です。

波が粒子なら粒子は波？

ド・ブロイの着眼点を理解するために、いったん、「**光は波か、粒子か**」という問題を見てみます。

▲アーサー・コンプトン。

19世紀から「波だ」と考えられてきた光でしたが、1922年、アメリカの物理学者**アーサー・コンプトン**（1892～1962年）が**コンプトン効果**を発見し、**アインシュタイン**の**光量子論**（68ページ参照）を決定的に実証します。コンプトン効果とは、**光量子**と**電子**が粒子として衝突する現象です。

　すると、奇妙なことになってしまいました。光が波であるという説も、粒子であるという説も、どちらも正しいのです。もう少し正確にいうと、光は不思議なことに、「波としての性質」と「粒子としての性質」の、両方をもっているのです（23ページ参照）。

　さて、アインシュタインの理論に魅了されたド・ブロイは、「**波と粒子の二面性**は、光だけでなく、**粒子だと思われているほかの物質にもある**のではないか」と考えました。そして、**粒子であるはずの電子を、波として扱ってみた**のです。

▼ド・ブロイは、「波だと思われていた光が粒子でもあるなら、粒子だと思われている電子は波でもあるのではないか」と考えた。

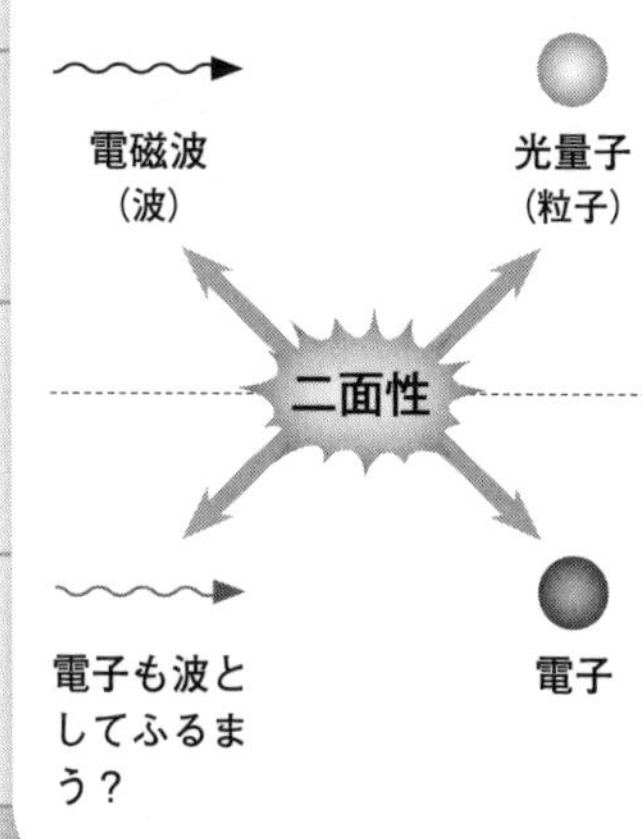

量子条件とは波動性だった

電子が波だとして、その波が、電子軌道を1周してもとの位置に戻ってくることをイメージしてみましょう。

戻ってきたとき、波の高さがスタート時とズレていると、そのあと何周かするうちに、ズレが重なって打ち消し合い、波はなくなってしまいます。

しかし、戻ってきたときにスタート時とぴったり合う高さなら、何周しても波は安定して存在できます。これが**定常状態**です。そして、「1周したときに同じ高さ」ということは、「1周の長さが波長の整数倍」であることを意味します。

▼電子が波だと考えると、波長のちょうど「整数倍」になる長さの軌道にしか、電子は存在しつづけられない。ボーアの量子条件（電子の軌道が、一定の幅の「整数倍」でとびとびに存在すること）の物理的意味は、ここに見いだされる。

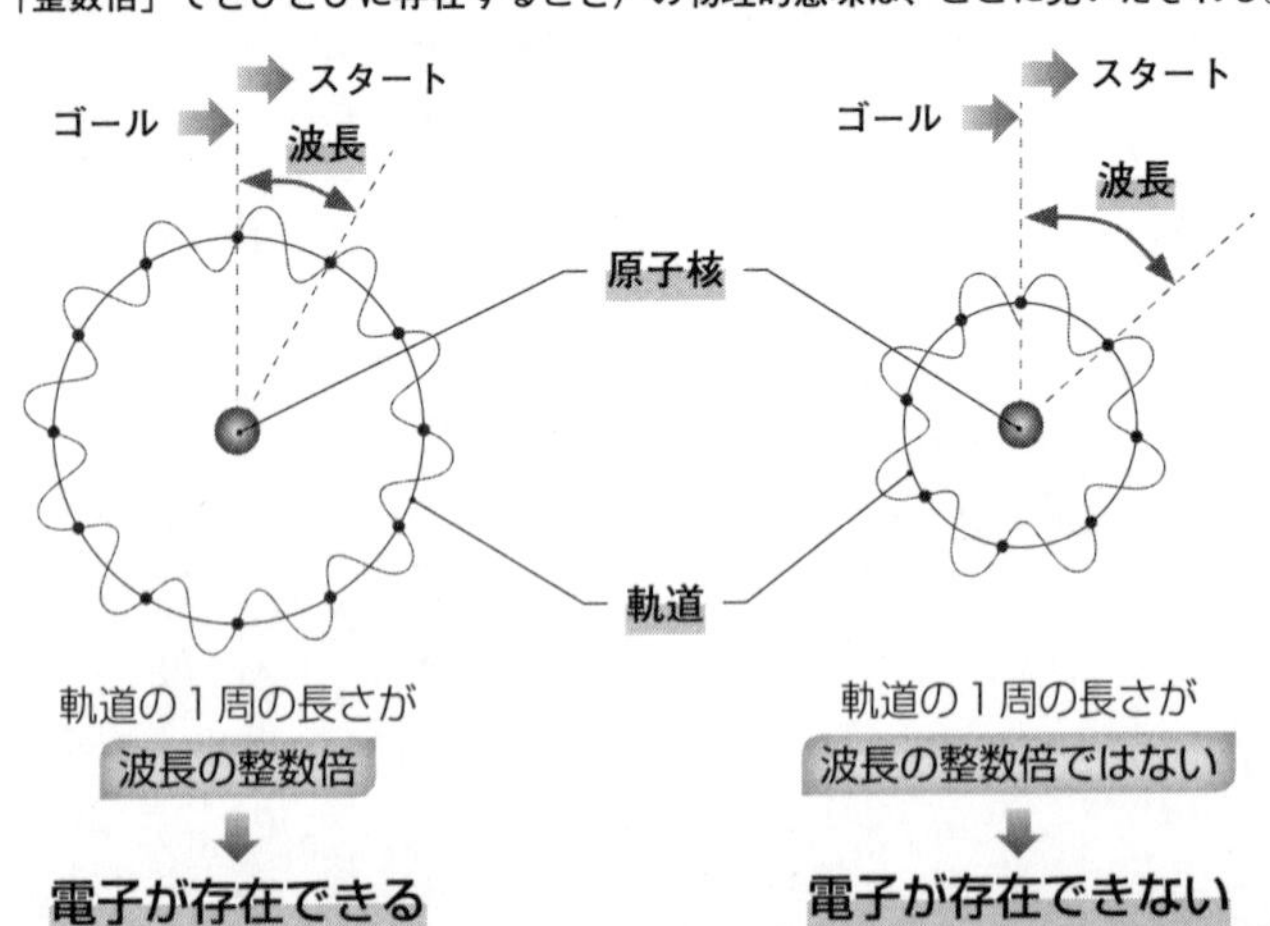

ボーアが量子条件を主張したとき、意味がわからないまま出てきた整数倍というキーワードは、「電子は波だ」と考えると、納得できるものになるのです。つまり、**量子条件とは、電子の波動性を示すもの**なのです。

物質波の概念

1924年、ド・ブロイは、ミクロの粒子には波動性があるとする**物質波**（ぶっしつは）（**ド・ブロイ波**）の概念を提唱しました。その考え方は、**アインシュタイン**に注目され、量子論の基礎となっていきます。

物質波とは、「粒子が集まって波を作る」という意味ではありません。ひとつの粒子が波のようにふるまうのです。現代では、光の波動性を示した**ヤングの実験**（40ページ参照）と同じことを、電子で、しかも1粒ずつで行うことが可能となっています（左図）。

▼電子1個を撃ち出す二重スリット実験。

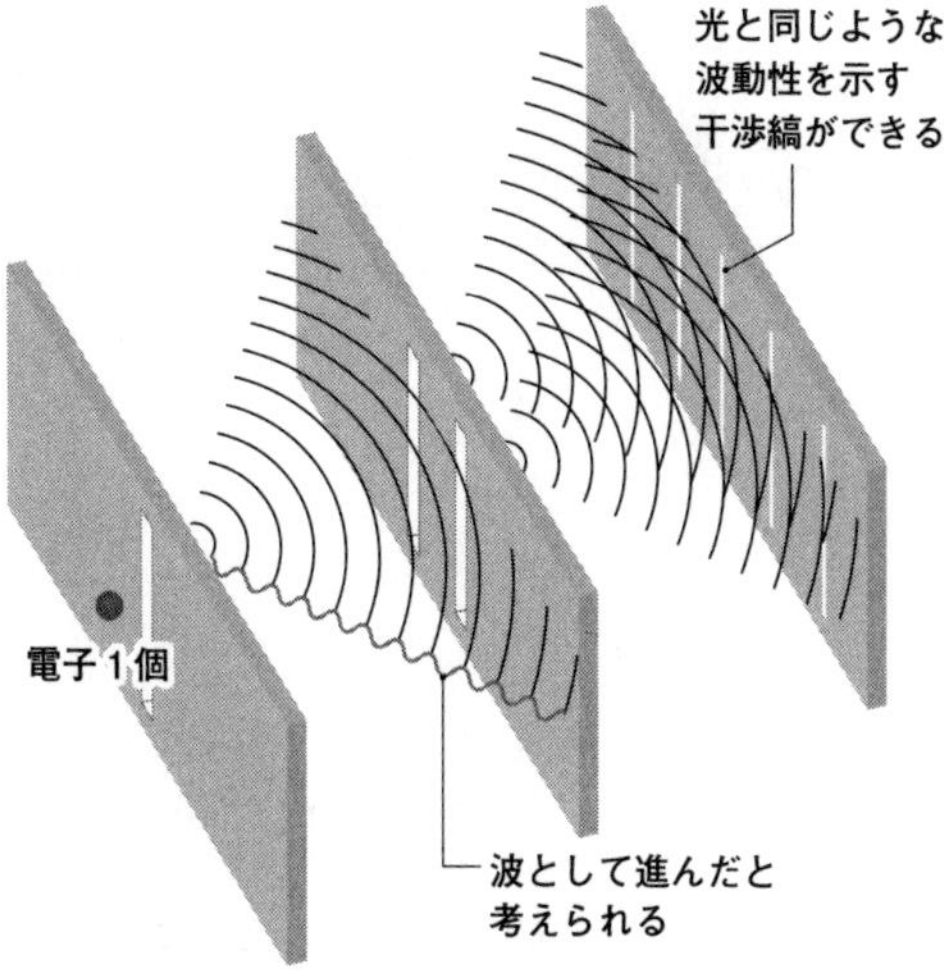

光と同じような
波動性を示す
干渉縞ができる

電子1個

波として進んだと
考えられる

06 量子条件とスピン

原子の中の電子を特定するデータ

量子数と量子状態

ボーアの理論（84ページ参照）の発表以降、電子がもつ性質の研究が進展しました。

ひとつひとつの電子は、個性がないと考えられます。ひとつの電子とほかの電子を、形状などで見分けることはできません。

ですから、電子を区別するには、「どこにあるか」「どんな運動をしているか」などの指標（しひょう）を見るしかありません。「そこの黄色い、四角い電子」などと呼んで特定することができないので、位置や動き方をデータで表現して、電子を区別するのです。

その電子のデータは、いかにも量子論らしく離散的（とびとび）な値を取るので、**量子数**（りょうしすう）といいます。そして、何種類もの量子数の組み合わせを、**量子状態**（りょうしじょうたい）といいます。

では、電子にはどのような量子数があるのでしょうか?

量子条件の拡張

原子核のまわりを回転している電子を考えると、その位置や運動は、軌道によって決ま

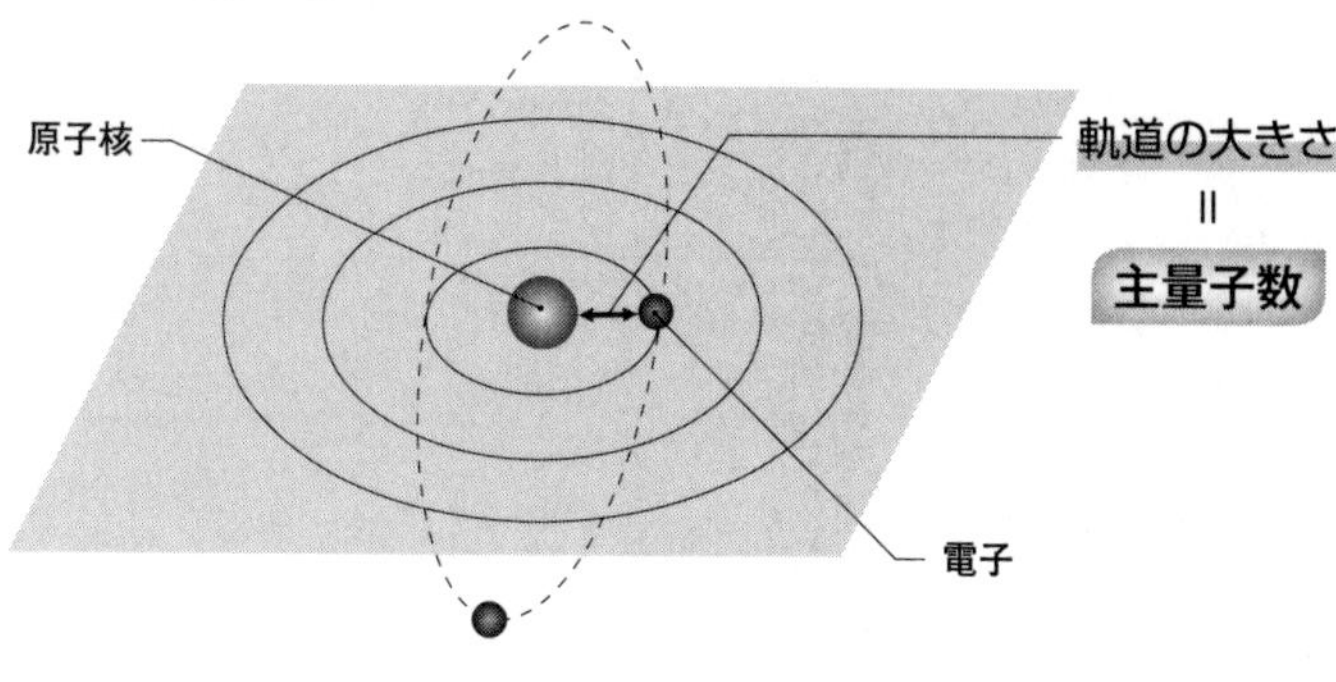

▲ボーアの量子条件は、同じ形の平面的な円軌道だけを想定しているので、「軌道の大きさ」（主量子数）という１種類の量子数しかもたない。ゾンマーフェルトはここに、「軌道の形」（方位量子数）と「軌道の向き」（磁気量子数）という２種類の量子数を足した。これで量子数は、３種類に増えたのである。

るといえます。どの軌道の上にいるかがわかれば、その電子の特定につながりそうです。

そして**ボーアの量子条件**（85ページ参照）では、電子軌道は、「原子核を中心として、一定の幅をあけて離散的に広がる同心円」だと考えられました。だとすると、「軌道の大きさ」さえわかれば、軌道が特定できて、電子も特定できることになります。

つまり、ボーアの量子条件では、電子を特定する量子数は1種類、「軌道の大きさ」だけなのです。この「軌道の大きさ」の量子数を、**主量子数**といいます。

しかし、気になることがふたつあります。

第一に、ボーアの原子模型では、電子の軌道は円だとされますが、本当にきれいな円ばかりで、楕円はないのでしょうか。

第二に、ボーアの原子模型は、すべての軌道が同じ平面上に並んだ2次元的な図になっていますが、軌道に角度がついて、立体的になることはないのでしょうか。

ドイツの物理学者**アルノルト・ゾンマーフェルト**（1868〜1951年）は、このような疑問から、量子条件を拡張します。**ボーア＝ゾンマーフェルトの量子条件**には、楕円としての「軌道の形」を示す**方位量子数**と、立体的な「軌道の向き」を示す**磁気量子数**が組み込まれ、3つの量子数により、複雑な電子の軌道が正確にとらえられるようになりました。

▲アルノルト・ゾンマーフェルト。

4種類目の量子数 スピンの発見

軌道の向きが「磁気」量子数と呼ばれるのは、「磁場の中にある電子の軌道が、磁場に対してどんな向きを取るか」という意味ですが、これとは別に、磁気にかかわる電子の性質が見つかります。1922年、ドイツ出身の物理学者**オットー・シュテルン**（1888〜1969年）と**ヴァルター・ゲルラッハ**（1889〜1979年）による実験で、「原子の中の電子それぞれに、何らかの**磁気的な性質**がある」ということが発見されたのです。

そののち、オーストリア出身の物理学者**ヴォルフガング・パウリ**（1900〜1958年）が**パウリの排他原理**を発見し、1925

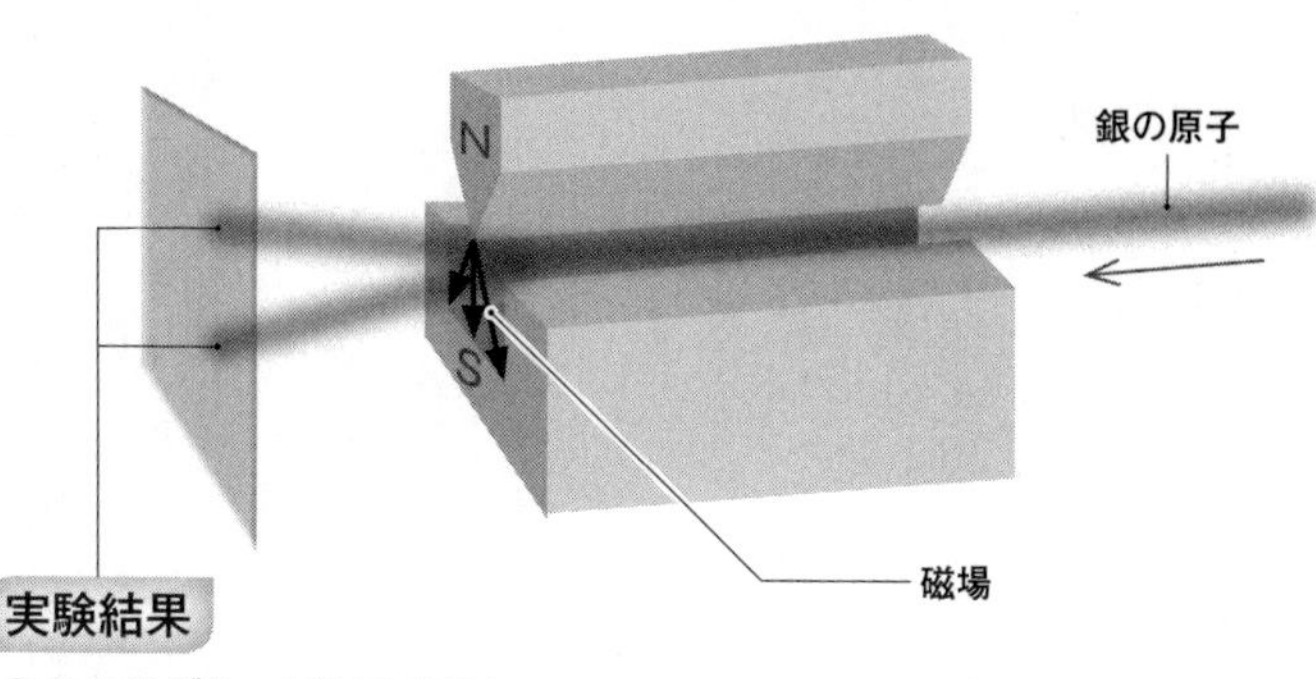

▲シュテルン＝ゲルラッハの実験。不均質な磁場の中に、銀の原子のビームを通すと、N極側に曲がる原子と、S極側に曲がる原子の、２グループに分かれた。この結果を分析すると、それぞれの電子に、磁気的な性質があることがわかった。その性質は「磁場のほうを向く」か「磁場と逆を向く」かの２通りしかなく、その間の向きを取ることはできないので、「量子化」された（離散的な）物理量だといえる。これが、電子の４種類めの量子数、スピン（スピン磁気量子数）である。

年に発表しました。パウリの排他原理については すぐに後述しますが、その内容を知ったオランダ出身の**ヘオルヘ・ウーレンベック**（1900〜1988年）と**サムエル・ハウトスミット**（1902〜1978年）は、「排他原理が成立するには、原子内の電子に、〝自転〟のような第4の量子数がなければならない」と考えます。その4種類めの量子数は、**シュテルン＝ゲルラッハの実験**で発見された性質と同じもので、1925年11月、**スピン**という名称で発表されました。

じつはその年の初め、ドイツ出身の**ラルフ・クローニッヒ**（1904〜1995年）が同じ発想をもっていましたが、相談したパウリに否定されたため自説を引っ込めており、スピン発見者の栄冠を逃（のが）してしまいました。

07 パウリの排他原理

まったく同じ量子状態をもつことはできない

排他原理のふたつの表現

さて、**パウリの排他原理**は、量子論の基礎を支える、非常に重要な理論です。

これはひとまず、次のように記述することができます。

Ⓐ物質を作っている粒子について、ふたつ以上の粒子が、まったく同じ「量子状態」（96ページ参照）**を占めることはできない。**

そしてまた、次のようにも表現できます。

Ⓑひとつの電子軌道に、入れる電子は2個までで、そのスピンは逆でなければならない。

ⒶとⒷは、まったく違うことをいっているように見えますが、じつは同じことを述べているのです。

▲ヴォルフガング・パウリ。

同じ状態を共有しない

Ⓐから見てみます。「物質を作っている粒子」というのは、とりあえず「原子の材料・要素」のことだと思えばよいでしょう。量子論が扱うミクロの粒子の代表格は**電子**ですが、この電子も、原子の内部部品であり、物質を作っている粒子です。

「量子状態」とは、電子のような粒子を見分けるための**量子数**の組み合わせでした。いわば、〝個体識別データ〟です。

つまり、パウリの排他原理の表現Ⓐは「物質を作っている電子のような粒子について、まったく同じ〝個体識別データ〟をもつ粒子が、ふたつ以上存在することはない」といっているのです。「排他原理」の「排他」とは「共有」の逆であり、量子状態（〝個体識別データ〟）を共有しないことを意味します。

▼同じ量子状態の共有を禁じるのが、パウリの排他原理である。

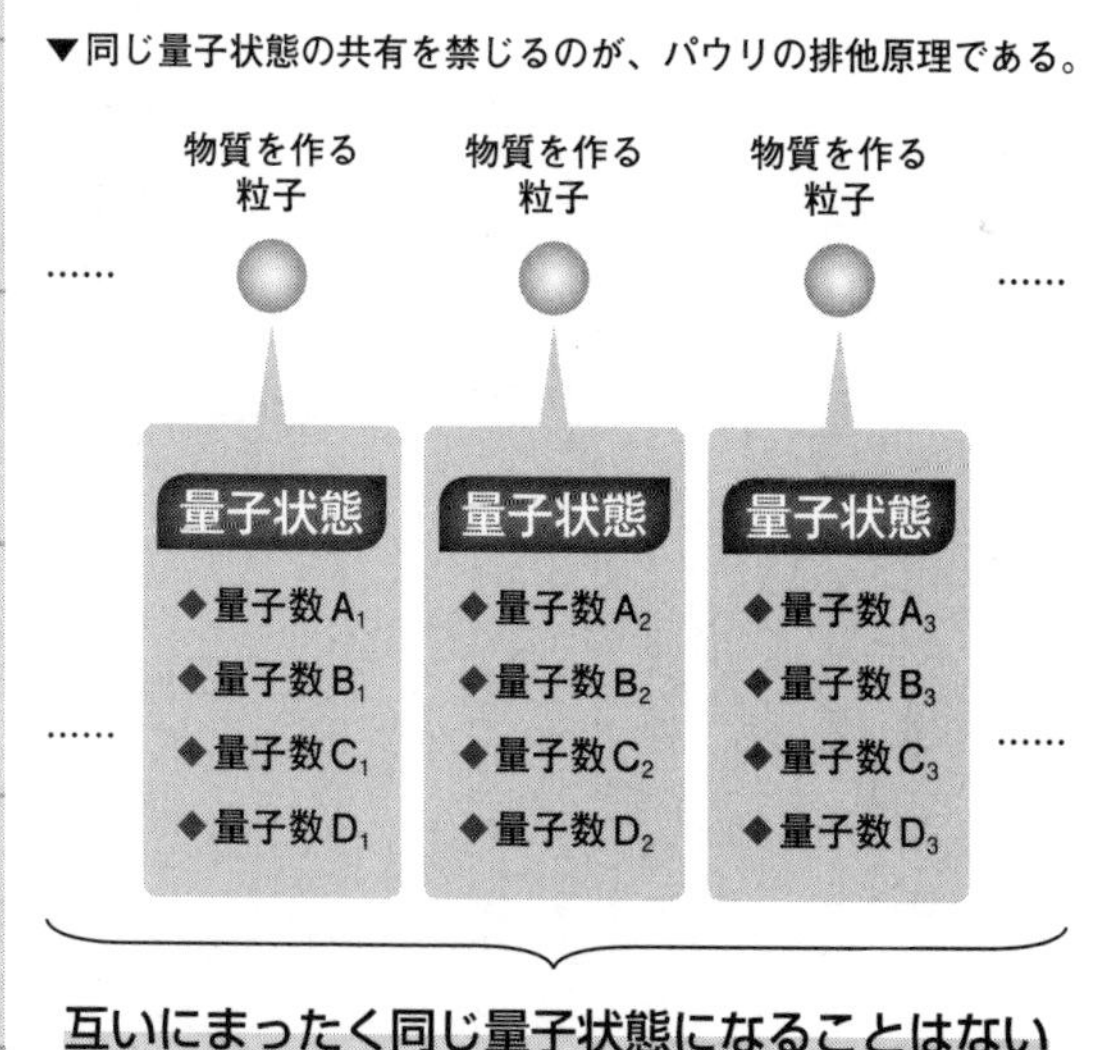

量子数の組み合わせ

電子の量子状態を決める量子数は、次の4種類でした。

❶**主量子数……軌道の大きさ**
❷**方位量子数……軌道の形**
❸**磁気量子数……軌道の向き**
❹**スピン……磁気的な性質**

これらのうち❶❷❸は、電子が原子核のまわりを〝公転〟する、電子軌道を決定するものです。しかし❹の**スピン**は、〝公転〟の軌道には関係していません。そして電子のスピンは、**上向きスピン**か**下向きスピン**か、2通りの値しか取れない離散量になっています。

これで、パウリの排他原理の表現Ⓑが理解できます。電子は、ひとつの軌道に入った時点で、スピン以外の量子数の組み合わせが、ひと通りに決まってしまいます。ですから、ひとつの電子軌道に複数の電子が入るには、スピンが違っていなければいけません。そして、電子が取れるスピンは2通りだけなので、ひとつの電子軌道に入れる電子は、互いにスピンが逆のふたつだけなのです。

じつは、いろいろな粒子が見つかっている現在では、排他原理に従う粒子と、そうでない粒子があることがわかっています。

電子のように、パウリの排他原理に従う粒子を、**フェルミ粒子**といいます。従わない粒子は、**ボース粒子**といいます。

Ⓐ ふたつ以上の物質粒子（フェルミ粒子）がまったく同じ量子状態を占めることはできない

└量子数の組み合わせ

⬇

最低1種類の量子数は違っていなければならない

⬇

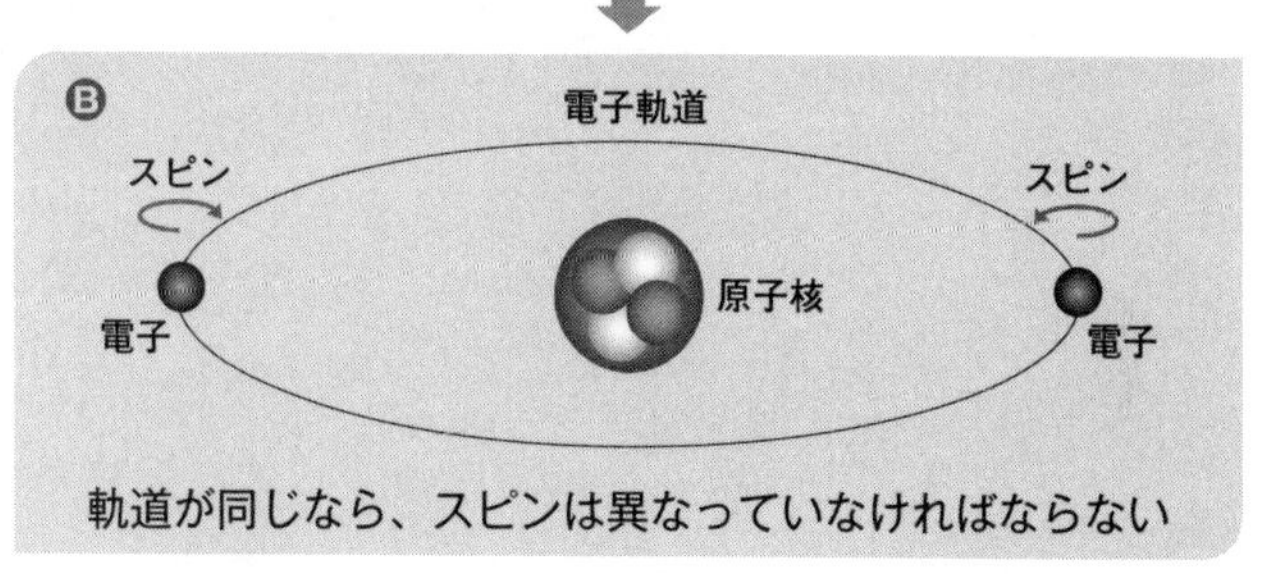

▲パウリの排他原理を、ふたつの別の観点から見る。電子の軌道は主量子数（大きさ）・方位量子数（形）・磁気量子数（向き）から決定されるものであり、同じ軌道に入る電子は、その3つの量子数が同じであることになるため、残るひとつの量子数であるスピンは、違っていなければならない。

スピンとは何か

それにしても、スピンとはいったい何なのでしょうか。

「〝公転〟ではないなら、〝自転〟ではないか」――そう考えたくなるところです。実際、スピンは回転エネルギー（**角運動量**）のようなものであり、「スピン」という名がつけられたのも、これが〝自転〟になぞらえられたからです。

しかし実際は、スピンは自転ではありません。**スピン角運動量**という数学的な値を通してしか考えられない何ものかであって、これに対応するような古典力学的運動は存在しないのです。

COLUMN 03

量子論と元素周期表

元素周期表は、科学ファンの間で根強い人気を誇って(ほこ)います。

その原型は、1869年、ロシアの化学者**ドミトリ・メンデレーエフ**（1834〜1907年）によって考案されました。メンデレーエフは、当時発見されていた元素を、似た性質をもつグループごとに、原子量が大きくなる順に並べて、表を作ったのです。表には空欄もできましたが、そこに入るべき「まだ発見されていない元素」の原子量や性質を、メンデレーエフは見事に予言しました。

さて、この元素周期表の意味を解き明かしたのが、**量子論**です。

パウリの排他原理（100ページ参照）によると、ひとつの電子軌道には、ふたつまでしか電子は入りません。そのルールにのっとって、各軌道に電子が配置されていきます。まったく同じ配置なら同じ元素であり、配置が変われば別の元素になります。この配置によって、それぞれの元素の化学的な性質が決められるのです。

特に大きく化学的性質に影響を及ぼすのは、「最も外側の軌道にある電子の数」です。周期表は基本的に、「最も外側の軌道にある電子の数」が同じ元素が、縦に並ぶようにできています。

また、原子と原子が近づくと、軌道が変化することもわかっています。**化学反応**の仕組みも、量子論によって解明されています。

確立された量子力学の世界

01

イメージに頼らない力学のための奇妙な計算

新たなる理論　行列力学

若き天才ハイゼンベルク

パウリの排他原理（100ページ参照）までで、**前期量子論**と呼ばれる量子論初期の重要な仕事が出そろいました。ここからは、より若い研究者たちの活躍によって、量子論がひとつの完成形に至ります。

「古典力学では記述できない、量子の世界のできごとが、新しい力学として記述されるようになる」という意味で、その物理学は**量子力学**と呼ばれます。そして、確立されていく量子力学を担った主役のひとりが、ドイツの物理学者**ヴェルナー・ハイゼンベルク**（1901～1976年）です。

▲ヴェルナー・ハイゼンベルク。

20世紀最初の年に生まれた彼は、**プランク**の**量子仮説**（64ページ参照）よりも若い新世代です。彼は最初、父の旧友だった**ゾンマーフェルト**（98ページ参照）の研究セミナーに出席しました。そのセミナーの先輩には**パウリ**（98ページ参照）がおり、影響を与え合うことになります。その後、ハイゼンベルクはゲッティンゲン大学の**マックス・ボルン**（1882〜1970年、112ページ参照）や、デンマークのコペンハーゲンに研究所をかまえた**ボーア**（84ページ参照）から薫陶（くんとう）を受け、20代前半にして最先端の研究者となります。

「想像」を排除する

1920年代半ばの段階で、量子論はさまざまな成果をあげつつありましたが、その理論的な中身は、古典力学や電磁気学と、それらに従わない新しい理論とのツギハギでした。「量子論を体系的な新しい力学として確立したい」と切望するボルンやボーアは、ハイゼンベルクに大きな期待をかけます。

ハイゼンベルクは、「実際に観測された事実と、想像されただけのことを、区別しなければならない」と考えました。

ボーアの理論でいうと、電子が電磁波を放出または吸収したときにできる**線スペクトル**（87ページ参照）は、実際に観測された事実です。しかし、「原子核周囲の軌道を電子が回っている」という様子は、だれも見たこと

▼ハイゼンベルクは、「観測された事実」と「想像されただけのこと」を区別し、前者を重視しようと考えた。

観測された事実

想像されただけのこと

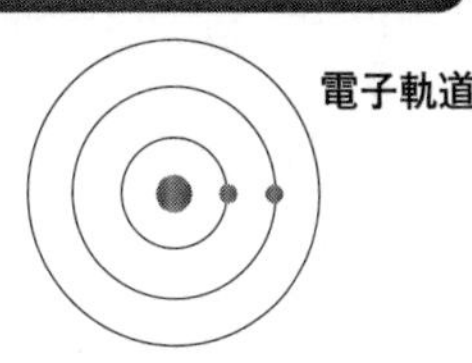

がありません。「電子の軌道は、わかりやすくするために勝手に想像されたことにすぎない」とハイゼンベルクは考えました。そして、そんなイメージに頼るのではなく、観測データを数学的に操作することで、新しい物理学を樹立しようと志したのです。

奇妙なかけ算

1925年、量子化された電子の世界を記述する数学を模索する中で、ハイゼンベルクはひとつの奇妙なかけ算に突き当たります。

私たちがよく知っている普通の数学（算数）では、「2×3」と「3×2」は、どちらも答えが「6」になります。つまり、かける順番を入れ替えても、かけ算の答えは変わらないのです。これは、「A×B＝B×A」と一般化される**交換法則**です。

ところが、ハイゼンベルクが取り組む新しい物理学を成立させるには、交換法則が成り立たないかけ算が必要でした。専門的な詳細は省きますが、**「A×B」の値と「B×A」の値が違っていなければならなかった**のです。

その数式は「行列」だった

不思議なかけ算の意味がわからないまま、ハイゼンベルクは論文を書きあげ、大きな達成感を味わいます。原稿を渡されたボルンはその式を見て「見覚えがある」と感じ、1週

行列 $A=\begin{pmatrix} a & b \\ c & d \end{pmatrix}$, $B=\begin{pmatrix} x & y \\ z & w \end{pmatrix}$ のとき,

$$A+B=\begin{pmatrix} a+x & b+y \\ c+z & d+w \end{pmatrix}$$

$$AB=\begin{pmatrix} ax+bz & ay+bw \\ cx+dz & cy+dw \end{pmatrix}$$

$$BA=\begin{pmatrix} ax+cy & bx+dy \\ az+cw & bz+dw \end{pmatrix}$$

かける順番によって答えが変わる

▲行列の計算の仕方。足し算は普通の数学と同じような感覚で行うが、かけ算は独特の手順で計算するため、かける順番が変わると答えが変わる。

間後、それが**行列**という数学分野の計算であることを思い出しました。ハイゼンベルクは、学んだこともない行列に近い形式の計算を、自分で作っていたのです。

ボルンは、数学が非常に得意な**パスクアル・ヨルダン**（1902〜1980年）と協力して、ハイゼンベルクの理論を行列形式に整理し直した論文を発表します。そして1926年には、ボルンとヨルダンとハイゼンベルクの3人が著者として名を連ね、画期的な論文を世に問いました。

この新しい量子の物理学は、のちに**行列力学**と呼ばれます。

▲パスクアル・ヨルダン。

02

電子の状態を波動関数で表現した
シュレーディンガー方程式

行列力学の難解さ

ハイゼンベルクと**ボルン**、**ヨルダン**が創始した行列力学は、量子の物理学に理論的基礎を与えるものであり、数学的な厳密さという意味でも非常にすぐれていましたが、物理学者たちがみな、すぐにこれに飛びついたかというと、そうはなりませんでした。

というのも、行列力学の数学的方法は異様に難しく、世界トップクラスの研究者でも使いこなせなかったからです。しかも行列力学は、量子世界の物理的現象について、「電子が軌道を回っている」などのイメージを思い描くことを許さない理論でした。すぐにハイゼンベルク以上の手際(てぎわ)で行列力学を応用してみせた**パウリ**のような天才もいましたが、世の大半の物理学者は、この恐るべき新理論に困り果てていたのです。

波に注目したシュレーディンガー

そんな窮状(きゅうじょう)を救ったのは、オーストリア出身の物理学者**エルヴィン・シュレーディンガー**(1887～1961年)でした。

彼は、**アインシュタイン**が1925年に発表した論文を通じて、**ド・ブロイ**の**物質波**の理論（92ページ参照）に注目します。そして、

ド・ブロイ

物質波

「電子は波としてふるまう」と考え、粒子だと思われていたものを波動として扱う。

シュレーディンガー

シュレーディンガー方程式

物質波の状態を「波動関数」で表し、方程式を作る。

▲シュレーディンガーは、ド・ブロイの理論の影響を受け、完成度の高い方程式にまとめあげた。

「電子が波としてふるまうならば、その波についての方程式を見つけなければならない」と考えました。

1926年、ハイゼンベルクら三者の論文が発表されて間もない時期に、物質波の状態を**波動関数**Ψ（プサイ）で表した**シュレーディンガー方程式**が世に出ます。これは電子の波が満たすべき方程式であり、シュレーディンガー方程式を解けば、電子の波の形（それが何を意味するかはあとで問題になります）や変化を知ることができるようになりました。

波動力学が物理学界を席巻

シュレーディンガー方程式によって切り開

かれた、量子世界を「波」の観点からとらえる理論を、**波動力学**といいます。

　シュレーディンガー方程式は、「電子軌道は量子化されている」という**ボーア**のイメージに対して、ド・ブロイの論よりもずっと明快に、理論的基礎を与えました。

　また、**線スペクトル**（87ページ参照）の測定データと一致する値を導くことができ、ボーアの理論では扱えないような複雑なケースでも、エネルギーを計算できました。

　そして何より、扱いが行列力学よりもずっと容易であり、物理的なイメージを排除しなかったので、行列力学に歯が立たなかった物理学者たちは、この方程式を歓迎しました。**アインシュタイン**や**プランク**も、シュレーディンガーを絶賛したのです。

行列力学との等価性

　行列力学に近かった**パウリ**も、すぐにシュレーディンガー方程式の重要性に気づきました。当時世界トップともいえるほどの才能を誇ったパウリが、苦労しながら行列力学で解決した問題を、シュレーディンガーは波動力学でらくらく解いていたのです。

　さらに、行列力学の一角を担う**ボルン**も、「波動力学こそが最も深い量子の理論だ」と述べるようにまでなりました。

　「波動力学さえあれば、行列力学の複雑な計算をしなくても、電子について知ることができる」という風潮の中、面白くなかったのは**ハイゼンベルク**です。彼は自分の創始した行

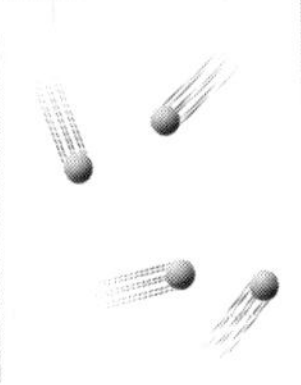

▲行列力学と波動力学は、同じ「量子力学」の別バージョンといってよいような関係にある。

列力学のほうが正しいと信じていました。

行列力学と波動力学の間には、どんな関係があるのでしょうか。

それが気になり、研究してみたのは、シュレーディンガーとパウリでした。それぞれ独立に追究した結果、前者はより早く、後者はより厳密な形で、同じ結論に達します。

まったく違って見える行列力学と波動力学は、**数学的には等価**なものだったのです。

量子の世界の法則を、力学として体系的にまとめあげる学問を、「量子力学」と呼ぶならば、行列力学と波動力学は、その同じ「量子力学」の、違った表現です。**行列力学は量子の世界を「粒子」の側面から離散的にとらえ、波動力学は量子の世界を「波」の面から連続的にとらえている**のです。

03

電子の波は複素数で表されてしまった

波動関数をどう解釈するか

波動関数は何の波なのか

発表されるとすぐに話題になった**シュレーディンガー方程式**は、ひとつの根本的な問題を抱えていました。

方程式に登場する**波動関数Ψ**は、「電子の波」を表すとされましたが、この「波」とは、何が波打っているものなのでしょうか。最初の論文を書いた時点では、**シュレーディンガー**自身も解釈を打ち出せていなかったのです。

そもそも波動関数は、「虚数」を含む「複素数」で表された、やっかいなものでした。

私たちの身のまわりに存在している普通の数は、**実数**といって、2乗すると必ず正の数になります（$5^2=25$, $-5^2=25$）。

それに対して**虚数**とは、2乗したときに負の数になるように作られた数です。「2乗したときに-1になる数」を、**虚数単位** i と定め、これを実数倍したものとして虚数は表現されます（$5i$, $-5i$ など）。

そして、実数と虚数の両方を含み「$a+bi$」（a、bは実数）の形で表されるのが、**複素数**です（特に$b=0$のときは、虚数部分がなくなって実数になりますが、ここでは「複素数」といったとき、基本的には虚数部分を含

$i^2 = -1$（iは虚数単位）

複素数 $z = \underset{\text{実部}}{a} + \underset{\text{虚部}}{b}i$ （a, bは実数）

$a = 0$のとき　$z = bi$ （純虚数）

$b = 0$のとき　$z = a$ （実数）

複素数の絶対値

$|z| = \sqrt{a^2 + b^2}$ （実数）

複素数の絶対値の２乗

$$
\begin{aligned}
|z|^2 &= (a + bi)(a - bi) \\
&= a^2 - (bi)^2 \\
&= a^2 - (-b^2) \\
&= a^2 + b^2 \quad \text{（実数）}
\end{aligned}
$$

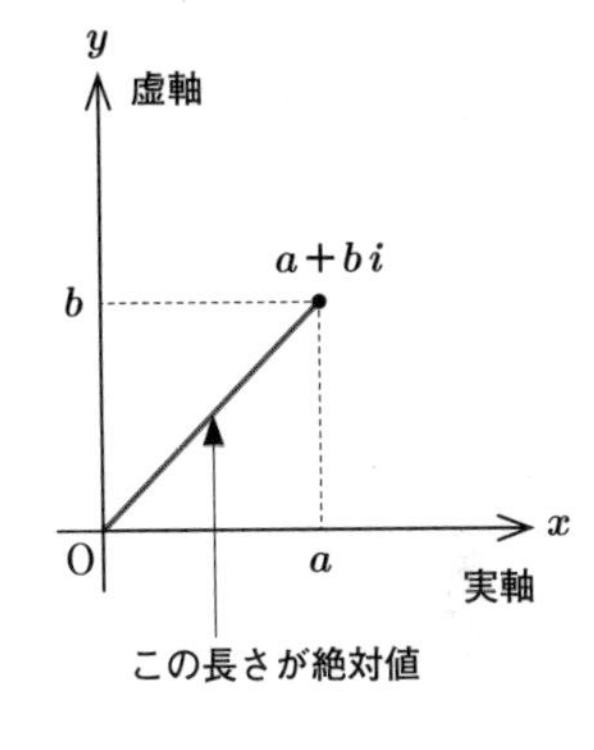

▲複素数。シュレーディンガー方程式の波動関数は、複素数になっており、その解釈は難しかった。

むものとします）。

一般に、実験や観測で直接測定される物理量は、実数です。虚数を含む複素数で表された波動関数が何なのか、物理的に解釈するのは、非常に難しいことでした。

シュレーディンガーの解釈

じつはシュレーディンガーは、保守的な物理観・自然観の持ち主でした。「電子が別の軌道に飛び移るなんて、やっぱり非常識だ」と、**ボーア**の理論（84ページ参照）に対して批判的なスタンスを取っていたほどで、電子が飛び移る際の電磁波の放出・吸収も、「ちょっと変わった現象だろう」くらいに思っていました。

彼が、離散的な現象を連続的な波で表現したのも、「量子論の核心にある斬新な発想（量子や離散）を、なじみ深い古典物理学に寄せた形で解釈し直したい」という思いがあったからです。

そんなシュレーディンガーですから、複素数の波動関数を、現実世界の具体的な何かに結びつけたいと考えました。

そこで彼は、波動関数の**絶対値**を取ります。絶対値とは、いわば「性質や方向を無視した大きさ」であり、複素数の絶対値は実数になります。これなら、物理世界に実在する何らかの具体物と結びつけられそうです。

シュレーディンガーは、「波動関数の絶対値を2乗すると、電子の波の電荷（帯びている電気）を表す」と考えました。イメージとしては、電子が波として空間に広がり、電荷がまるで雲のように分布していて、その中のある場所・ある時刻の電荷の密度が、波動関数の絶対値の2乗に一致するというのです。

粒子は波のかたまりだった？

さらにシュレーディンガーは、「電子は、波動関数で表現される波である」という自説と、「電子は粒子である」という一般的理解の間にある溝を埋めようとしました。

彼は、自説の波動力学のほうに、電子の真の姿を見ます。「電子は本当は粒子ではなく、波が凝集して粒子のように見えているだけ

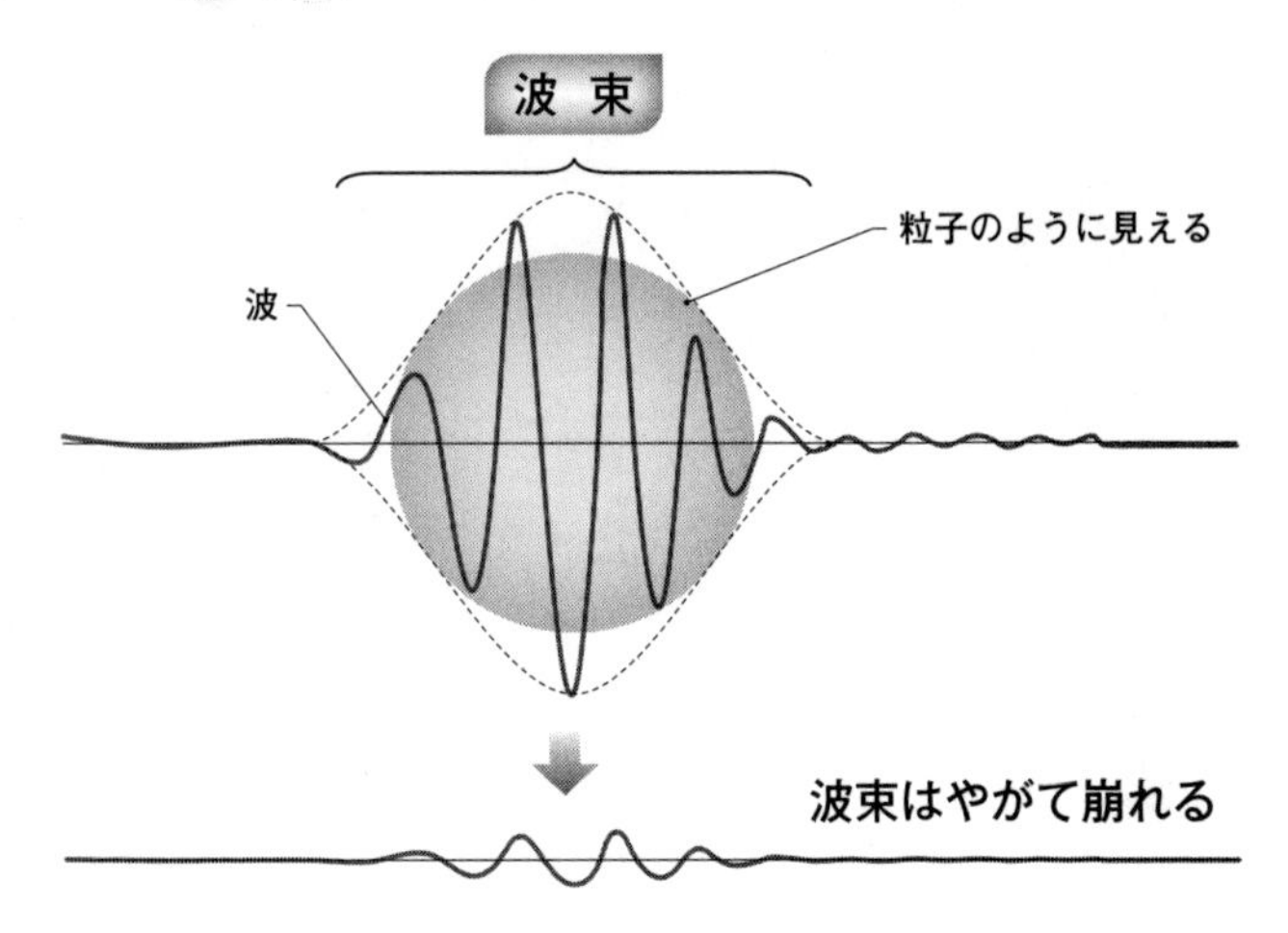

▲シュレーディンガーは、「波が凝集した波束が、粒子のように見えているだけだ」と主張したが、波束はすぐに崩れてしまう。電子の粒子としてのあり方を、波に還元することはできなかった。

だ」というのです。

シュレーディンガーは、波動関数に一定の数学的処理を施し、さまざまな物質波を重ね合わせて、ある場所に波が集まっているような関数を作ります。この関数が表現する波のかたまりを、彼は**波束**と呼びました。そしてこの波束こそが、粒子状に見える電子の姿だというのが、シュレーディンガーの主張です。

しかし、「電子を粒子としてとらえること」の排除をめざすシュレーディンガーの理論は、やがて限界に突き当たりました。いったん波が集まって波束を作っても、やがて波束は崩れて、緩やかな波の広がりになってしまうことが指摘されたのです。「すべては波だ」という発想では、やはり、電子の粒子性を説明し尽くせませんでした。

04

波動関数を電子の発見確率ととらえる

ボルンの確率解釈

波と粒子の両立をめざす

シュレーディンガーとはまったく違う発想で、**波動関数**を解釈したのが、**ボルン**（107ページ参照）です。

彼のいたゲッティンゲン大学では、原子をビリヤードの球のように衝突させてみる実験が行われており、ボルンは、「量子的なミクロのものごとを、粒子として扱うと、やはり実り（みの）が多い」と感じていました。粒子性を捨てようとするシュレーディンガーの極端な発想は、ボルンにとって受け入れがたいものだったのです。

▲マックス・ボルン。

そこでボルンは、波動関数について、シュレーディンガーの「波」と電子の「粒子」性を統合するような解釈を考案しました。

確率を表す抽象的な波

ボルンが1926年に発表したのは、「波動関数の絶対値を2乗すると、**電子が発見さ**

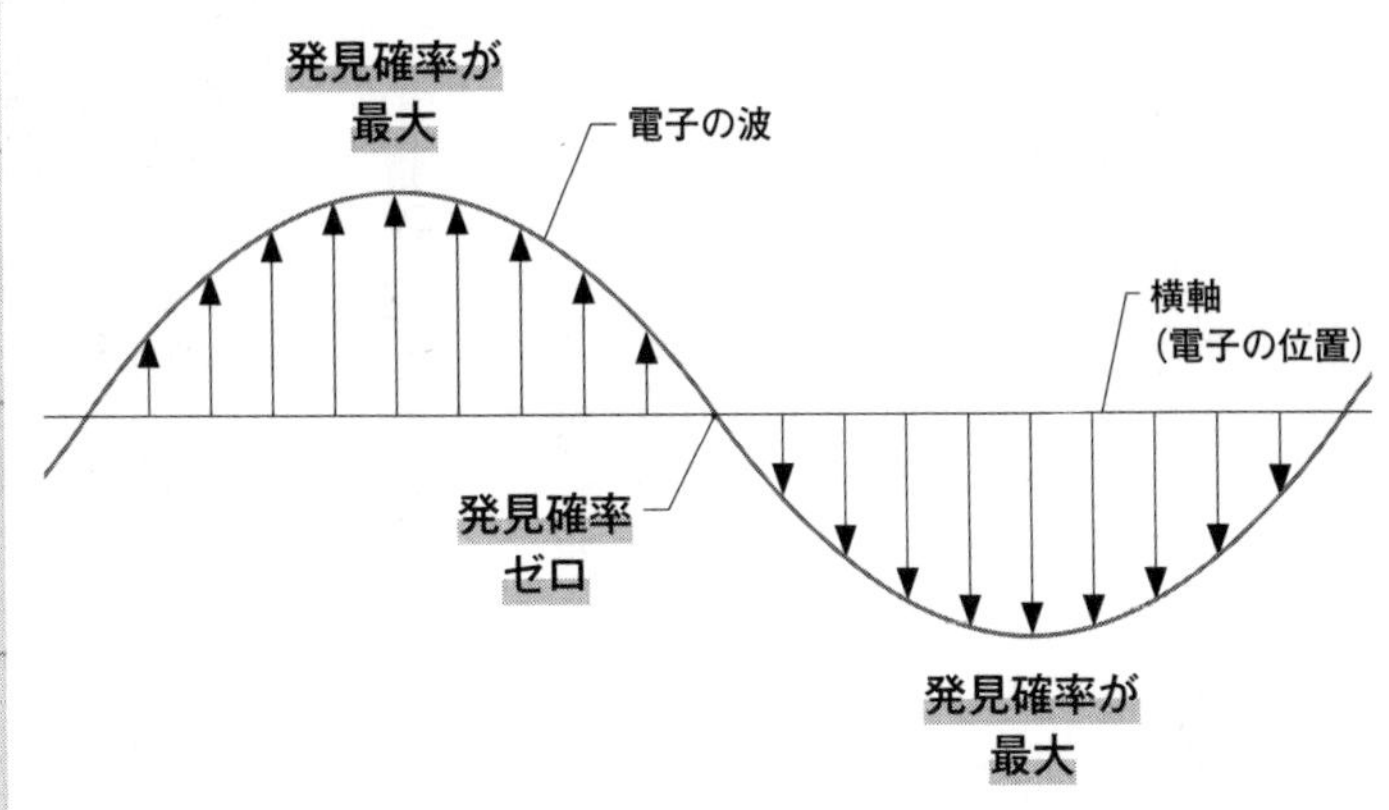

▲シュレーディンガー方程式の波動関数を、電子の発見確率として解釈したイメージ。たとえば、水の波のデータを取って関数で表し、グラフにするとき、そのグラフの振幅は、ある場所で通常の水面から波がどれだけ高まったか（低まったか）を表す。しかし、波動関数によって与えられる振幅は、その場所で電子の存在が発見される確率という、数学的で抽象的な「波」だとされる。

れる**確率**がわかる」という**確率解釈**でした。

古典力学では、ビリヤードの球が衝突するとき、もとの状態と運動の様子を正確に観測できていれば、衝突後に球がどうなるか、正確に予測できるはずです。

しかし、「量子的なサイズの力学では、衝突した粒子がそのあとどうなるかは、確定できない」とボルンは主張しました。それは「人間の観測能力や計算能力が低いから」ではなく、量子的世界のルールだというのです。

だとすると、電子がどこで発見されるかは、確率的にしかわかりません。波動関数が表す波の振幅は、ある場所での発見確率の高低を表現していると、ボルンはいいます。波動関数の波を、「発見されやすさ」を表す**抽象的な波**として解釈したのです。

極小の世界の本質は「不確かさ」にあった！

ハイゼンベルクの不確定性原理

量子世界の不確かさ

ボルンによる**波動関数の確率解釈**は、波動関数を物理世界の具体物に結びつけることはできず、「電子とは結局、波なのか粒子なのか」という問いにもあえて答えないものでしたが、最も実用性が高く、破綻のない考え方なので、量子論の主流として受け入れられていきました。

量子力学の主力ともいえる武器になったシュレーディンガー方程式の中に、確率というあいまいなものがあることを喝破した確率解釈は、量子世界が本質的に抱える**不確かさ**を示したといえます。

そして1927年、この不確かさにまつわる、さらに衝撃的な発見が、物理学界を揺らします。それは、イギリス出身の物理学者**ポール・ディラック**（1902〜1984年）の理論をにらみながら、**ハイゼンベルク**が見つけ出したものです。

ディラックの量子条件

ディラックは、ハイゼンベルクの**行列力学**

ディラックの量子条件

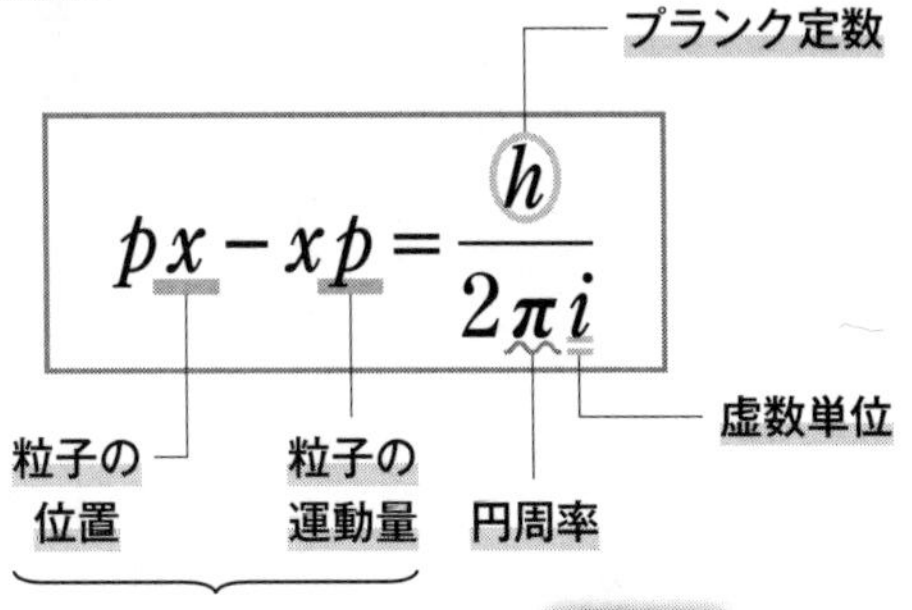

▲ディラックの量子条件は、量子世界における、粒子の位置と運動量の関係を、プランク定数を用いて数学的に表現している。

の核心にある、**「A×B」の値と「B×A」の値が違っていなければならない**という奇妙なかけ算（108ページ参照）の重要性に目をつけ、これこそが量子の世界を表現する数学の本質だと考えます。

彼は、そのような量子力学の数を**q数**（quantum number）と呼んで、「A×B」と「B×A」が等しくなる古典力学の**c数**（classical number）から区別しました。そして1926年、粒子の**位置**と**運動量**（質量×速度）をq数で表す**ディラックの量子条件**を作り上げたのです。

q数は、具体的な値で直接表すことのできない数です（表せたら、「A×B」と「B×A」が等しくなってしまいます）。位置と運動量が、そんなq数であるということは、何を意味するのでしょうか。その謎を解いたのは、ハイゼンベルクでした。彼は、次のような驚くべき真理を発見します。

不確定性原理の発見

電子の**位置**と**運動量**の、**両者の不確かさを同時になくす（ある程度以上小さくする）のは不可能である**——これこそ、量子世界に特有の絶対ルール、**不確定性原理**（ふかくていせいげんり）です。

いったん「電子の位置と運動量を、人間が測定する」というイメージでとらえましょう。電子の存在する位置を正確に測定しようとすると、その分だけ、運動量の不確かさが大きくなります。逆に、運動量を正確に知ろうと

▼ハイゼンベルクの不確定性原理は、「粒子の位置と運動量の測定に、必ず一定以上の不確かさが残る」ことを示す。184ページも参照。

不確定性原理

プランク定数

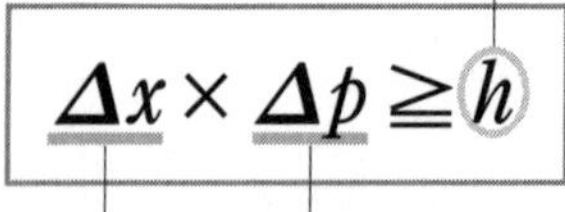

$$\Delta x \times \Delta p \geqq h$$

粒子の位置の不確定さの幅

粒子の運動量の不確定さの幅

Δxを減らすとΔpが増え、
Δpを減らすとΔxが増える

すると、位置は正確にわからなくなります。

ただし、補足(ほそく)させてください。これは、人間の測定能力や、測定用の機材の問題ではありません。数学的に導き出された、量子の世界の本質なのです。

そしてこの「不確定性」は、行列力学を生み出すきっかけになった、あの奇妙なかけ算を成立させているものであると、ハイゼンベルクは気づきます。量子の世界の核心に不確定性原理があるからこそ、q数では「A×B」の値と「B×A」の値が異なり、ディラックの量子条件が成り立つのです。

いわば不確定性原理は、古典力学の世界と量子力学の世界を分けるものでした。

また、同じような不確定性の関係は、ほかの物理量のペアにも見いだされました。

「ラプラスの悪魔」の予言は不可能

従来の物理学では、技術の進歩とともに実験精度はどんどん上がっていき、いずれ、小さな粒子の様子が正確にわかるようになると思われていました。

ところが、ハイゼンベルクによる不確定性原理の発見で、「ある種の物理量のペアを、同時には正確に知ることはできない」ことがわかってしまいました。

波動関数の確率解釈（118ページ参照）と不確定性原理は、「すべてを物理学で記述しうる」という考えを否定し、「**ラプラスの悪魔**」（35ページ参照）の予言が不可能であることをあばき出したといえます。量子力学は、現代物理学に革命を引き起こしたのです。

06 電子の位置と運動量

不確定性原理をイメージするための思考実験

電子に光を当てる

ハイゼンベルクは、**不確定性原理**の一面をイメージさせてくれる、ひとつの思考実験を考案しました。

電子の位置や運動量を測定するときは、電子に光を当てて、その反射光の進行方向や波長などを調べます。

❶**位置**を正確に測りたいなら、波長の短い光を当てるとよいのですが、波長が短い光は振動数が高く、強いエネルギーをもちます。このエネルギーで、電子は弾(はじ)き飛ばされ、運動量が大きく変わってしまうでしょう。

❷逆に、**運動量**を正確に測りたいなら、波長が長くて振動数の低い光を当てて、振動数の変化を測定します。しかし、振動数の低い光は広がってしまい、電子の**位置**をしぼり込むことができなくなります。

「観測者効果」ではない

この思考実験は、不確定性原理の意味するところを、具体的に示しています。イメージをつかむにはもってこいです。

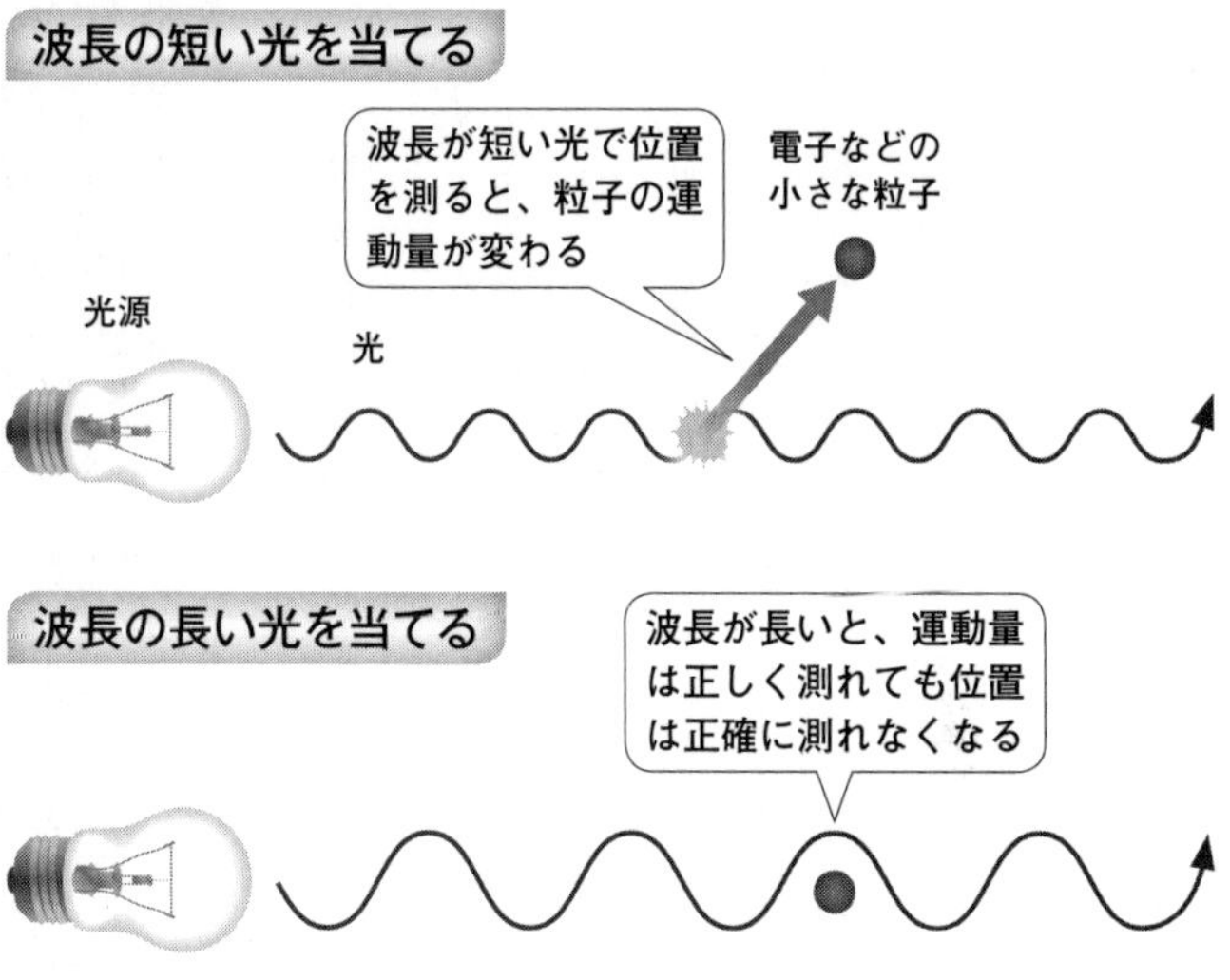

波長の短い光を当てる

波長の長い光を当てる

▲ハイゼンベルクの不確定性原理の一面を、具体的に表現する思考実験。

しかし、少々問題もあります。「観測する行為は、観測されるものに影響を及ぼしてしまう」という**観測者効果**と取り違えられたり、「自然の真の姿は、人間には観測できないのだ」といった結論に結びつけられたりする危険性があるからです。

「人為的に光を当てると、電子の運動量を変えてしまう」ということが、不確定性原理の本質なのではありません。「光を当てる」以外の、非常にすぐれた測定方法が見つかったとしても、量子スケールのものの位置と運動量を、同時に正確に知ることは不可能です。

ハイゼンベルク自身も、最初から明確に理解していたわけではなかったようですが、**人間の行為にかかわらず、ミクロの世界には不確定性原理が存在している**とされます。

07 コペンハーゲン解釈の成立

波の収縮と確率解釈を柱とする量子力学の主流

相補性原理

不確定性原理が発見されたとき、発見者の**ハイゼンベルク**と、彼が敬愛する**ボーア**との間では、意見の対立が生まれました。

ハイゼンベルクは、**シュレーディンガー**の**波動力学**へのライバル心もあり、電子を波動としてとらえることを強く拒否して、粒子性にこだわっていました。

それに対してボーアは、「**波と粒子の両方の性質**を取り入れなければ、新しい量子力学の理論は作れない」と考えていました。

▼コペンハーゲンのニールス・ボーア研究所。コペンハーゲン大学の研究機関である。コペンハーゲン解釈はここから生まれた。

光でも電子でも、量子的なものは、波の姿と粒子の姿をもっています。

しかし、**ある時間に私たちが見ることができるのは、波の姿か粒子の姿、どちらか一方だけ**です。

そして、**一方だけから全体を理解することはできない**と、ボーアは主張しました。

ボーアが述べたこの原理を、**相補性原理**といいます。波と粒子が、互いに補い合うという意味です。

1927年、ボーアはこの相補性原理とともに、**電子の波**についてのひとつの解釈を発表します。**ボルン**による**波動関数の確率解釈**（118ページ参照）を取り入れ、さらに発展させたものでした。その解釈は、ボーアの研究所のあるコペンハーゲンにちなんで、**コペンハーゲン解釈**と呼ばれるようになります。

状態の重ね合わせ

まずは、電子が波としての姿を取っているところから考えます。

私たちは、電子が波のように広がっているところを、うまくイメージできません。なぜなら、波として広がった電子など、観測したことがないからです。

これを逆手にとって、ボーアは驚くべき主張をします。**電子は、観測されていないときだけ、波として広がっている**というのです。

では、「波として広がっている」とは、どういうことでしょうか。団子をつぶして薄くのばしたように、電子を平べったくしたものが広がっているのでしょうか。

　そうではありません。コペンハーゲン解釈では、電子がさまざまな場所にいる状態が、重ね合わさっていると考えます。**状態の重ね合わせ**（24ページ参照）です。

　同じ1個の電子の中で、「場所Aにいる状態」「場所Bにいる状態」「場所Cにいる状態」……が重なり合っているという、マクロな世界の常識では想像しづらい事態です。

波の収縮と確率解釈

　そして、私たちが電子を観測すると、電子の波は一瞬で収縮（しゅうしゅく）するといいます。状態の重ね合わせが解除されて、さまざまな場所に広がっていた波が1点に集まるような感じで、電子の場所が定まるのです。そして、波が収縮した電子は、粒子の姿に見えます。

　このとき、波はどこに収縮するのでしょうか。ここで、**波動関数の確率解釈**が活きてきます。「どこに収縮するか」は、収縮するそのとき、波動関数とのかかわりで確率的に決まるのです。ある場所での発見確率は、**波動関数の絶対値の2乗**に比例するといいます。

　このようにコペンハーゲン解釈は、電子の波としての姿と粒子としての姿、両方を説明するものでした。理論的には、**波の収縮**と確率解釈の2点が特色だとされます。

　この考え方は、多くの物理学者たちに受け入れられ、量子力学の主流となります。

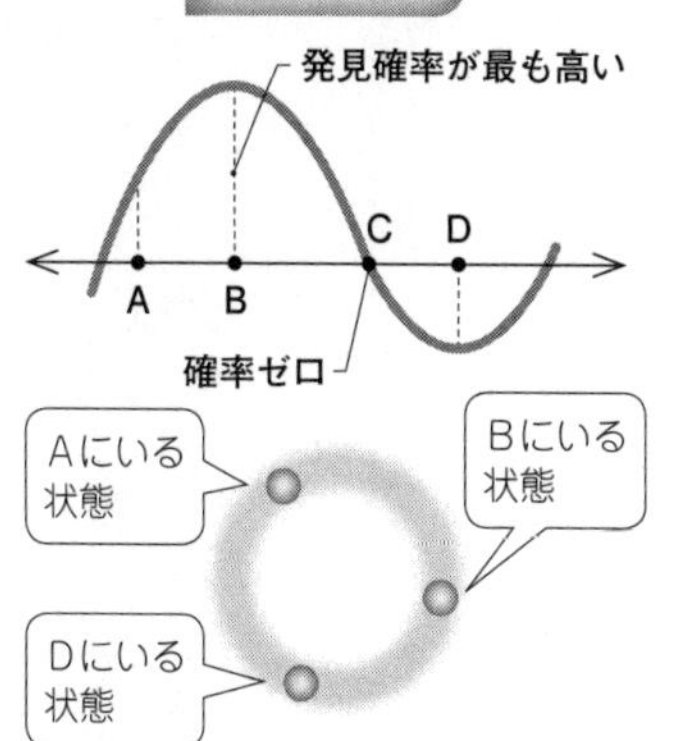

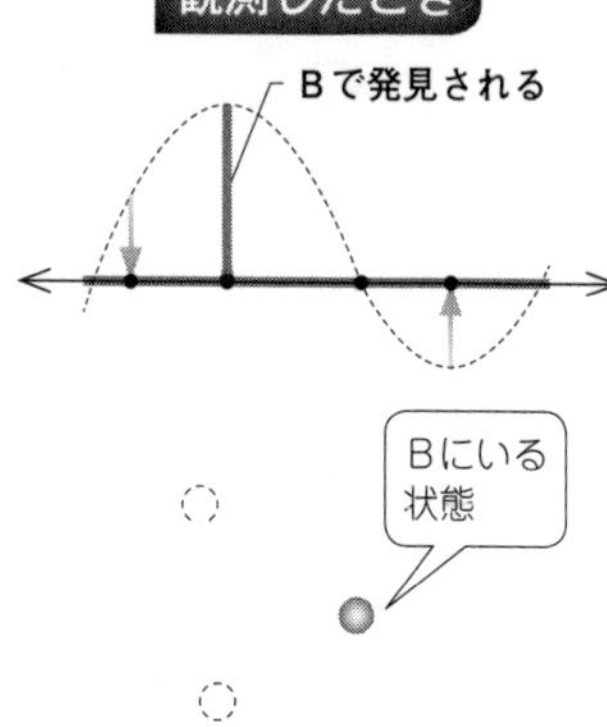

▲コペンハーゲン解釈のイメージ。「観測するまで電子の位置はわからないから、いろいろな可能性が考えられる」という意味ではない。一定の範囲のそれぞれの位置に存在している状態が、重ね合わさっている。そして、観察されたとき「波の収縮」が起こり、電子の位置が一点に定まるのである。

コペンハーゲン解釈の問題点

しかし、コペンハーゲン解釈には、いくつか問題点もありました。

たとえば、波は観測された瞬間に収縮するとされるのですが、「観測された」という情報が時間ゼロで伝わるとすると、この情報伝達速度は光速を超えてしまうことになります。これは、**特殊相対性理論**（27ページ参照）からいって、ありえません。

また、観察によって電子の位置が1点に定まったとき、それまで重ね合わされていたほかの状態は、いったいどうなるのでしょうか。

こういった疑問点から、別の解釈も出てくることになります。

08 ディラックがいくつもの理論を統合していく
変換理論とディラック方程式

理論の間の変換を可能に

波と粒子の理論的統合を、**ボーア**とは違うアプローチで、より早い段階から進めていた人物がいました。**ディラック**（120ページ参照）です。

もともと、物理学者たちの間には、「波動力学と行列力学は、もっと一般的で抽象的な理論の、特殊な表現形式にすぎないのではないか」という考えがありました。その「もっと一般的で抽象的な理論」を、ディラックが1926年9月から6か月発見したのです。

▼正確にいうと、変換理論は、行列力学と波動力学だけでなく、それまでのディラック自身の理論をも統合するものだった。

変換理論　一般的で抽象的

特殊な表現　　特殊な表現

行列力学　　波動力学

間、コペンハーゲンのボーアのもとに滞在していたときのことでした。
ディラックが発見した**変換理論**によって、波動力学と行列力学がつなげられ、一方の形式から他方の形式に変換できるようになりました。同時期に**ヨルダン**（１０９ページ参照）も、似た理論を独自に見つけ出しており、量子論のさらなる発展に貢献しています。

特殊相対性理論の要請を満たす

さらにディラックは１９２８年、**相対性理論**（26ページ参照）に対応した、**相対論的量子力学**を提唱します。

シュレーディンガー方程式（１１０ページ参照）は、量子力学の基礎となる非常に重要なものですが、**特殊相対性理論**に対応していないという弱点がありました。ディラックはこの問題点を解消するべく、シュレーディンガー方程式を改良し、**ディラック方程式**を作り上げます。ここには**パウリ**の理論も取り入れられており、もとのシュレーディンガー方程式が扱っていなかった**スピン**（99ページ参照）も説明できるようになりました。

ただし、ディラック方程式には問題がありました。この方程式を用いると、電子のエネルギーに、それまで存在が考えられていなかった「負のエネルギー」なるものが現れてしまうのです。これを整合的に理論化するために、ディラックは１９３０年、「**ディラックの海**」と呼ばれる概念を考案します。

新たな方程式から負のエネルギーが導かれた

「ディラックの海」と真空

観測されない海？

「**ディラックの海**」は、**真空**を「負(マイナス)のエネルギーをもつ電子で埋め尽くされた状態」としてとらえ直した概念でした。

このアイデアは現在では、真空の実態と合致していないことがわかっています。しかし、真空について考えるヒントになる、とても面白い考え方なので、概略を紹介しましょう。

「ディラックの海」の電子は、普通の（正(プラス)の）エネルギーではなく、負(マイナス)のエネルギーをもっているため、観測されないと思ってください。この「観測されない電子」がひしめき合うディラックの海全体も、観測されず、ただ何もない空間に見えます。これが真空なのだと、ディラックはいうわけです。

穴が粒子に見える？

この「ディラックの海」に、正(プラス)のエネルギーを与えます。すると、このエネルギーを受け取った「観測されない電子」が、正(プラス)のエネルギーをもった「**普通の電子**」になって、「ディラックの海」から飛び出します。

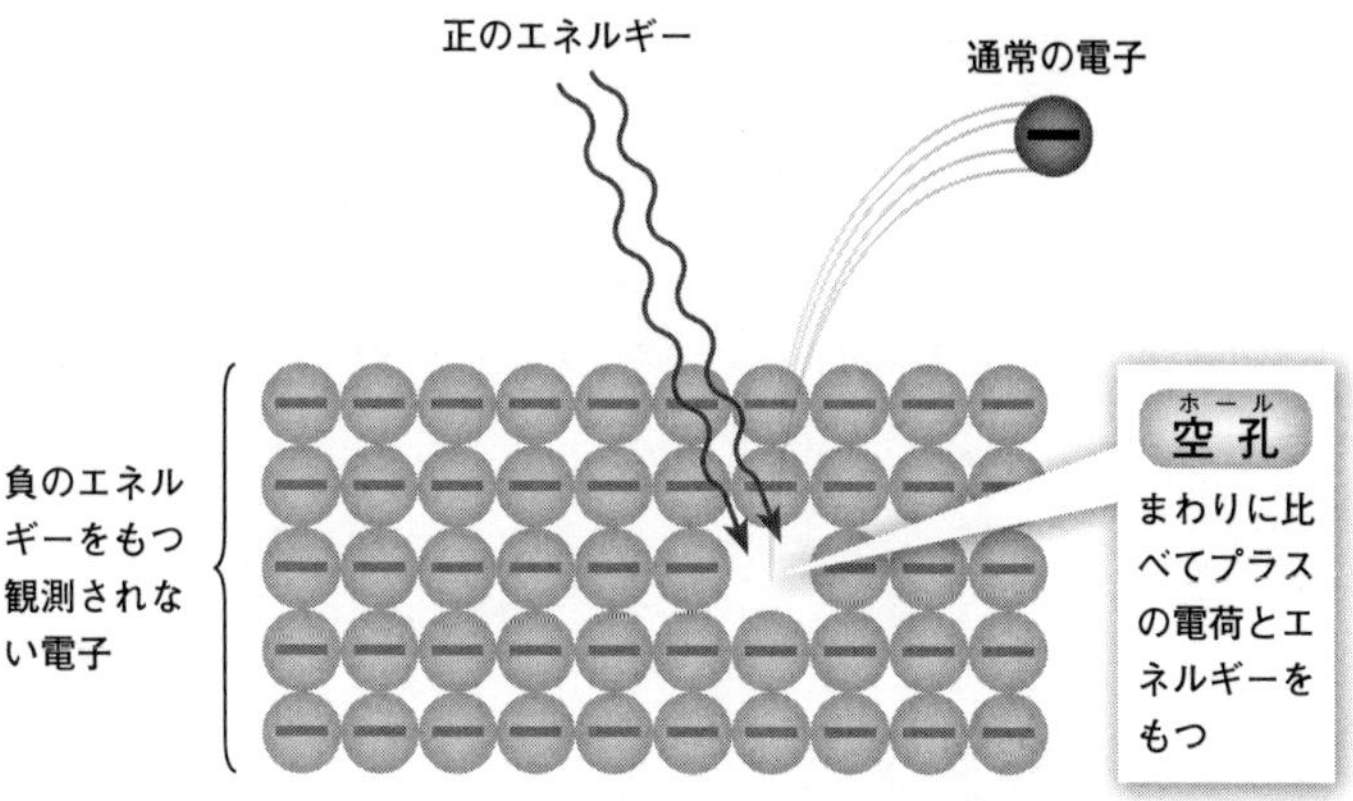

正のエネルギー
通常の電子
負のエネルギーをもつ観測されない電子
空孔（ホール）
まわりに比べてプラスの電荷とエネルギーをもつ

▲「ディラックの海」のイメージ。負のエネルギーをもった「観測されない電子」が埋め尽くす空間に、正のエネルギーを与えると、穴（空孔）ができる。この電子１個分の空孔は、まわりと比べると、正のエネルギーと＋の電荷をもっているように見える。

今飛び出た電子がいた場所は、ちょうど電子1個分の穴になります。ディラックはこれを**空孔**と呼びました。

電子は－の電荷をもっています。「観測されない電子」もそうだとすると、「ディラックの海」は「観測されない－の電荷」で埋め尽くされていることになります。しかし、「観測されない電子」がなくなった空孔の部分には、「観測されない－の電荷」がなく、まわりと比べると、＋の電荷をもっているように見えるはずです。

この空孔はまた、まわりと比べると、正のエネルギーをもっています。ですから、まるで実在する粒子のように見えます。

こうして予言されたのが、電子とまったく同じように見えて、電荷だけが逆（＋）の粒子の存在です。これは**陽電子**と呼ばれ、1932年、アメリカの物理学者**カール・デイヴィッド・アンダーソン**（1905～1991年）によって実際に発見されます。

電子以外にも、全種類のミクロ粒子に対して、電荷などの属性が逆の粒子が存在するはずだということを、ディラックの理論は示唆しました。物理学の領域を広げる**反粒子**の概念が、ここに現れたのです。

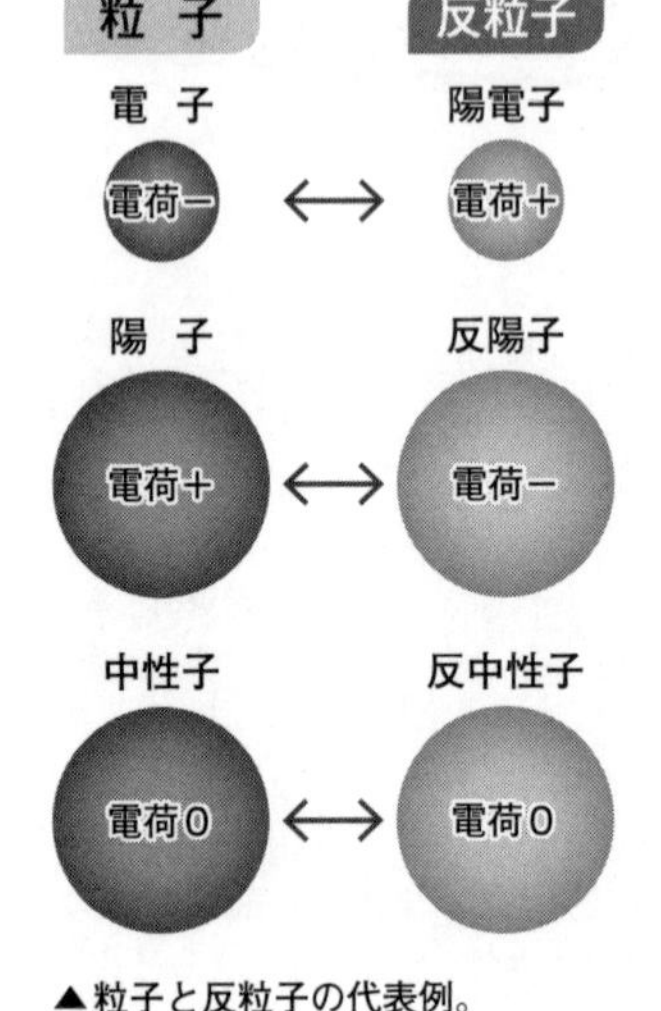

▲粒子と反粒子の代表例。

真空の本当の姿は？

ただし、真空は「負のエネルギーをもつ電子で埋め尽くされた海」ではないことが、その後の研究でわかりました。

では、真空とは何なのでしょうか。

真空というと、常識的には、エネルギーも含めたあらゆる物理量がゼロの空間を想像していますが、じつは量子論的にいって、エネルギーがゼロになることはありません。

ここではイメージしやすくするために、エネルギーと時間の間に、**不確定性原理**（122ページ参照）のような関係があると考えてみましょう。❶**エネルギー**の不確かさの幅と、❷**時間**の不確かさの幅を、かけた値は一定以上になるとしたとき、「エネルギーがゼロである」とわかってしまうと、❶がゼロになり、そのゼロと❷とかけた値もゼロになるので、不確定性関係と矛盾するのです（厳密にいうと時間の扱いは難しいのですが）。

プランク定数

$$\Delta E \times \Delta t \geqq h$$

エネルギーの不確かさの幅　時間の不確かさの幅

エネルギーが「はっきりわかる」と「不確かさの幅」がゼロになる

$$\Delta E = 0$$

$$\Delta E \times \Delta t = 0$$

矛盾

▲エネルギーと時間の不確定性関係。

ですから、真空にもエネルギーはあるとされます。そしてたえずあちこちで、粒子と反粒子がペアになって生まれてくるのです（**対生成**）。ただ、粒子と反粒子はすべての性質が逆なので、結合するとすぐに消えてしまいます（**対消滅**）。こうして、真空の中で無数の粒子と反粒子が生成と消滅をくり返していることを、**真空のゆらぎ**といいます。

▼対生成と対消滅。

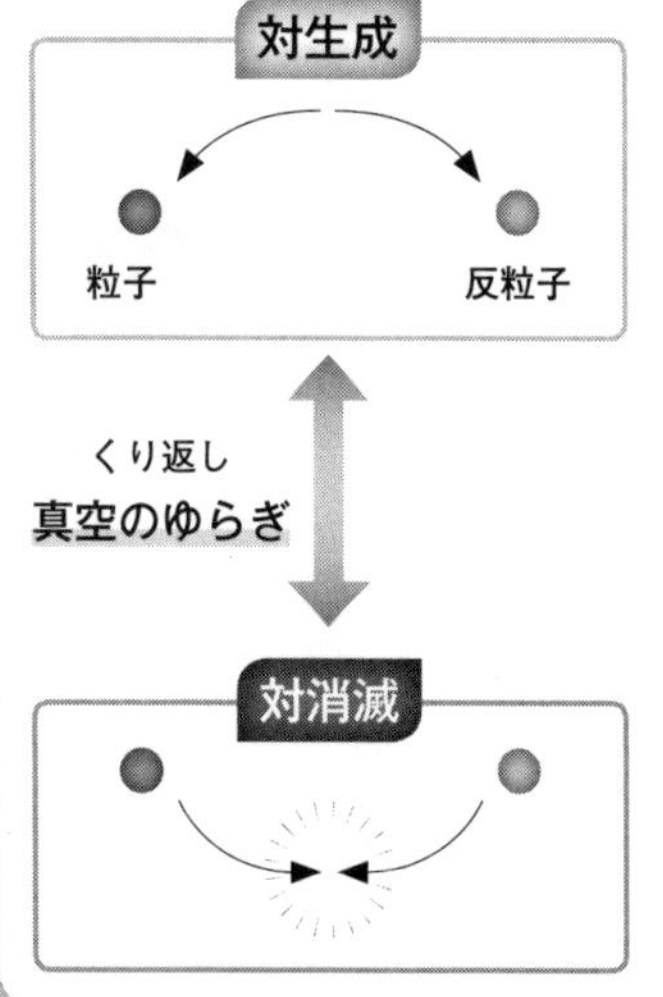

10 トンネル効果の不思議

ミクロの粒子は壁をすり抜ける

電子は、ボールのような粒子としてイメージされる一方で、電磁波と同じような**波の性質**をもっています。その性質のため、「本来は通り抜けられないはずの壁」を、電子はすり抜けることがあります。

観測されていないとき、電子はさまざまな場所にいる状態が重なって、波として広がっています（127ページ参照）。その中に、わずかな確率ではありますが、「壁の向こうにいる」という状態も重なっています。ですから、まるでトンネルを抜けたように、壁の向こうで発見されることがありうるのです。

これを**トンネル効果**といいます。

波の透過性

ボールを壁にぶつけると、跳ね返ってきます。壁をすり抜けることはまず考えられません。

それに対して、**電磁波**は壁をすり抜けます。室内でも携帯電話を使って通話したりインターネットを利用したりできるのは、携帯電話に利用されている電波に、壁を透過する性質があるからです。どういう壁をどれだけ透過するかは、壁の材質や電磁波の波長などによって決まります。

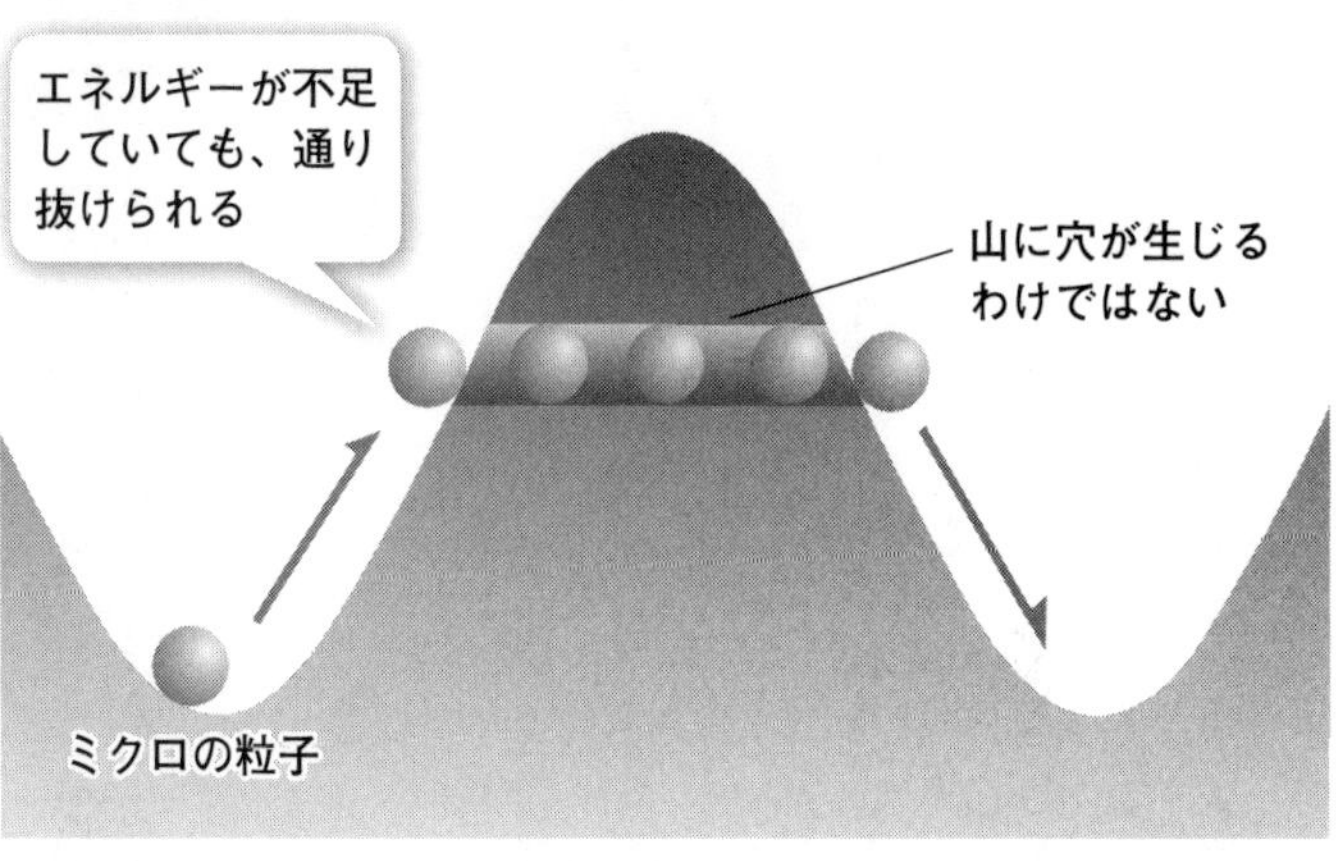

▲トンネル効果のイメージ。普通の物質は、山の頂点を越えられるだけのエネルギーがないと、山の向こう側には行けないが、量子的スケールの世界では、山をすり抜けて向こう側に行くことができる。

ガモフによる発見

電子だけでなく、波の性質をもつ量子的スケールの粒子であれば、「通り抜けられないはずの壁」を越えることがありえます。ただし、質量が大きいほど、トンネル効果は起きにくくなります。

トンネル効果の存在は、1928年、ウクライナ出身の物理学者**ジョージ・ガモフ**（1904〜1968年）によって理論的に予言されました。**アルファ崩壊**（91ページ参照）が起こるとき、がっちりとまとまっているはずの**原子核**の中から**アルファ粒子**が飛び出してくる理由を、ガモフは量子論的なトンネル効果で説明したのです。

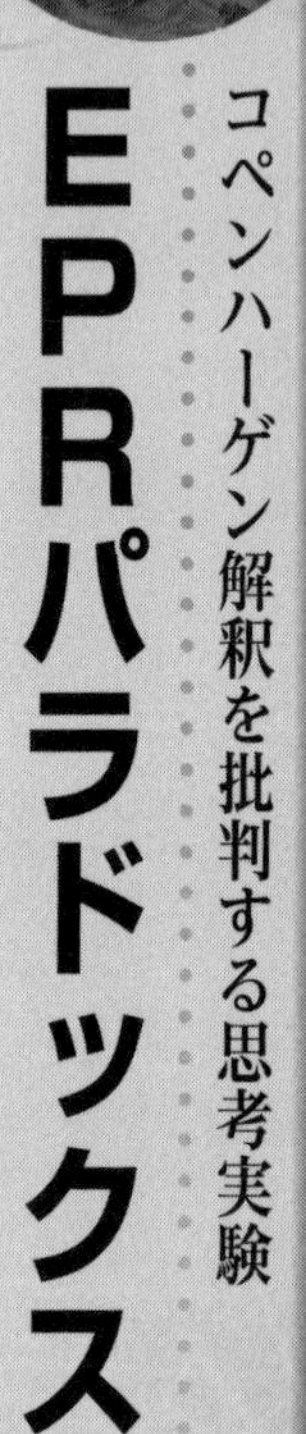

11 EPRパラドックス

コペンハーゲン解釈を批判する思考実験

アインシュタインの反発

さて、量子論の主流となる**ボーア**らの**コペンハーゲン解釈**（126ページ参照）に、納得できない人たちがいました。量子論の産みの親である**プランク**や**アインシュタイン**、それから**ド・ブロイ**や**シュレーディンガー**です。

特にアインシュタインは、コペンハーゲン解釈が**確率**の発想を理論の中心に据え、「ミクロの世界の未来は、確率的にしかわからない」としたことに、強く反発しました。彼は、「物理学が偶然に負けてはならない」といった信念をもっていたのです。

アインシュタインとボーアは、互いの才能を認め、親しく交流していましたが、量子論の解釈をめぐっては対立し、論争しました。アインシュタインが「**神はサイコロを振らない**」という言葉で確率的な考え方を批判したのに対して、ボーアが「アインシュタインよ、神が何をなさるかなど、語ってはいけません」と返したのは有名です。

コペンハーゲン解釈の矛盾を突いてやろうと、アインシュタインはいくつもの思考実験をくり出しました。中でも特に有名なのが、1935年に発表された論文です。

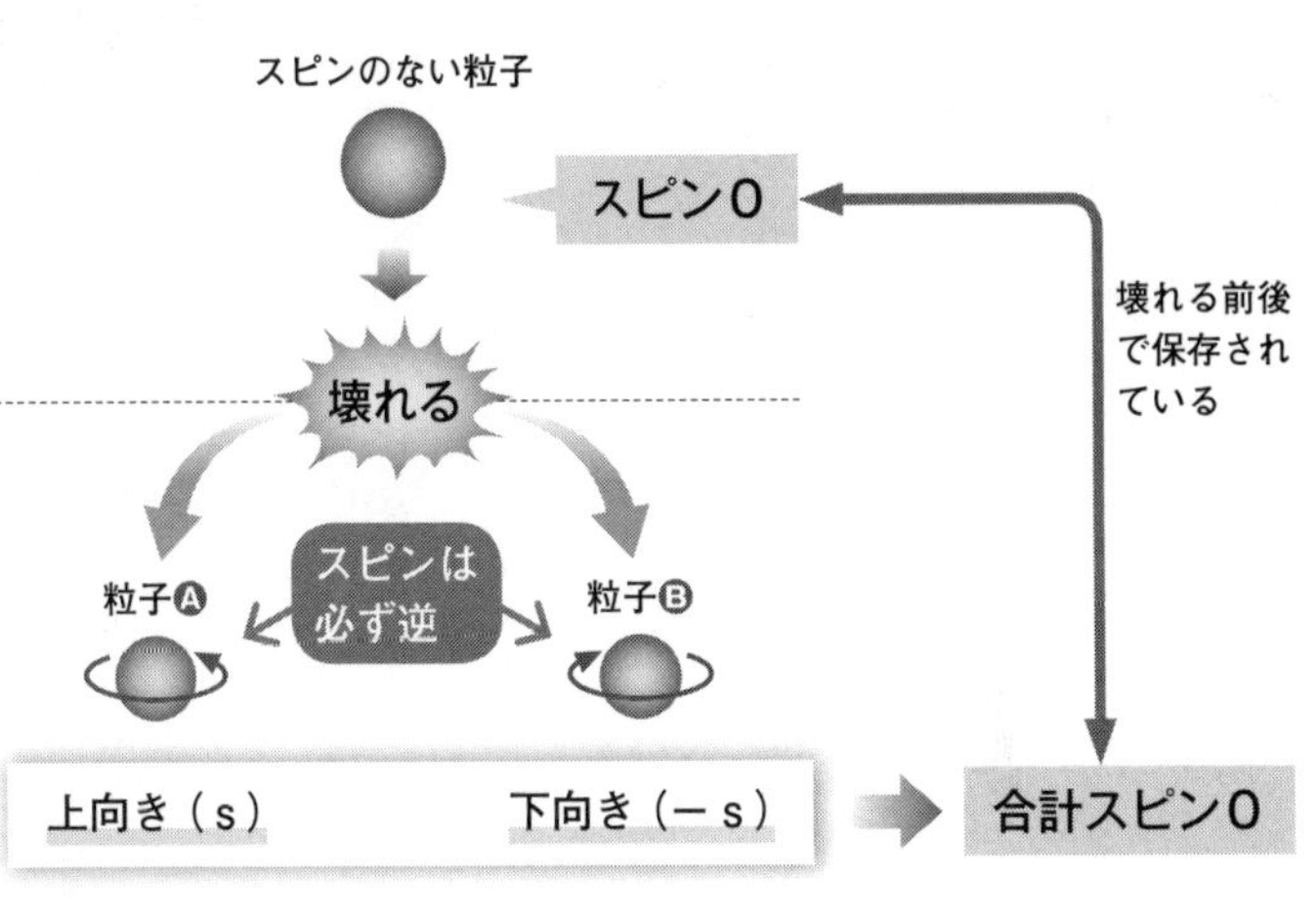

▲スピンの性質。スピンには、「上向きスピン」と「下向きスピン」の2通りしかない（実際に上や下を向いているわけではない）。スピンは、観測されるまでは決まっていない。また、スピンは「保存」される。

スピンにまつわる思考実験

アインシュタイン、ロシア出身の物理学者**ボリス・ポドルスキー**（1896〜1966年）、アメリカ出身の物理学者**ネイサン・ローゼン**（1909〜1995年）の連名で発表されたその論文の主題は、3人の頭文字を取って、**EPRパラドックス**と呼ばれます。

この理論で重要になるのは、**スピン**（99ページ参照）です。

電子などのスピンは、「上向き」と「下向き」の、2通りの向きしか取れません（102ページ参照）。ちなみにこの「向き」は、実際の方向ではなく、便宜的な名称です。

そして量子論のコペンハーゲン解釈では、

位置や運動量と同じようにスピンも、「どちらの向きになるか、観測されるまでは決まっていない」とされます。アインシュタインらは、ここが矛盾していると示そうとしました。

スピンの保存

ミクロの粒子で、スピンをもたないものをひとつ用意します。これが壊れて、ふたつの粒子Ⓐと Ⓑができるとき、そのⒶとⒷは、必ずスピンが逆になることがわかっています。これは、「壊れる前とあとで、スピンが**保存**されている」という考え方で説明されます。

ここでは、スピンがない状態を「0」、上向きスピンを「S」、下向きスピンを「-S」と表してみましょう。壊れる前の粒子はスピン「0」です。壊れたあとのⒶとⒷは、一方が「S」でもう一方が「-S」ですから、合計すると「0」で、壊れる前と同じになります。これが、スピンの保存です。

光速を超える情報伝達？

さて、壊れたあとのⒶとⒷが、別の方向に飛びつづけ、遠く離れてからⒶだけを観測したところ、上向きスピンだったとします。

これはコペンハーゲン解釈では、「もともと上向きだったのが、観測したときにわかった」のではなく、「それまで決まっていなかったⒶのスピンが、観測された瞬間に偶然、

観測する前

観測したとき

観測
粒子Ⓐ
上向きに決まる
時間ゼロで伝わる
光速を超える
粒子Ⓑ
下向きに決まる

▲EPRパラドックスのイメージ。アインシュタインが一種の「情報伝達」だと考えたこの現象は、「量子エンタングルメント」(224ページ参照) や「量子テレポーテーション」(226ページ参照) の概念につながっていく。

上向きに決まった」と考えます。

このとき、Ⓑはどうでしょうか。

Ⓐが上向きなのですから、Ⓑは必ず、逆の下向きです。そして、Ⓐが観測されるまで、Ⓑのスピンも決まっていなかったはずですから、「Ⓐが観測された瞬間に、時間ゼロでその情報がⒷに伝わり、Ⓑのスピンの向きを決めた」ことになります。この情報伝達速度は、光速を超えてしまっており、**特殊相対性理論**（27ページ参照）に抵触（ていしょく）します。

「コペンハーゲン解釈が正しいとすると、ありえないはずの情報伝達が存在することになり、それはおかしい」とアインシュタインらは主張しました。しかしこの思考実験は、のちに、量子世界の不思議な法則の発見につながっていくのです（224ページ参照）。

12 シュレーディンガーの猫

生きている猫と死んでいる猫は重ね合わされるか

放射性崩壊と猫

波動力学の提唱によって、量子力学の確立に絶大な貢献をした**シュレーディンガー**も、**コペンハーゲン解釈**の**確率**という発想や、**不確定性原理**には、強く反対しました。

シュレーディンガーも、思考実験を通してコペンハーゲン解釈を批判します。非常に有名で、興味深いその思考実験は、「**シュレーディンガーの猫**」と呼ばれます。

鉛(なまり)の箱の中に、**放射性物質**と、**放射線**の検出器を入れます。もし放射性物質が**放射性崩壊**（90ページ参照）を起こして放射線を出したら、検出器がそれを検知し、連動したハンマーが、毒ガスの入った瓶(びん)を割るような仕掛けにしておきます。そしてこの箱に、猫を入れるのです。

ミクロとマクロの関係は?

放射性崩壊が起こらなければ、猫は無事です。もし放射性崩壊が起こったら、毒ガスが発生し、猫は死んでしまうでしょう（実際に行った実験ではないので安心してください）。

▲「シュレーディンガーの猫」のイメージ。コペンハーゲン解釈に従うと、観測するまでは、猫の「生きている状態」と「死んでいる状態」とが重ね合わさっているという、解釈しづらい事態が実現していることになってしまう。

放射性崩壊は、ミクロ世界の量子論的なできごとです。コペンハーゲン解釈が正しいとすれば、いつ放射線が飛び出すかは、確率的にしかわかりません。そして、観察するまで、放射性崩壊が起こったか起こっていないかは決まっておらず、**ふたつの状態が重ね合わさっている**ことになります。

では、猫はどうでしょうか。やはり量子論的には、ふたを開けるまでは「生きている状態」と「死んでいる状態」が重なっていることになってしまいます。「そんな事態はありえないから、コペンハーゲン解釈は間違っている」というのが、シュレーディンガーの主張です。「**ミクロの世界の法則と、マクロの世界の法則は、どんな関係にあるのか**」という問題を、この思考実験は提起しています。

13 素粒子論へとつながる量子論の進化形
場の量子論とくりこみ理論

この考え方を用いて、量子論の**波と粒子の関係**をとらえ直すのが、場の量子論です。「波または粒子が実在するのではなく、**場が振動することで、波や粒子に見える**」というのが、その基本発想だといえます。

空間が、量子的な細かさのエリアに分かれているようなイメージをもってみましょう。それぞれの微小なエリアは、まるでバネのように振動できるとします。振動が広い幅で連動すると、まるで波のように見えます。そして、長い時間にわたって保持される振動パターンは、まるで粒子のように見えます。

このように、「**実在するものは場だけだ**」

場の理論で量子世界をとらえる

1926年から1927年にかけて、重要な理論が次々に発表され、そこで量子力学はいったん完成したといわれます。次の大きな一歩は、1920年代終わりに踏み出されました。**ヨルダン**が基礎を築き、**パウリ**と**ハイゼンベルク**が提唱した、**場の量子論**(ば)です。

「場」の考え方については、**ファラデー**と**マクスウェル**の電磁気学のところで説明しました（48ページ参照）。**場の理論**では、物理的な現象を、空間のもつ性質から記述します。

と考え、**すべてを場の振動へと還元**する場の量子論は、それまでの量子力学よりも、根本的で本質的な理論だとされます。なぜなら、「波とは何か」「粒子とは何か」という根本的な問題を、「場の振動である」というひとつの答えで解決しているからです。場の量子論は、その後の**素粒子論**の基礎となります。

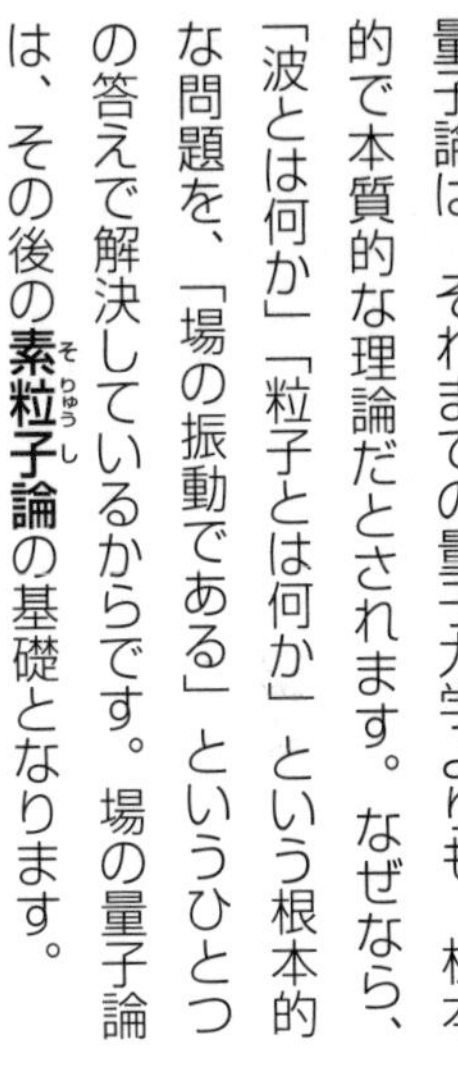

▲場の量子論のイメージ。

くりこみ理論により実用化へ

しかし、この理論が発表された当初は、だれもうまく使いこなすことができませんでした。計算結果に**無限大**が出てしまい、実際の測定データと比較できなかったからです。

この問題は、1948年前後に解決されます。計算結果が無限大になるのを防ぐ**くりこみ理論**という数学的テクニックが、日本の**朝永振一郎**（1906〜1979年）、アメリカの**ジュリアン・シュウィンガー**（1918〜1994年）、アメリカの**リチャード・ファインマン**（1918〜1988年）によって、それぞれ独立に発表されたのです。これにより、場の量子論は実用化されました。

COLUMN 04

量子論とアインシュタイン

17世紀オランダの哲学者**バールーフ・デ・スピノザ**（1632～1677年）は、「神だけが実体であり、自然は神の現れにほかならない」と主張しました。そして、自然の中のあらゆる「原因」と「結果」の関係は、すべて神の意志によって決められていると考えます。「すべてはすでに決まっている」とする考え方を、一般に**決定論**といいます。

「ラプラスの悪魔」（35ページ参照）の発想は、典型的な決定論です。その物理的な決定論は、量子論の核心に登場した**確率**という考え方によって打ち砕かれました（123ページ参照）。

さて、**アインシュタインがコペンハーゲン解釈**に反対したのは（138ページ参照）、アインシュタインも決定論的な考え方の持ち主だったからです。

彼は、「量子論的なサイズでも、電子のふるまいなどは、自然法則によって完全に決まっているはずだ」と考え、「確率的にしかわからないなどとしているのは、量子論がまだ不完全で、〝隠れた変数〟を見つけられていないだけだ」と主張しました。

アインシュタインは、量子論の主流と対立し、特に**ボーア**を困らせるような難題を投げつけました。しかし、それに応えるためにボーアらが理論を磨き、量子論を発展させたともいえます。そういう意味でも、やはりアインシュタインは、量子論を育てた人なのです。

量子論のさらなる飛躍

01 湯川秀樹の中間子論

陽子と中性子を結びつける力を解明

場の量子論から素粒子論へ

20世紀半ばに**くりこみ理論**が作られて、**場の量子論**が使えるようになると（144ページ参照）、**電子**などの粒子の間ではたらく**電磁相互作用**（172ページ参照）を量子論的に説明する、**量子電磁力学**が成功を収めるようになります。

また、それまで**電子**が量子論の主役だったところに、ほかのさまざまな粒子が見つかるようになり、量子論は**素粒子論**へとつながっていきます。そこで採用される基本的な考え方も、場の量子論のものでした。

ただし、「素粒子も、粒子が実在するのではなく、場の振動にすぎない」という場の量子論の発想で厳密に記述していくと、とても複雑になってしまいますので、本書ではここからも、基本的には「素粒子がある」というイメージを用います。

ところで、すでに「素粒子」という言葉を使いはじめていますが、これはどういう意味の言葉でしょうか。

素粒子とは、「それ以上細かく分割できないと考えられる、最小単位の粒子」です。もともと**原子**がそれにあたるものだと考えられ

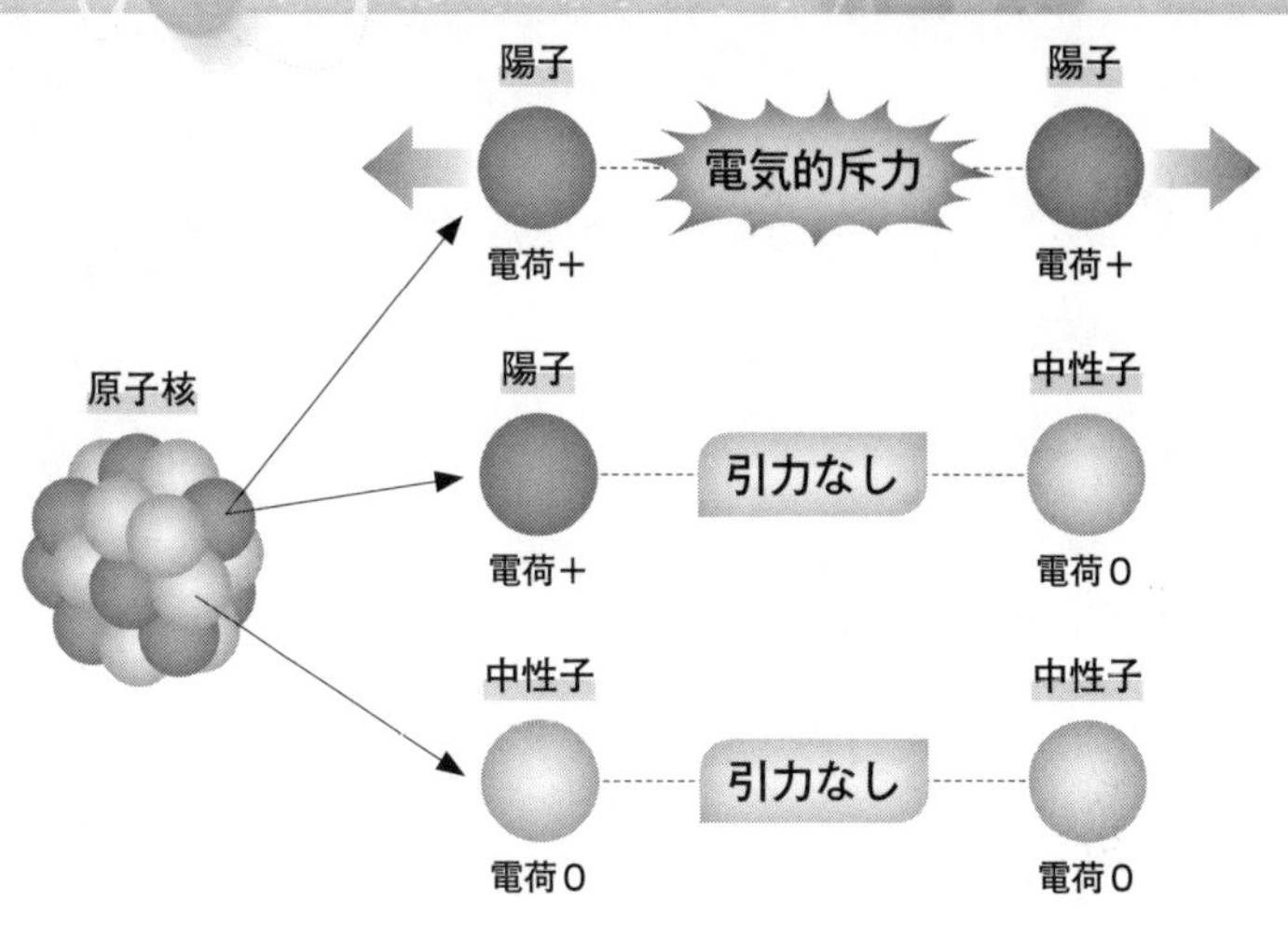

▲原子核を構成する陽子と中性子の間の、電気的な関係を調べると、上図のようになる。陽子と中性子は、電気的な引力によって結びついているのではない。ということは、電気の力よりも強い「核力」がはたらいているはずだと、物理学者たちは考えた。

ていましたが（42ページ参照）、原子にはもっと小さな部品や、**原子核**と電子という内部構造があることが、20世紀初頭に判明していました（76〜83ページ参照）。

1932年には、**チャドウィック**が**中性子**を発見し（89ページ参照）、原子核が**陽子**と中性子でできていることがわかりました。そして、ここに注目した日本の物理学者**湯川秀樹**（1907〜1981年）が、1935年に発表した理論が、素粒子論の源流のひとつとなります。

核力の正体を探る

陽子は＋の電荷をもち、中性子は電荷があ

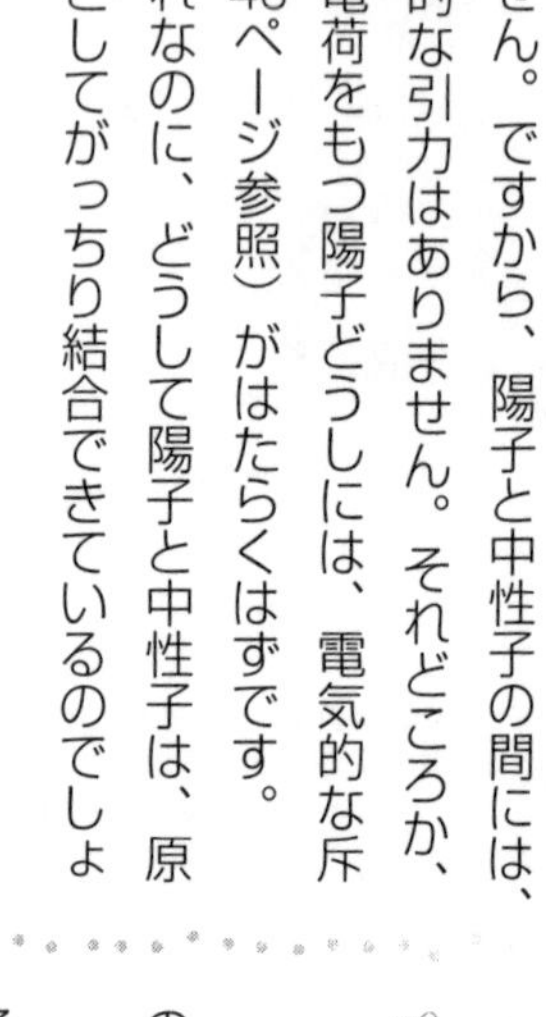

りません。ですから、陽子と中性子の間には、電気的な引力はありません。それどころか、+の電荷をもつ陽子どうしには、電気的な斥力（46ページ参照）がはたらくはずです。

それなのに、どうして陽子と中性子は、原子核としてがっちり結合できているのでしょうか。

考えられるのは、何か「電気よりも強い力」がはたらいて、陽子や中性子が引き合っているのだろう、ということです。その力は、物理学者たちから**核力**と呼ばれました。

湯川秀樹はこの核力の仕組みを、**中間子論**として理論化します。

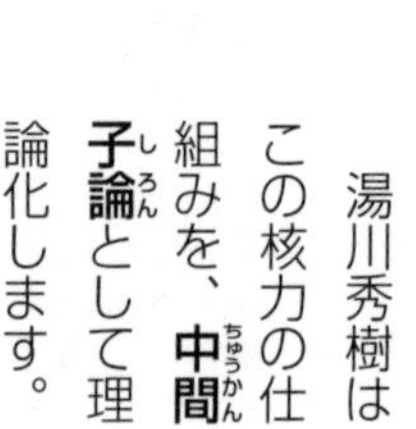

▲湯川秀樹。

中間子のキャッチボール

湯川は、**場の量子論**の考え方を用いて、次のようなモデルを作りました。

陽子が、何らかの「未知の粒子」を放出し、それを中性子が吸収する。逆に、中性子も「未知の粒子」を放出し、それを陽子が吸収する。――このように、いわば「未知の粒子」のキャッチボールをすることによって、陽子と中性子が互いに引き合っているのではないかというのです。

キャッチボールを続けるには、ある程度、相手のそばにいなければいけません。離れすぎるとボールが届かなくなるからです。キャッチボールをすること自体が、陽子と中性子を

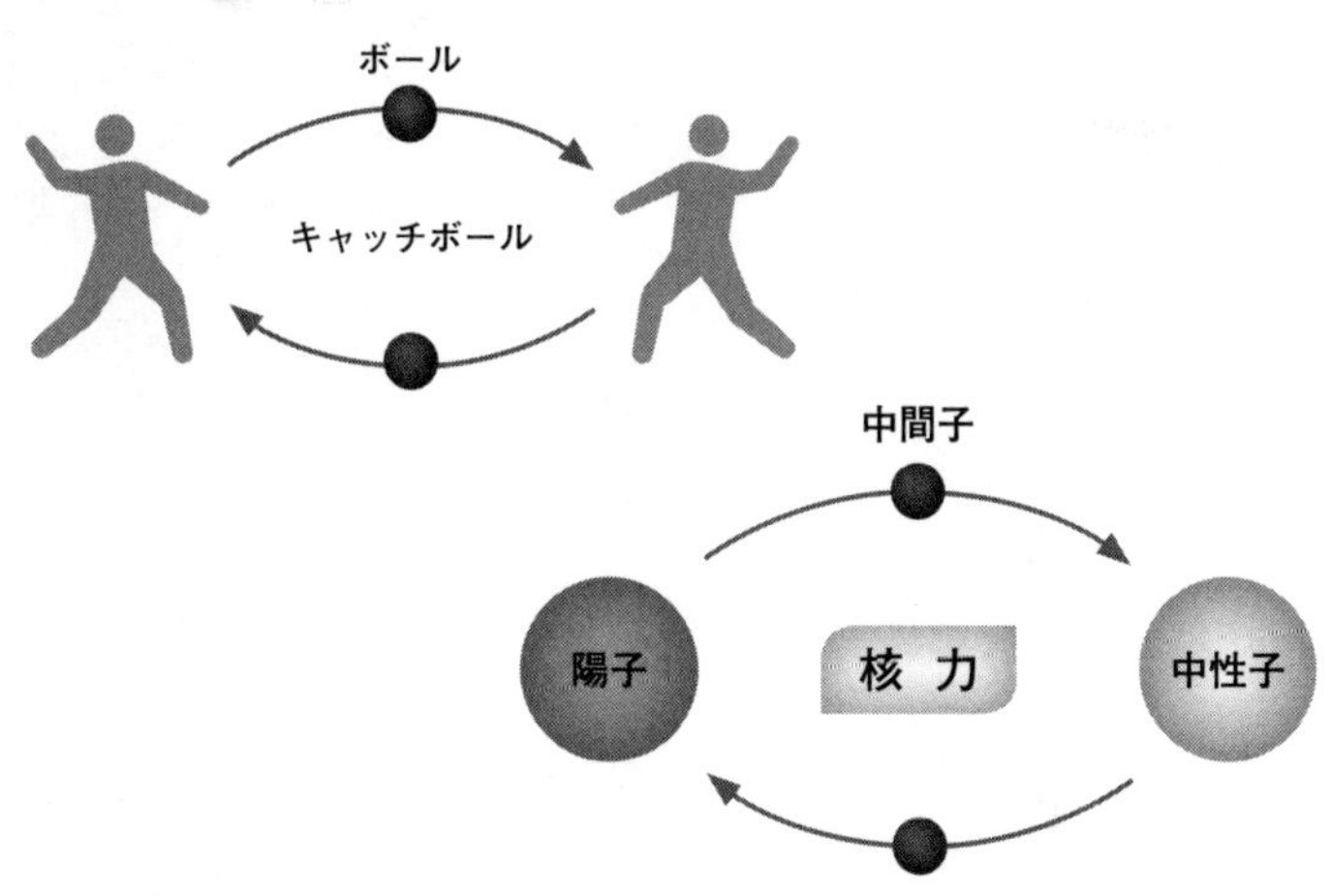

▲中間子論の基本的な発想。湯川秀樹の考えた「中間子」は、1947年にイギリスの物理学者セシル・パウエル（1903～1969年）によって発見された。中間子論の正しさが証明され、湯川は1949年度、日本人として初のノーベル賞（物理学賞）に輝いた。

つなぐ接着剤のような役目を果たします。

このときの「ボール」となる粒子の重さは、電子よりも重く、陽子や中性子よりも軽いことを、湯川は計算によって示しました。中間の重さをもつ粒子ということで、「未知の粒子」は**中間子**と名づけられました。

「力は、ある種の素粒子をキャッチボールすることから生まれる」「力は素粒子によって媒介される」というのは、その後の素粒子論における基本的な発想です。湯川は、素粒子論の先駆者だといえます。

最初、欧米の物理学者たちは、勝手に「未知の素粒子」を想定する中間子論に対して否定的でしたが、のちに中間子を含む新しい素粒子が次々に見つかると、湯川は注目され、認められていきました。

02 多世界解釈の登場

波は収縮せず、世界が分岐する!?

波の収縮は起こらない？

1932年、20世紀最高の知性のひとりとされる、ハンガリー出身の数学者**ジョン・フォン・ノイマン**（1903～1957年）が、量子論に関する非常に重要な証明を発表しました。「**コペンハーゲン解釈**（126ページ参照）の根幹にある、観測された瞬間の**波の収縮**を、**シュレーディンガー方程式**（110ページ参照）から数学的に導くことは、原理的に不可能である」というのです。

波として量子世界をとらえるシュレーディンガー方程式によると、波の収縮は起こらない。――これは、コペンハーゲン解釈にとっては、致命的とも感じられる弱点です。

しかし、現実には、電子は1点で観測されます。つまり、数学的にありえないはずの波の収縮が、実際に起こっているように思われるのです。

意識の中で収縮する？

フォン・ノイマンは、「波の収縮は、物理世界ではなく、人間の意識の中で起こってい

コペンハーゲン解釈

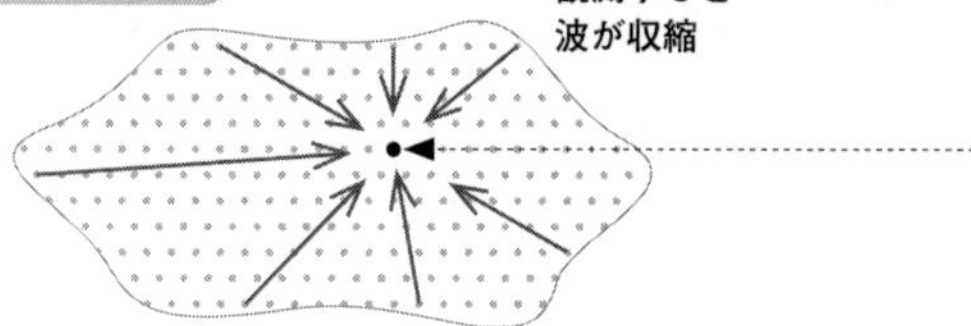

多世界解釈

世界が同時並行的に存在

… 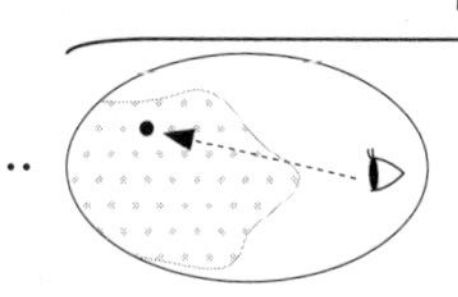 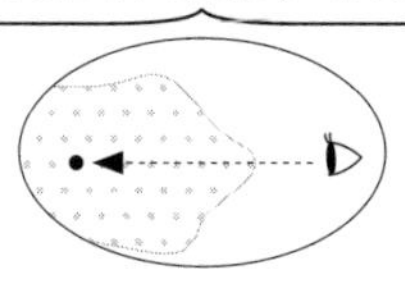 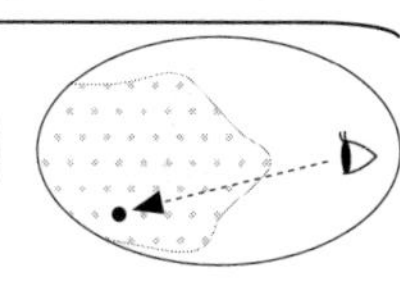 …

▲コペンハーゲン解釈を支える「波の収縮」が、物理世界では起こらないことが、フォン・ノイマンによって証明されてしまった。多世界解釈は、「世界が分岐している」と考えることで、この問題を解決できると主張する。

る」と主張しました。物理世界で起こるならシュレーディンガー方程式から出てこなければいけませんが、人間の意識の中のことならば、その限りではないというわけです。

彼の考えによると、人間が「電子を観測した」と思った瞬間、その人の意識の中で波が収縮し、電子の位置が1点に決まります。しかし、意識の外の物理世界では、波は収縮していません。

釈然としない主張だと思われるのではないでしょうか。実際、現在ではほとんどの論者が、「波の収縮が起こるとしたら、それはやはり物理世界でのことだ」と考えています。

しかし、波の収縮がありえないことも、証明されてしまっています。どう考えればよいのでしょうか。

多数の世界が同時に存在する？

そこで、量子論の新しい解釈が登場します。1957年、アメリカの物理学者**ヒュー・エヴェレット**（1930〜1982年）が、**多世界解釈**（**エヴェレット解釈**）を提唱しました。

多世界解釈では、コペンハーゲン解釈における基本的な要素である波の収縮を、放棄します。「波の収縮が起こっているように思えるけれども、シュレーディンガー方程式からしてありえないのなら、起こっていないのだと受け止めよう」と考えるのです。

そして、波の収縮の前の、**状態の重ね合わせ**の時点から、解釈をやり直します。コペンハーゲン解釈では、

❶同じ1個の電子の中で、「場所Aにいる**状態**」「場所Bにいる**状態**」「場所Cにいる**状態**」……が、重ね合わさっている。

と考えますが、これに対して多世界解釈では、

❷「電子が場所Aにいる**世界**」「電子が場所Bにいる**世界**」「電子が場所Cにいる**世界**」……が、分岐して重ね合わさっている。

と考えるのです。状態の重ね合わせではなく、いわば**多数の世界の同時存在**です。

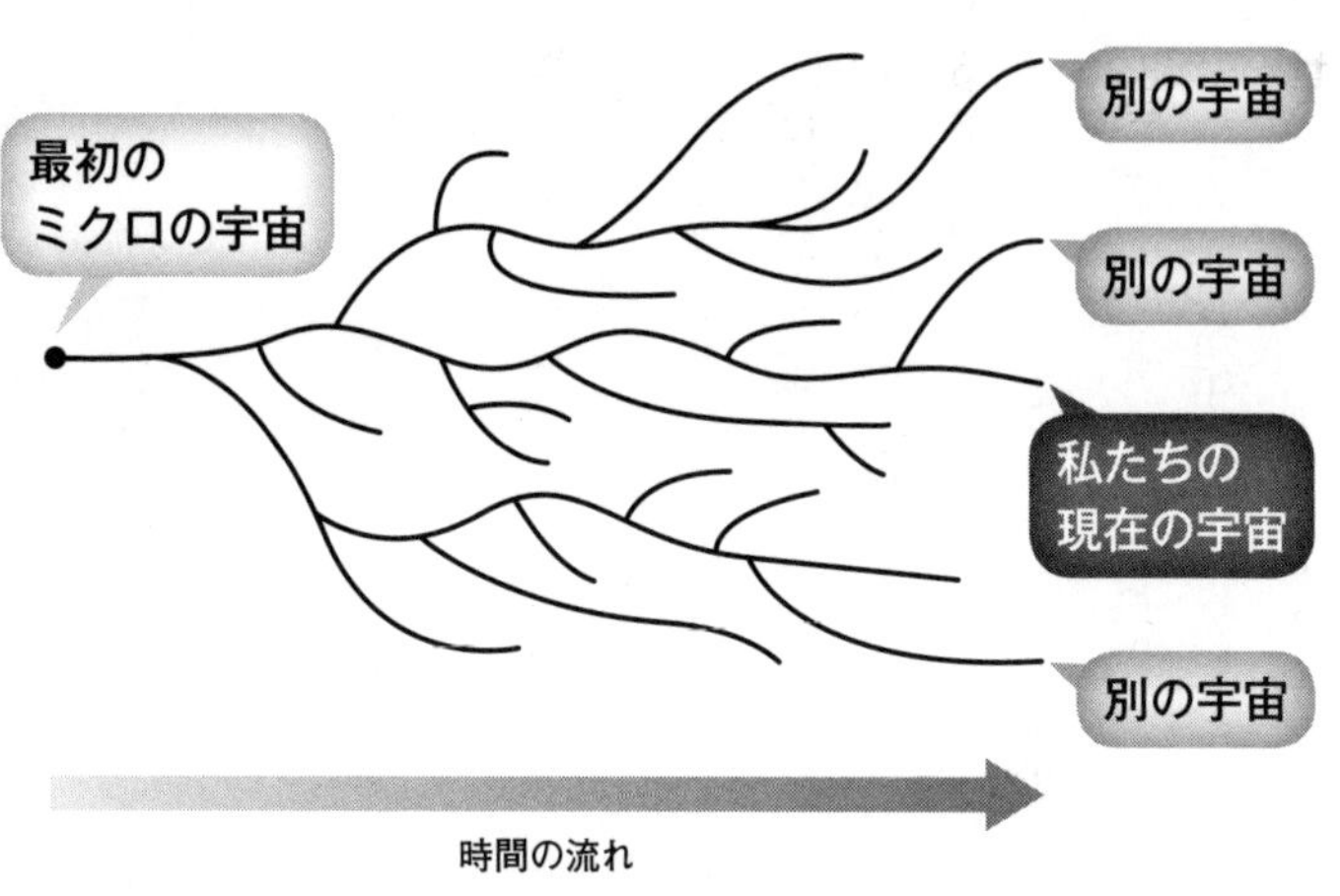

▲エヴェレットは、「宇宙は誕生以降、量子論的な可能性の分だけ、無数に枝分かれしながら歴史を刻んできており、その中のひとつが、私たちの宇宙である」という、「パラレルワールド論」を発表している。

ほかの世界は見られない

これなら、波の収縮は不要です。「電子が場所Aにいる世界」にいる人は、観測するとき、「もともと場所Aにあった電子」を、場所Aに発見するだけだからです。

また、観測する前に予想を立てるときには、**ボルン**による**波動関数の確率解釈**（118ページ参照）が、そのまま使えます。

多世界解釈は、コペンハーゲン解釈の難しいところを、きれいに説明し直してくれます。しかし、「**分岐した世界どうしは、互いに完全に孤立する**」ともされており、「多数の世界が同時存在している」ということを、科学的に証明することはできないようです。

03 「最小単位」は何種類存在するのか？ 素粒子クォークの予測と発見

次々に見つかるハドロン

1920年代末から開発が始まった、粒子の**加速器**は、1950年代までの間に高度な発達を遂げました。

加速器は、電場や磁場の中で、電子や陽子などの**荷電粒子**（電荷をもった粒子）にエネルギーを与えます。そして、ものすごいスピードで粒子どうしをぶつけると、衝突のとき、運動エネルギーが質量に変わります。なぜなら、**特殊相対性理論**の「$E=mc^2$」の式（28ページ参照）が示すように、エネルギー

▼加速器。

Eと質量mは、（光速cの2乗を媒介にして）互いに変換できるからです。こうして、新しい種類の粒子が、人工的に生み出されます。

また、宇宙から地球へと降り注ぐ**宇宙線**からも、未知の粒子が発見されます。陽子や中性子の仲間である**バリオン**という種類の粒子たちや、**中間子**（151ページ参照）の仲間である**メソン**という粒子たちが、1950年代には、何百個も見つかりました。バリオンとメソンを合わせて、**ハドロン**と総称します。

坂田モデル

ここで問題になったのが、ハドロンは本物の「素粒子」なのか、ということです。物質の基本単位は、そんなにも種類が多いのでしょうか。

1955年、日本の物理学者**坂田昌一**（1911〜1970年）が、「**陽子**と**中性子**と**ラムダ粒子**という3種類のハドロンだけが**基本粒子**（本物の素粒子）であり、ほかのハドロンは、基本粒子とそれらの**反粒子**（134ページ参照）が組み合わさった**複合粒子**だ」とする理論を発表しました。のちに**坂田モデル**と呼ばれることになるこの理論は、大いに注目されましたが、残念ながらやがて、どうも実態と合わないことがわかりました。

▲坂田昌一。

クォークモデルの登場

1964年、アメリカの物理学者**マレー・ゲルマン**（1929〜2019年）や**ジョージ・ツワイク**（1937年〜）らが、それぞれ独立に、新しいモデルを提唱しました。

それは、坂田モデルの「基本粒子の組み合わせでハドロンが作られる」という発想を受け継ぎつつ、ハドロンよりも小さな素粒子を想定したものです。

▲マレー・ゲルマン。

ゲルマンはその素粒子を、**クォーク**と名づけました。この名称は、アイルランド出身の小説家**ジェイムズ・ジョイス**（1882〜1941年）の前衛的な小説『フィネガンズ・ウェイク』（1939年）の一節から取られています。

クォークは6種類あった

当初、この**クォークモデル**は、ゲルマンにとってさえ、数学的な仮説にすぎませんでした。「クォークは実在しないが、あると考えるといろいろなことがうまく説明できる」というのがゲルマンの立場だったのです。しかし1973年、クォークが実在しているらしいことが、実験によって確かめられました。

また、クォークモデルが発表された当時は、

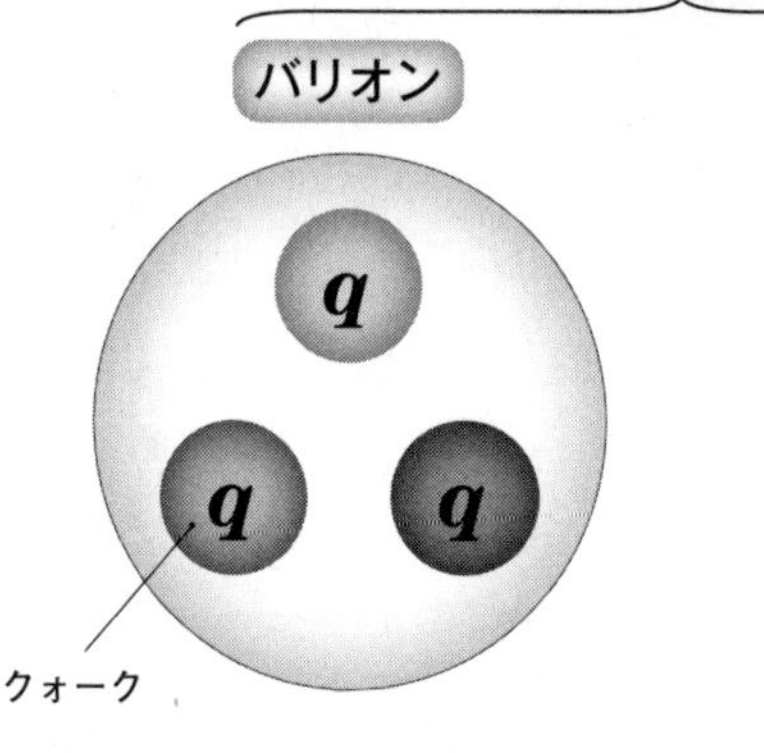

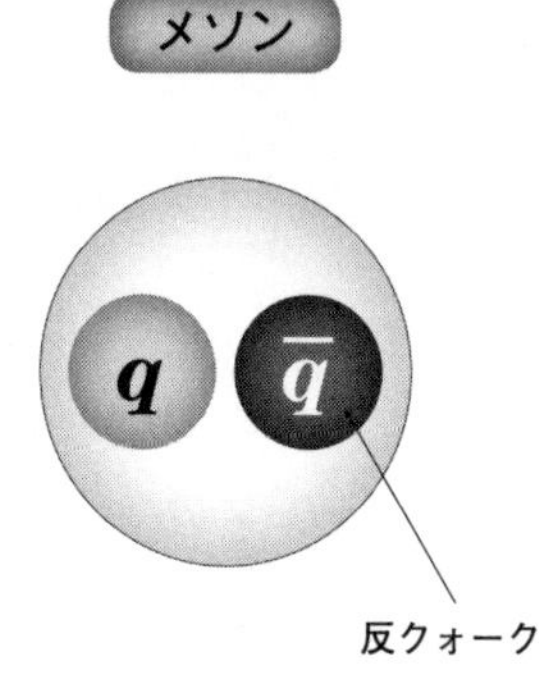

▲3つのクォークが結びついてできた複合粒子をバリオンといい、ひとつのクォークとその反クォークのペアが結びついてできた複合粒子をメソンという。反クォークとは、クォークの反粒子（134ページ参照）である。そして、バリオンとメソンを合わせて、ハドロンと総称する。

「**アップクォーク**、**ダウンクォーク**、**ストレンジクォーク**という3種類のクォークがあれば、ハドロンの説明をするのに十分だ」とされていましたが、やがて、第4のクォークが存在しているはずだと予言されます。そして1974年、実際に4種類めの**チャームクォーク**の存在が確認されました。この発見は「11月革命」と呼ばれるほどの熱狂を巻き起こしました。

それだけではありません。1973年、日本の物理学者**小林誠**（1944年～）と**益川敏英**（1940年～）が、「クォークは6種類あるはずだ」とする**小林・益川理論**を唱えます。そしてその予言どおり、1977年に**ボトムクォーク**が、1994年に**トップクォーク**が発見されたのです。

04

クォークが6種類あることの理由は？

CP対称性の破れ

小林・益川理論の要点

小林誠と**益川敏英**による「**クォーク**は6種類あるはずだ」との予想は、**CP対称性の破れ**という現象から出てきたものでした。

CP対称性の破れは、1964年、アメリカの物理学者**ジェイムズ・クローニン**（1931〜2016年）と**ヴァル・フィッチ**（1923〜2015年）によって発見されました。その内容は、「宇宙には、**CP対称性**という絶対的な法則があると思われていたけれども、じつはそのCP対称性が崩れて（破れて）しまうケースがあった」というものです。

小林と益川は、「クォークが4種類しかないなら、CP対称性の破れを説明できないが、もしクォークが6種類あれば、きれいに説明がつく」ということを示しました。

では、そのCP対称性の破れとは、どういうことなのでしょうか。非常に難しい理論ですが、イメージをお伝えしましょう。

電荷の対称性

「CP対称性」の「C」とは**電荷**（charge）

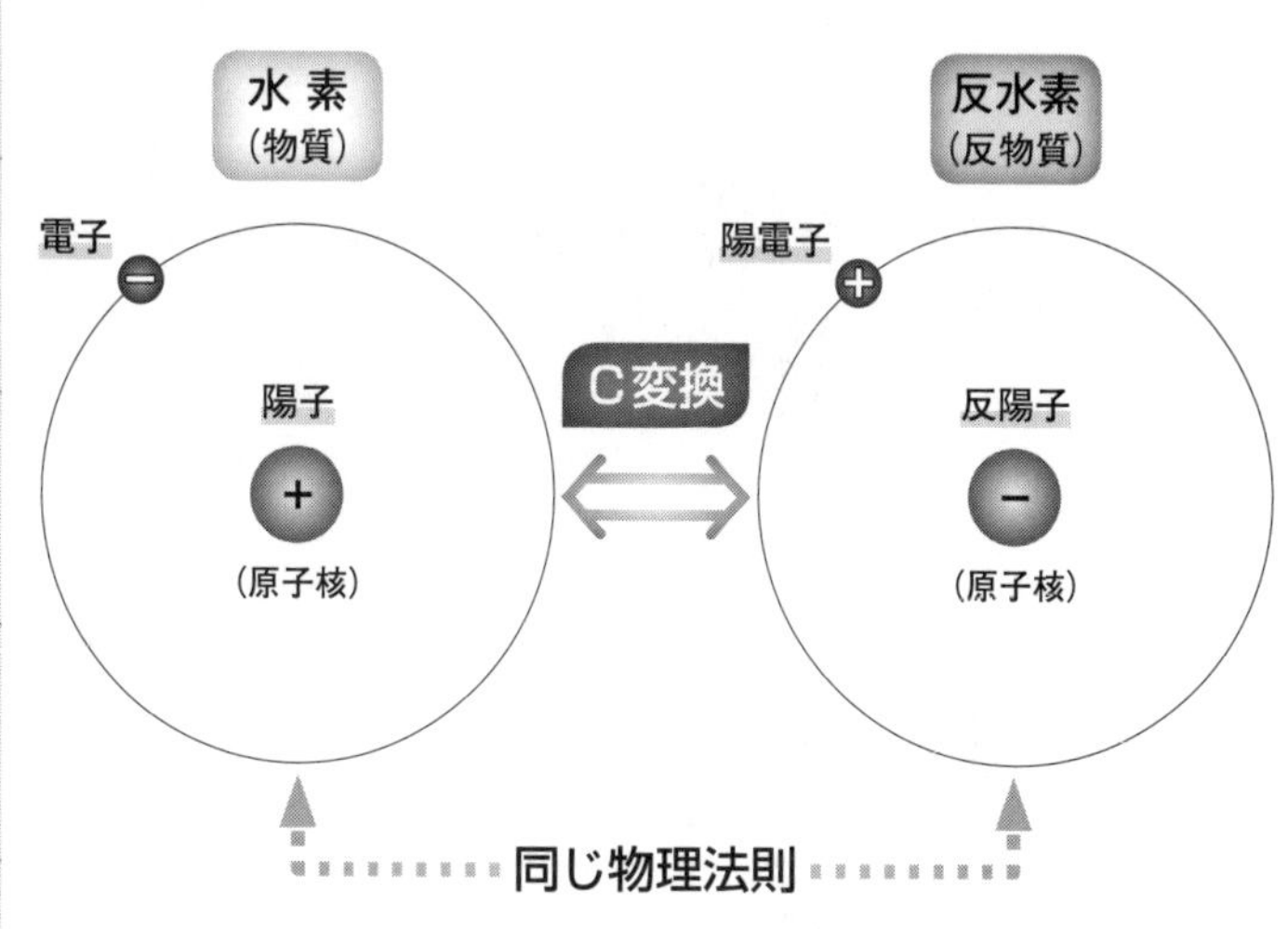

▲C対称性のイメージ。電荷の符号を逆にする「C変換」を行っても、同じ物理法則がはたらく（現象の起こる確率が変わらない）ことを意味する。

のことです。

C対称性（が保たれる）といったとき、それは「電荷の符号を逆にする**C変換**という操作を行っても、そこにはたらく物理法則が変わらないこと」を意味します。

たとえば**水素原子**は、「＋の電荷をもつ**陽子**1個でできた原子核のまわりを、－の電荷をもつ**電子**1個が回っている」という構造になっています。

ここにC変換を施すと、粒子が**反粒子**（134ページ参照）に変わります。陽子は－の電荷の**反陽子**（陽子の反粒子）に、電子は＋の電荷の**陽電子**（電子の反粒子）になるのです。こうしてできあがるのが、**反水素**です。

水素に対する反水素のように、もとの物質を構成する素粒子をすべて反粒子に変えた物質

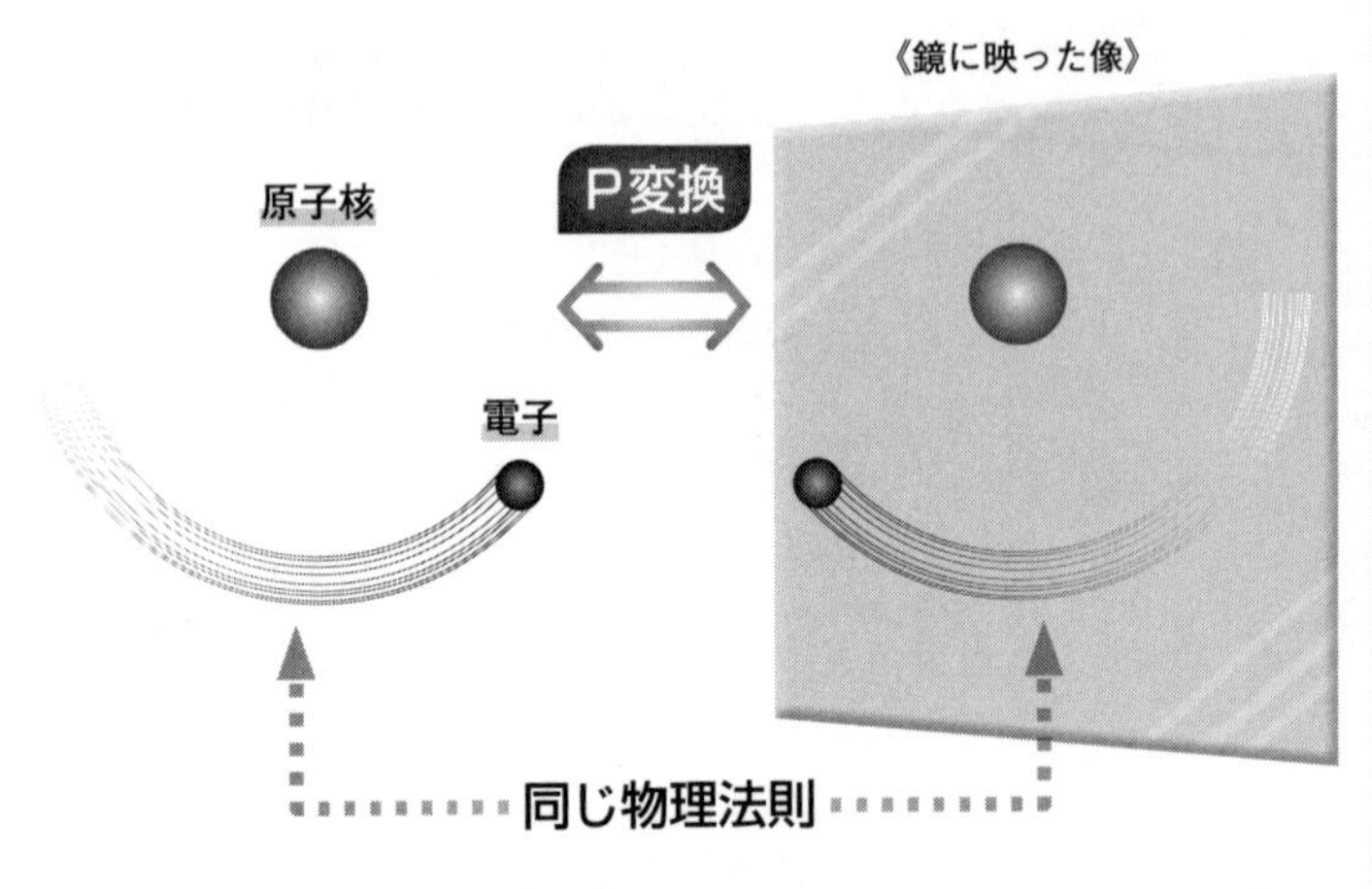

▲P対称性のイメージ。空間を反転させる「P変換」を行っても、同じ物理法則がはたらく（現象の起こる確率が変わらない）ことを意味する。空間座標の符号をすべて逆にする「空間反転変換」は、鏡に映す「鏡像変換」と同じになる。

を、**反物質**（はんぶっしつ）といいます。

反水素は、「反陽子1個でできた原子核のまわりを、陽電子が回っている」という構造です。電荷は逆ですが、**同じ物理法則**がはたらいています。つまり、C対称性が保たれているのです。

パリティの対称性

次に「P」のほうですが、これは**パリティ**といって、空間のことだと思っていただければよいでしょう。

P対称性（が保たれる）とは、「空間を反転させる**P変換**（空間反転変換）を施しても、そこにはたらく物理法則が変わらないこと」

を意味します。

鏡に映してみるような操作をイメージしてください。ある物理現象を、鏡に映して空間的に反転させても、はたらいている物理法則自体は変わらないとき、P対称性が保たれているといえます。

対称性はなぜ破れるのか

感覚的には、C対称性もP対称性も、いつも保たれそうだと思われますが、どちらの対称性も、特殊なケースでは破れてしまうことがわかっています。

そこで物理学者は、「C対称性とP対称性は、それぞれ単独では破れるけれども、C変換とP変換を同時に行う**CP変換**に関しては、必ず対称性が保たれるのではないか」と考えました。

ところが、この**CP対称性**すらも、ごくまれに破れることを、クローニンとフィッチが発見してしまったのです。**CP対称性の破れ**は、従来の理論からするとありえないことであり、まったく説明がつきませんでした。

ここで、**小林・益川理論**の出番となるわけです。

クォークには、不思議な性質があります。**別の種類のクォークに姿を変えられる**のです（170ページ参照）。小林と益川は、「クォークが6種類あると仮定すると、その変身のバリエーションが増えて、CP対称性の破れが起こりうる」ということを示しました。

05

量子論から生まれた現代物理学の成果

素粒子の標準模型

ヤン＝ミルズ理論

現在の素粒子物理学は、1970年代半ばまでに、**標準模型**（ひょうじゅんもけい）と呼ばれる形にまとめあげられました。これは、中国出身の物理学者**楊振寧**（ヤンチェンニン）（1922年〜）とアメリカの物理学者**ロバート・ミルズ**（1927〜1999年）によって1954年に提唱された、**ヤン＝ミルズ理論**にもとづいています。

ヤン＝ミルズ理論は、**場の量子論**（144ページ参照）の考え方をベースに作られており、素粒子が姿を変えながら**相互作用**するプロセスを、**場の振動**として統一的に扱うことができます。

素粒子の分類

素粒子は、❶「物質を構成するもの」と、❷「それ以外」に大別されます。

❶物質を構成する素粒子は、6種類ある**クォーク**だけではありません。**電子**も原子の部品となる素粒子ですし、電子の仲間である**レプトン**は、全部で6種類存在します。クォークとレプトンは、**パウリの排他原理**（10

フェルミ粒子

クォーク

- u アップクォーク / c チャームクォーク / t トップクォーク
- d ダウンクォーク / s ストレンジクォーク / b ボトムクォーク

レプトン

- e 電子 / μ ミュー粒子 / τ タウ粒子
- ν_e 電子ニュートリノ / ν_μ ミューニュートリノ / ν_τ タウニュートリノ

ボース粒子

ゲージ粒子

- g グルーオン
- γ 光子
- Z Zボソン
- W Wボソン

スカラー粒子

- H ヒッグス粒子

▲標準模型による素粒子の分類。物質を作る粒子と、力を伝えたり質量をもたらしたりする粒子に大別される。

0ページ参照）に従う**フェルミ粒子**（102ページ）です。

❷「物質を構成すること」以外のはたらきをする素粒子は、排他原理に従わない**ボース粒子**です。こちらは「ゲージ粒子」と「スカラー粒子」に分けられます。

スカラー粒子は標準模型では、質量をもたらす**ヒッグス粒子**だけということになっています（198ページで後述）。

ゲージ粒子は、**力を伝える**（**相互作用を媒介する**）役割をもつもので、何種類もあります。素粒子が力を伝えるというのは、**湯川秀樹**の**中間子論**（150ページ参照）と同じ、キャッチボールの発想です。やり取りされるボールが、ゲージ粒子に当たるのです。

06

宇宙の4つの力❶ クォークを結合させる

強い相互作用

クォークを結合させる力

ゲージ粒子が伝える「力」（媒介する**相互作用**）とは、どのようなものでしょうか。

この自然界に存在するさまざまな「力」の源をたどると、たった4種類の「相互作用」に分類できることが、現代の物理学ではわかっています。

ひとつめは、**強い相互作用**（**強い力**）。これは、**原子核**の中にある**陽子**や**中性子**の、そのまた内部にはたらいている力です。「強い」相互作用と呼ばれるのは、電気や磁気の力（**電磁相互作用**、172ページ参照）に比べて、100倍以上の強さがあるからです。

陽子と中性子は、複合粒子**バリオン**（157ページ参照）です。バリオンは、**クォーク**が3つ結合してできています。そして、3つのクォークを互いに結合させている力が、強い相互作用です。

グルーオンのキャッチボール

力は、ゲージ粒子によって媒介されているのでした。強い相互作用を媒介するゲージ粒

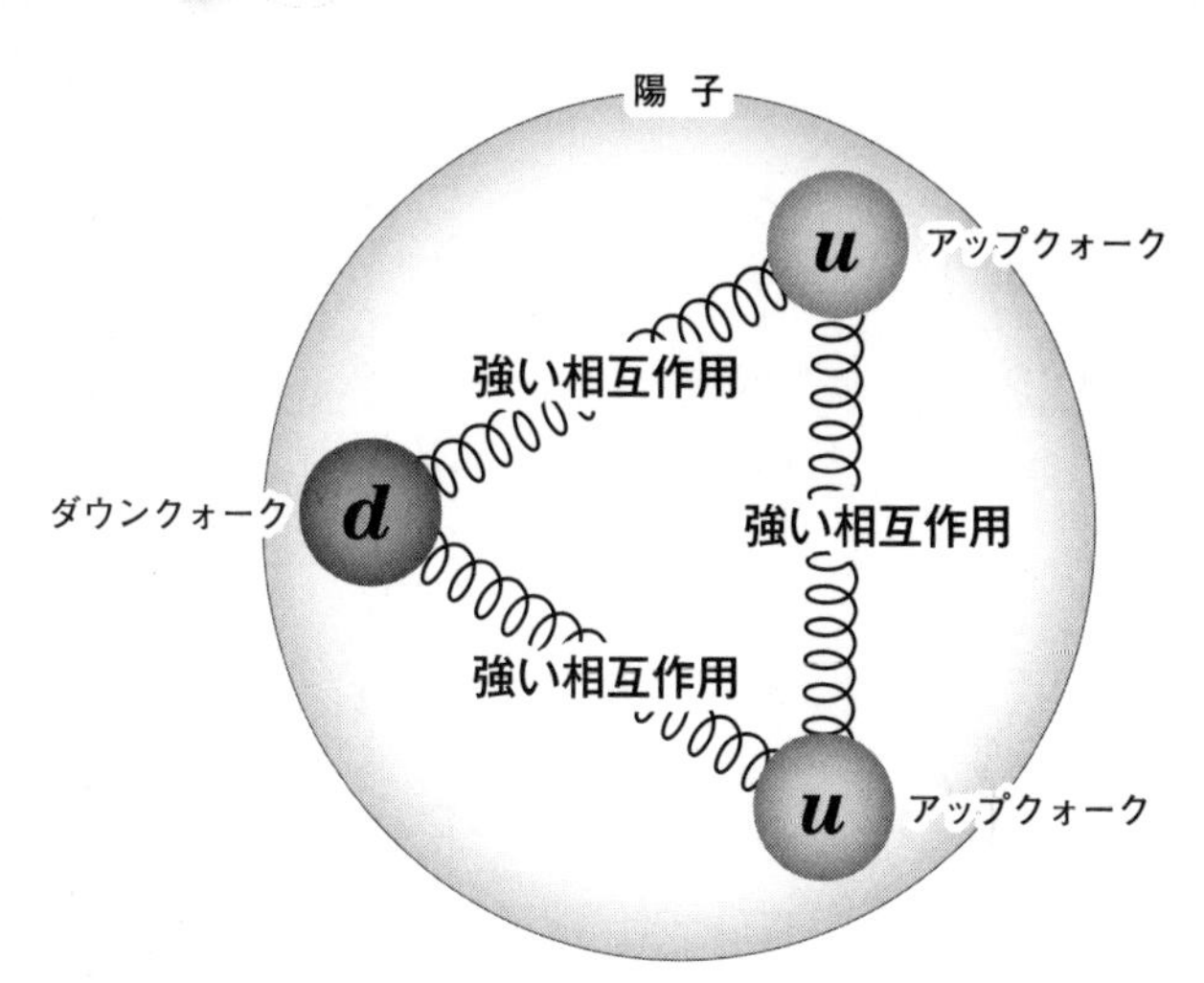

▲強い相互作用。陽子は、アップクォークふたつとダウンクォークひとつが、強い相互作用によって結合することで、まとまりを保っている。

子を、**グルーオン**といいます。グルーオンとは、「糊（のり）の粒子」という意味です。

陽子や中性子といったバリオンのクォークどうしは、グルーオンをキャッチボールすることで、まさに糊でくっつけられたように、互いに強く結合しています。

核力の正体

ところで、「粒子どうしが、別の粒子をキャッチボールすることで結びつく」という考え方は、**湯川秀樹**による**核力**の説明から出てきたものですが（150ページ参照）、陽子と中性子の間の核力は、グルーオンではなく**中間子**のキャッチボールでした。

しかしじつは、この核力の正体も、グルーオンが媒介する力だといえます。

陽子や中性子が中間子をキャッチボールするとき、陽子や中性子の中のクォークどうしの間を、グルーオンが行き来します。そうして媒介される強い相互作用が、核力を生んでいたのです。

クォークの閉じ込め

じつは、クォークは単独で観察されたことはありません。

ひとつのクォークを取り出そうとすると、引き離されたクォークだけを取り出そうとすると、引き離されたクォークどうしが、もとに戻ろうとするように、強く引き合います。距離が離れるほど、強い相互作用はより強くなるのです。

クォークどうしを結びつけている糊のような強い相互作用をちぎって、クォークをひとつだけ取り出すことはできません。これを、**クォークの閉じ込め**といいます。

量子色力学

このような強い相互作用は、**量子色力学**（りょうしいろりきがく）という理論で説明されます。

量子色力学では、クォークに**色荷**（しきか）**（カラー）**という性質があると考えます。クォークが赤か青か緑の色（光の3原色）をもっていることにするのです。

赤い光と青い光と緑の光を合わせると、白い光になりますが、それと同じように、「赤い色荷のクォーク」と「青い色荷のクォーク」と「緑の色荷のクォーク」が結びつくと、「白の状態のバリオン」になるものとします。そして、必ず白の状態をキープするように、強い相互作用がはたらくというのです。

　ところで、複合粒子**ハドロン**（157ページ）には、陽子や中性子といったバリオンのほかに、中間子の仲間である**メソン**があります。メソンは、クォークと**反クォーク**（クォークの反粒子）がペアになって結びついたものです（159ページの図参照）。これは、量子色力学ではどのように説明されるのでしょうか。

　反クォークは、赤・青・緑それぞれの補色（ほしょく）の色荷をもつものとします。赤と赤の補色（シアン）の光を混ぜると白になるように、クォークと反クォークが結びつくと、やはり白になります。

　もちろん、本当に色がついているわけではありません。そのように考えると、強い相互作用をイメージとして理解しやすいのです。

▼量子色力学の考え方。

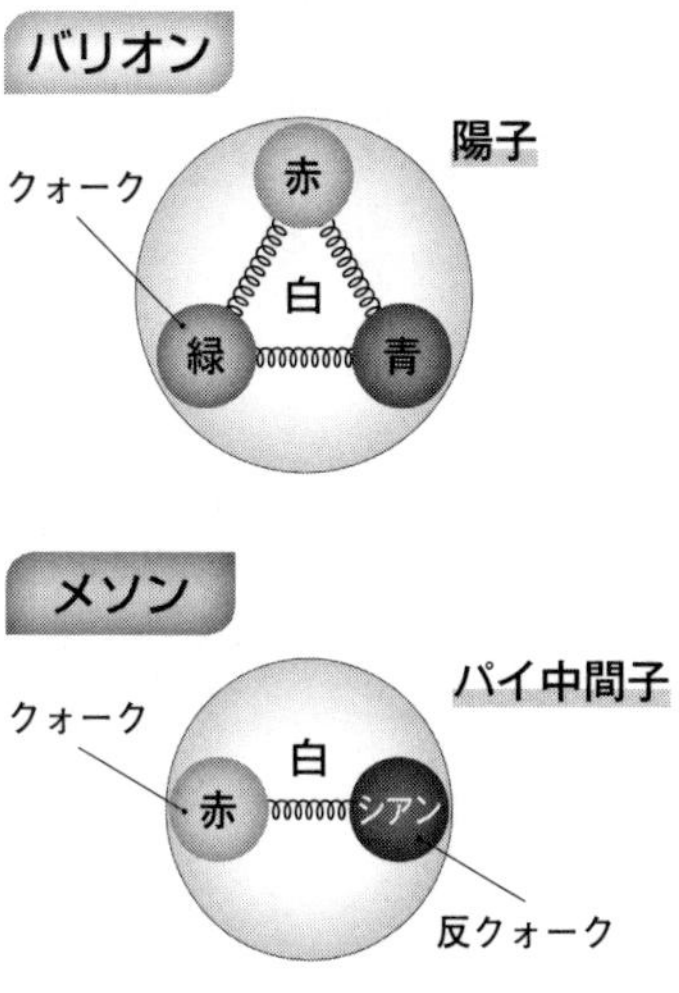

宇宙の4つの力② 粒子の種類を変える

弱い相互作用

粒子を変換する力

「強い」相互作用があるなら、「弱い」相互作用もあるんじゃないか。――そう思った方は鋭いです。

弱い相互作用（**弱い力**）は、電磁相互作用の1000分の1程度の力です。**強い相互作用**と比べると、じつに10万分の1ほど。

これがどんなはたらきをするかを、簡潔（かんけつ）に述べることは難しいのですが、とりあえず、「**粒子の種類を変える力**」といってよいでしょう。

弱い相互作用のはたらきの代表例は、原子核の**ベータ崩壊**（91ページ参照）です。

ベータ崩壊では、原子核内部の**中性子**が、**放射線**を出しながら、**陽子**に変化します。

その仕組みをくわしく見ると、中性子の中の**ダウンクォーク**のひとつが、**電子**と**反電子ニュートリノ**を放出して**アップクォーク**に変わります。クォークにはこのように、変身できる性質があります（163ページ参照）。

ちなみに「反電子ニュートリノ」とは、**レプトン**の一種である**電子ニュートリノ**（165ページの図参照）の、**反粒子**（134ページ参照）です。

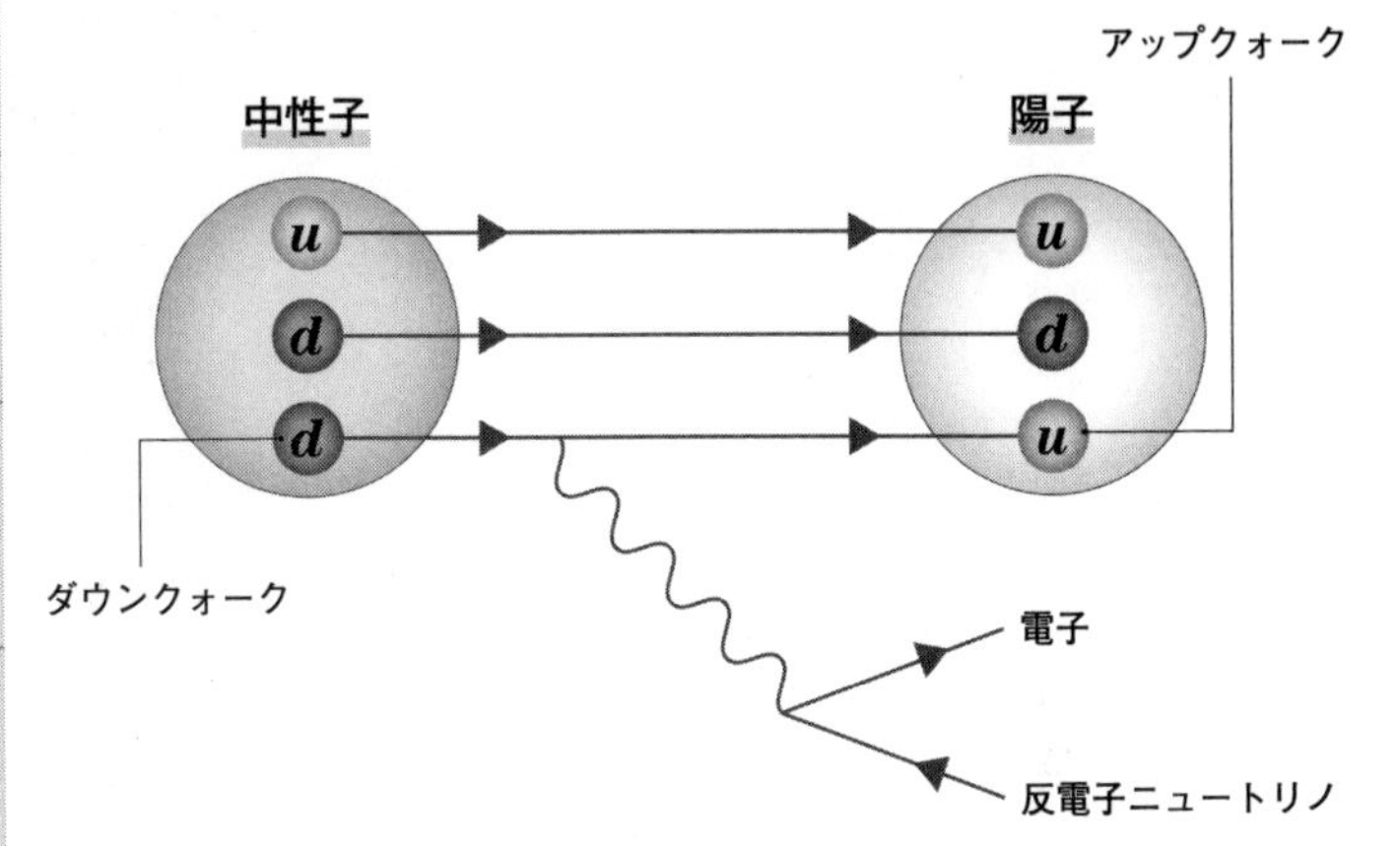

▲ベータ崩壊においてはたらく弱い相互作用を、「ファインマン・ダイアグラム」という形式で表現したもの。線の矢印は、「粒子」と「反粒子」で逆方向にするように定められており、右下の「反電子ニュートリノ」は「反粒子」なので、このような方向になる。

ウィークボソン

弱い相互作用を媒介するのは、**ウィークボソン**という素粒子です。ほかの相互作用を媒介するゲージ粒子には質量がないとされますが、ウィークボソンだけは例外的に、陽子の90倍もの質量をもちます。ウィークボソンには、**Zボソン**と**Wボソン**の2種類があります。

ベータ崩壊のとき、ウィークボソンはどのようにやり取りされているのでしょうか。

まず、中性子の周囲にある**電子ニュートリノ**がWボソンを放出して、中性子の中のダウンクォークがそれを吸収します。すると、ダウンクォークがアップクォークに変わり、電子ニュートリノは電子になるとされるのです。

08 電磁相互作用

宇宙の4つの力❸ 原子核と電子を結びつける

光子によって媒介される

これまで出てきた「強い相互作用」と「弱い相互作用」という名称は、**電磁相互作用**との比較からつけられたものでした。電磁気相互作用は**電磁気**の力です。

電磁相互作用を媒介するゲージ粒子は、**光子**（こうし）といいます。これは、**アインシュタイン**の**光量子**（68ページ参照）に対応する、光の素粒子です。**光も電磁波の一種**だったことを思い出してください（52ページ参照）。

原子核は、強い相互作用を源とする核力に

▼原子核と電子の間には、光子をキャッチボールする電磁相互作用がはたらく。

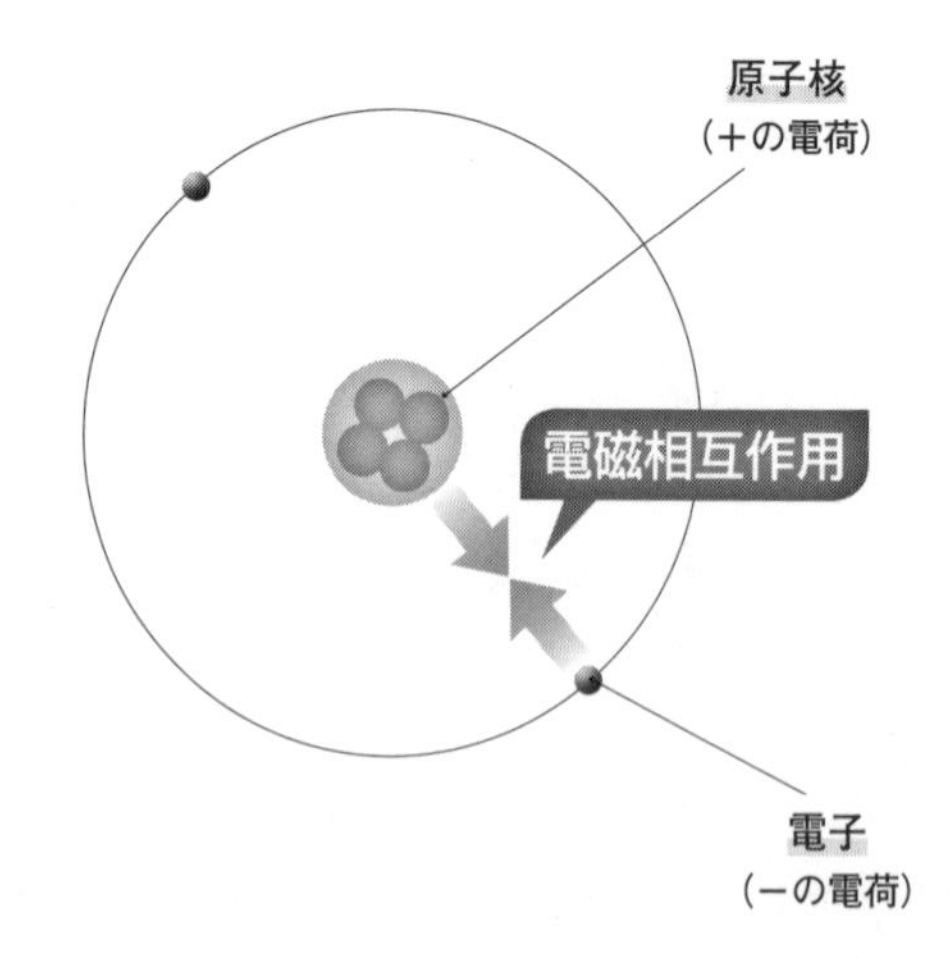

よってまとまっているのでした（168ページ参照）。**原子**は、その原子核と電子から構成されています。では、なぜ原子核と電子が離れすぎずに一緒にいられるかというと、＋の電荷をもつ原子核と、－の電荷をもつ電子との間で、電磁相互作用の引力がはたらいているからです。

原子の中のやり取り

電気では「＋極から－極へ電気が流れる」と考えるように決められており、この電気の流れを**電流**といいます。実際は、電流の正体は、**－極から＋極に向けて電子が移動する**ことなのですが、電子が発見されたのは、＋極と－極の設定よりもずっとあとでした。「今さら逆にはできない」ということで、電流と電子の流れは反対になっているままです。

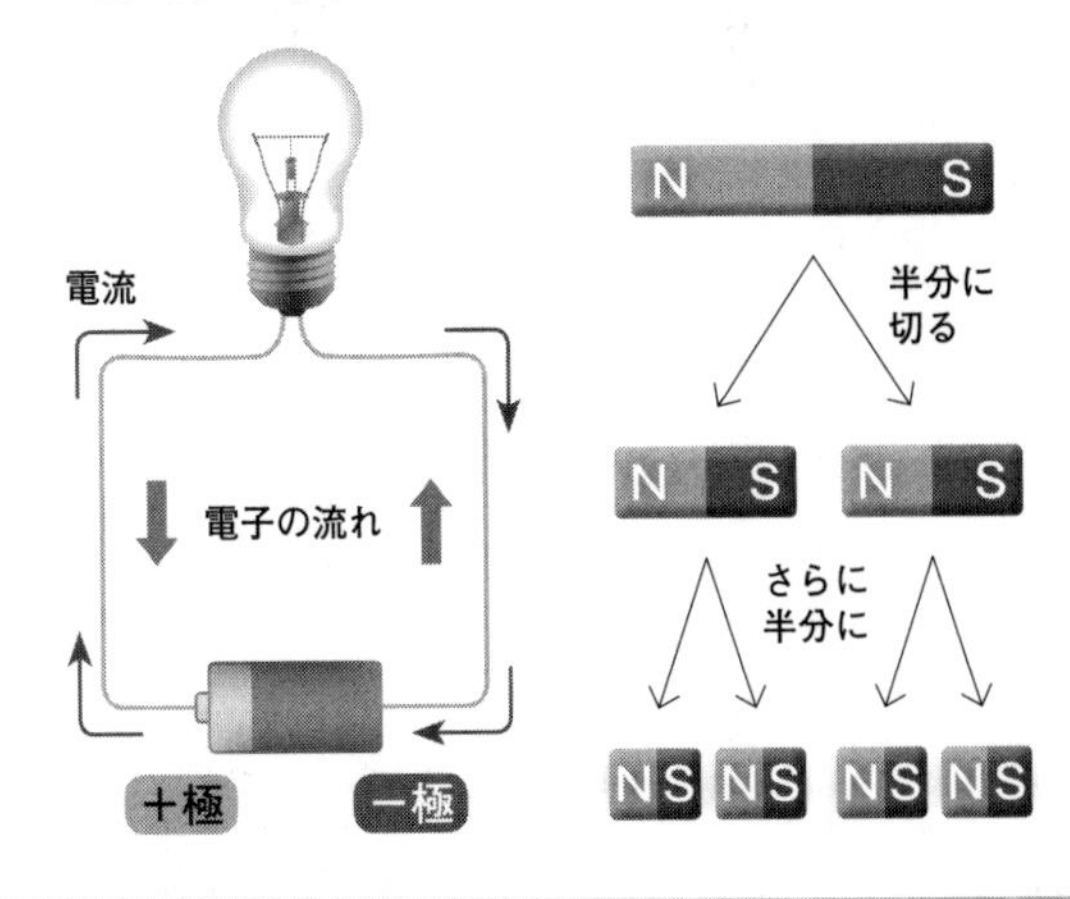

▼電気と磁気はどちらも、電磁相互作用の現れ。＋の電荷と－の電荷はそれぞれ独立で存在できるのに対し、磁気のN極とS極は独立で存在できないところが、電気と磁気の違いである。

09

宇宙の4つの力④ 質量をもったものが引き合う

重力相互作用

宇宙で一番弱い相互作用

4つめの相互作用は、**重力相互作用**です。単に**重力**ともいいます。重力相互作用は、どんなに離れていてもはたらきます。

しかし、その力はほかの3種類の相互作用よりも非常に弱く、桁が違いすぎて不思議なほどです。

重力相互作用が、現状ほど弱くなかったら、すべての物体が互いにくっつき合って、巨大なかたまりになってしまうでしょう。

私たちは地球の重力を強く感じますが、それは、地球の質量がとんでもなく大きいせいです。

一般相対性理論と重力波

ニュートンの**万有引力の法則**（33ページ参照）は、この重力相互作用を定式化したものです。

また、現代物理学では、重力について考察する際、**アインシュタイン**の**一般相対性理論**（29ページ参照）を用いています。

一般相対性理論では、重力は**空間のゆがみ**

だとされます。

大きな**質量**や**運動量**（質量×速度）をもったもののまわりでは、ボーリング球が置かれたゴム板が凹むように、空間がゆがみます。その凹みにほかの物体が落ち込んでいくのが重力だ、というイメージです。光、つまり**光子**（172ページ参照）さえも、空間のゆがみの影響を受けます。

そしてその空間のゆがみは、**重力波**という波として伝わっていきます。重力波は、**光速**で伝播するとされます。

一般相対性理論によって示唆され、その後、アインシュタイン自身が存在を予言していたこの重力波は、約100年間、直接的には検出されませんでした。しかし2015年、アメリカの重力波検出器が、ついに重力波を観測します。このことが翌年発表されると、たいへん大きな話題になりました。

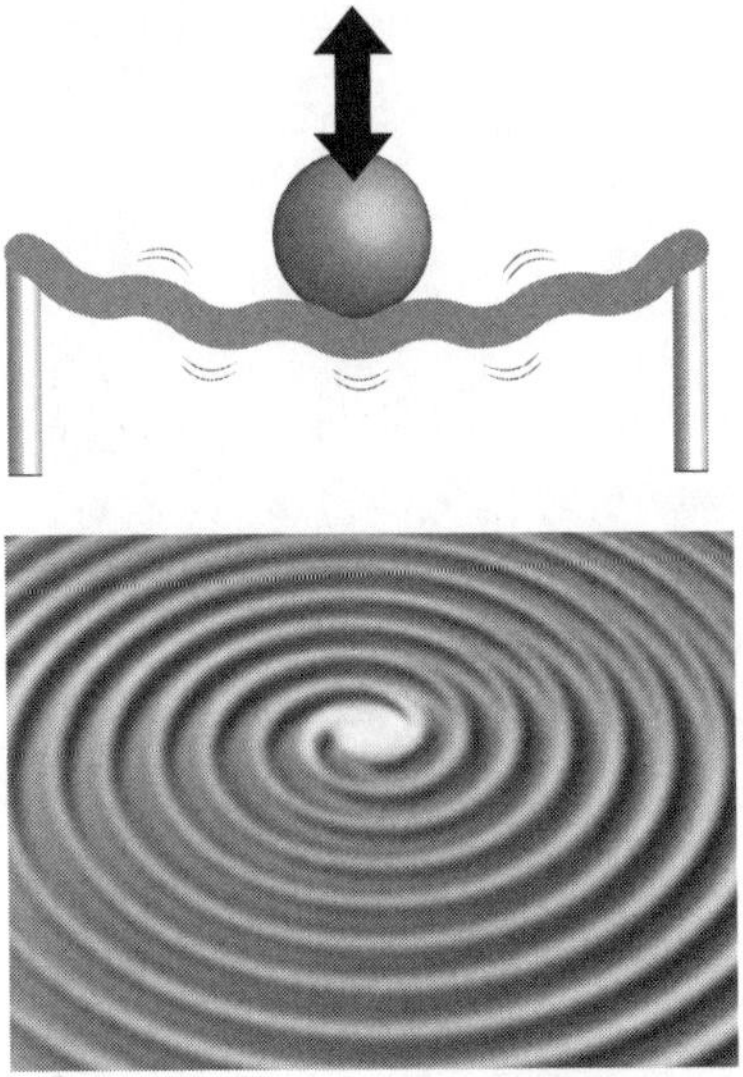

▲空間を、柔らかいゴム板のようなものとしてイメージする。ゴム板の上に質量のあるものを押しつけてみると、ゴム板がたわむ。そのたわみが波紋のように伝わっていくのが、相対性理論の重力波のイメージである。

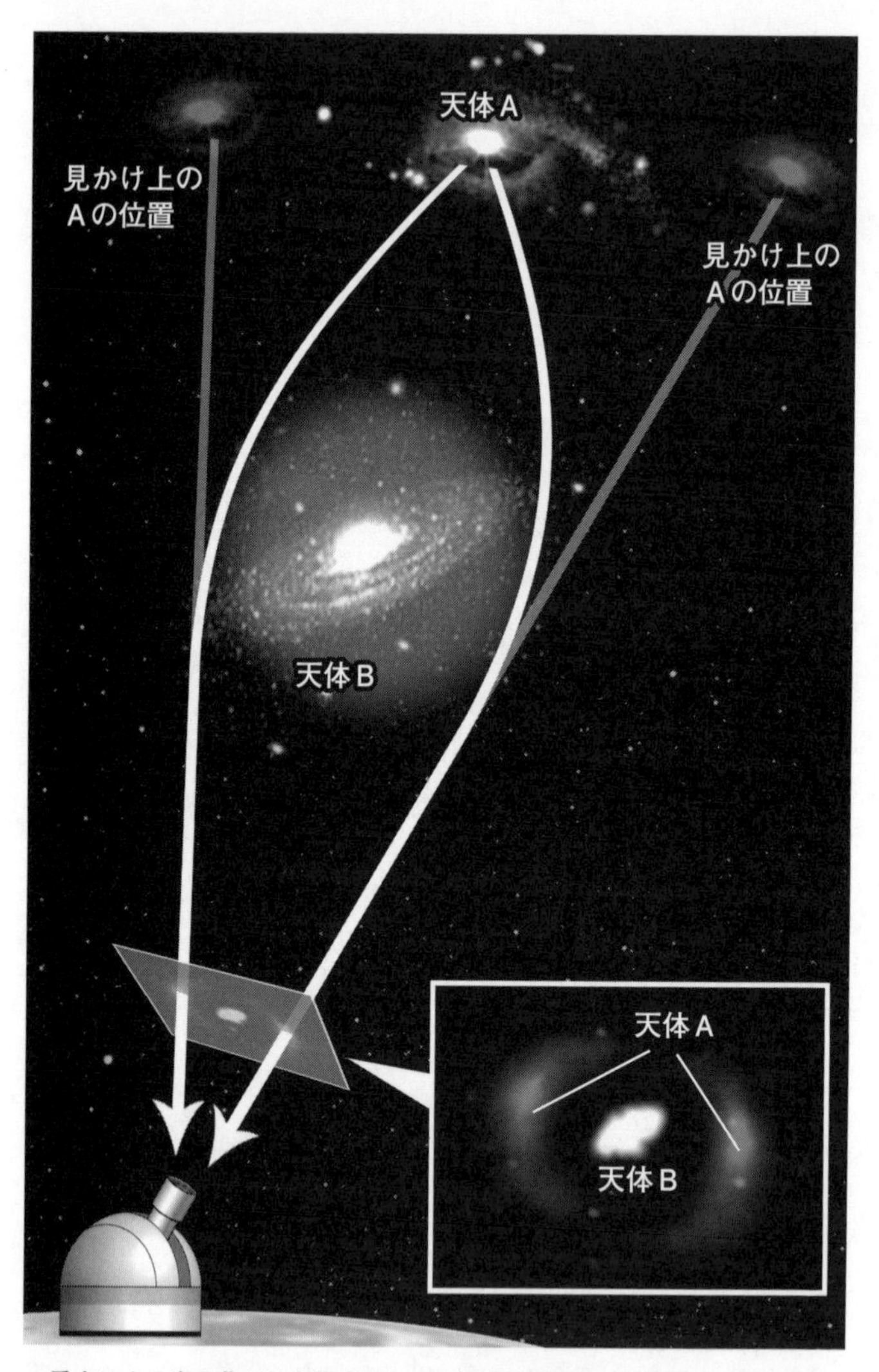

▲重力による光の曲がりを記述できる一般相対性理論は、「重力レンズ」という興味深い現象も説明できる。天体Aから発せられた光が、天体Bの重力によって曲げられた軌道を通って、別々の方向から来ているように見える。

場の古典論と場の量子論

ところで、一般相対性理論の重力論は、**場の理論**（50ページ参照）です。場のもつ性質が、物理現象を引き起こしているからです。

一般に、場の理論は「場の古典論」と「場の量子論」に大別されます。

場の古典論とは、「量子」の考え方が入っていない場の理論です。**マクスウェル**の古典電磁気学における**電場**・**磁場**の理論がその典型ですが、一般相対性理論も場の古典論に分類されます。

それに対して**場の量子論**は、「波も粒子も、量子的な場の振動であり、同じものである」と考えるのでした（144ページ参照）。

標準模型と重力子

さて、場の量子論である**ヤン＝ミルズ理論**にもとづいた素粒子の**標準模型**（164ページ参照）では、すべての相互作用は、**ゲージ粒子**のキャッチボールとしてとらえられますが、じつはすべてのゲージ粒子は、**波でもあり粒子でもあるような場の振動**です。

重力相互作用を媒介するゲージ粒子は、**重力子**と名づけられています。しかし、その重力子は、「あるはずだ」と考えられているものの、今のところ発見されていません。そして、重力相互作用を場の量子論で記述することも、まだできていないのです。これが現在の、標準模型の大きな課題です。

10

万物の理論は見つけられるか

力の理論の統一をめざして

もともとは「ひとつの力」？

ここまで見てきた**強い相互作用**・**弱い相互作用**・**電磁相互作用**・**重力相互作用**の４つの力（相互作用）は、**もともとはひとつの力**であり、それが別の形に見えているだけなのではないかと、物理学者たちは考えてきました。

現代物理学の究極の目標のひとつは、宇宙にはたらく４つの相互作用を、「ひとつの力」として統合し、**あらゆる現象を「ひとつの力」だけで説明できるようにする**ことだといわれています。

▼宇宙の誕生のときにはひとつの「力」だったものが、１秒よりもはるかに短い時間で、４つに分離したのではないかとも考えられている。

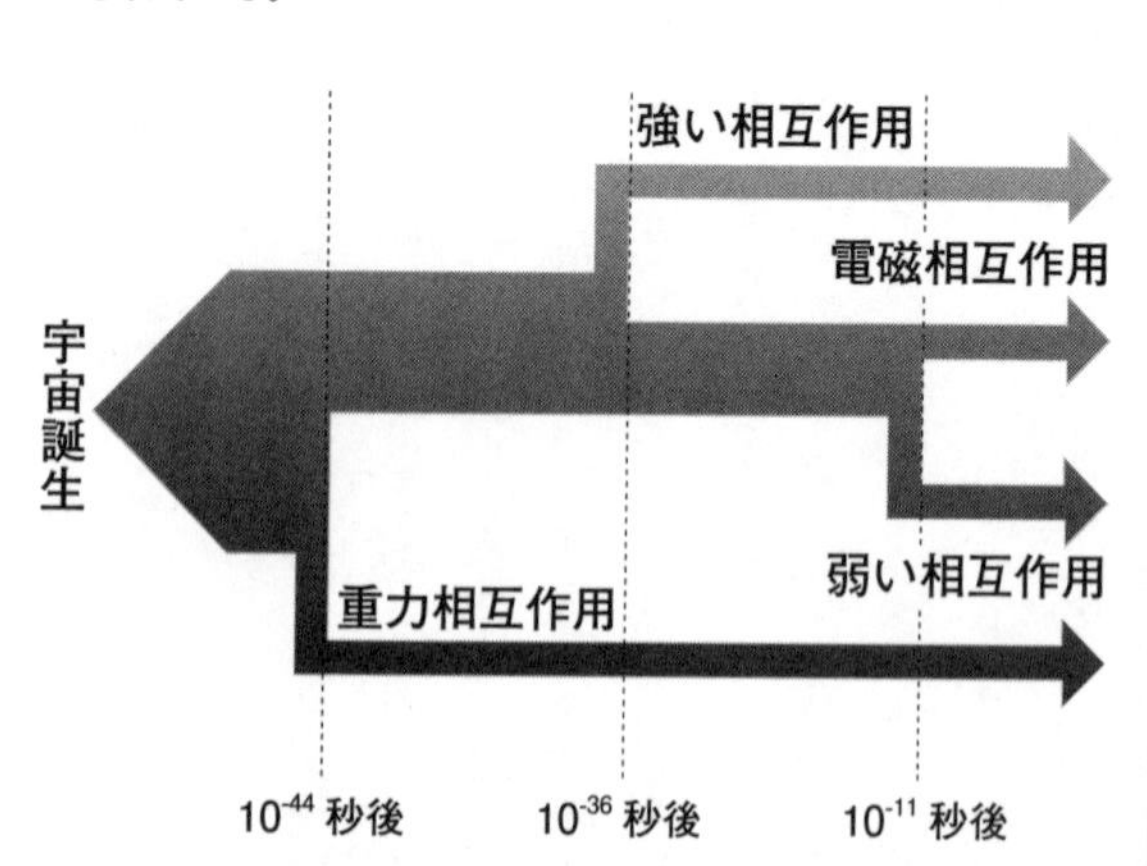

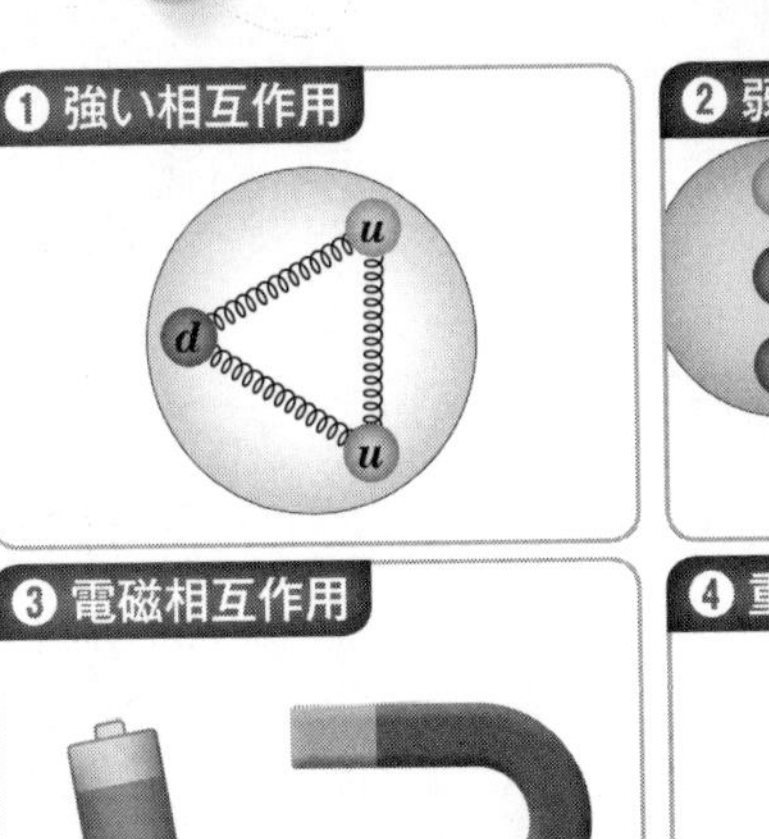

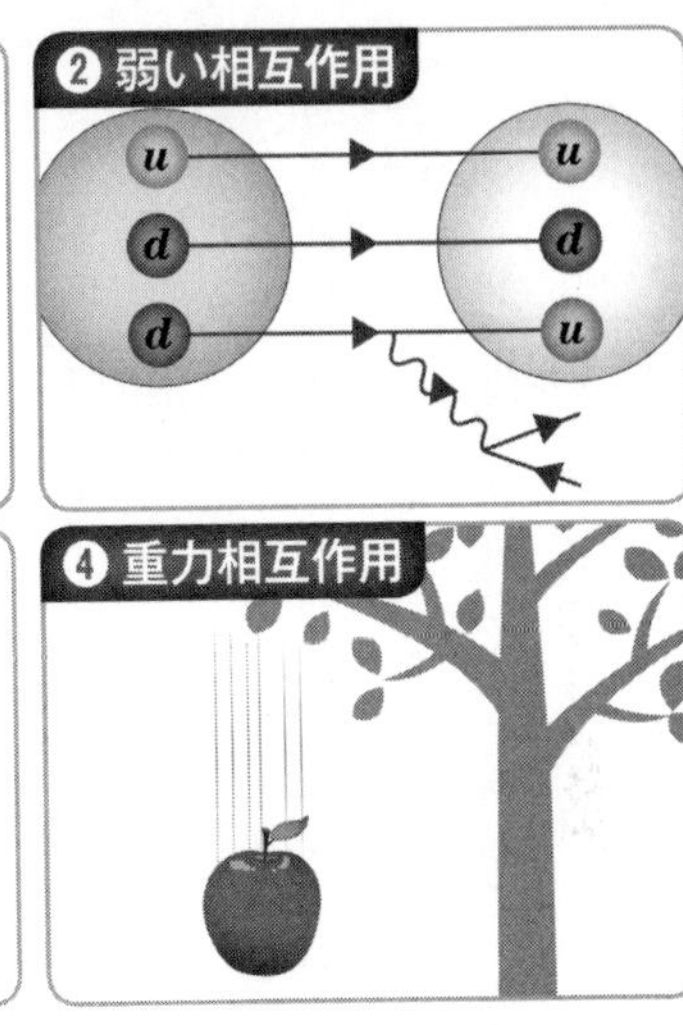

▲４つの相互作用のうち、私たちが日常生活の中で感じることができるのは、電磁相互作用と重力相互作用である。

標準模型はこのように構築された

素粒子の**標準模型**（164ページ参照）は、単に「新しく見つかった素粒子を分類していった」というものではありません。**量子力学**をベースにして、さまざまな現象と相互作用を統一的に説明できるように鍛えあげられてきた理論です。

その原点は、ディラックの**相対論的量子力学**（131ページ参照）です。量子力学に**特殊相対性理論**（27ページ参照）を取り込み、**スピン**（99ページ参照）を理論的に説明できるようになりました。これが**場の量子論**（144ページ参照）へと発展し、**電子と電磁場**の相互作用を記述する**量子電磁力学**（148

ページ参照）へと実を結びます。

そこに、**強い相互作用**と**弱い相互作用**の存在が知られるようになりました。

強い相互作用を場の量子論によって説明しようということで作られたのが、1954年の**ヤン=ミルズ理論**（164ページ参照）です。これが標準模型の主軸になります。強い相互作用は、**量子色力学**（168ページ参照）で記述できるようになっていきました。

弱い相互作用のほうは、**量子電磁力学**に統合されます。1967年、弱い相互作用と電磁相互作用を同じ力として扱える、**電弱統一理論**（**ワインバーグ=サラム理論**）が完成したのです。提唱者は、アメリカの物理学者**スティーヴン・ワインバーグ**（1933年〜）と、パキスタンの物理学者**アブドゥッサラーム**（1926〜1996年）です。電弱統一理論も、ヤン=ミルズ理論にのっとって作られており、標準模型に組み込まれています。

さらなる力の統一へ

標準模型は、1970年代までにほぼ完成しました。

そこでは、強い相互作用は量子色力学によって、弱い相互作用と電磁相互作用は電弱統一理論によって記述されているわけですが、やはりこれらを統一したいという動きが出てきます。

1974年、アメリカの物理学者**ハワード・ジョージ**（1947年〜）と**シェルド**

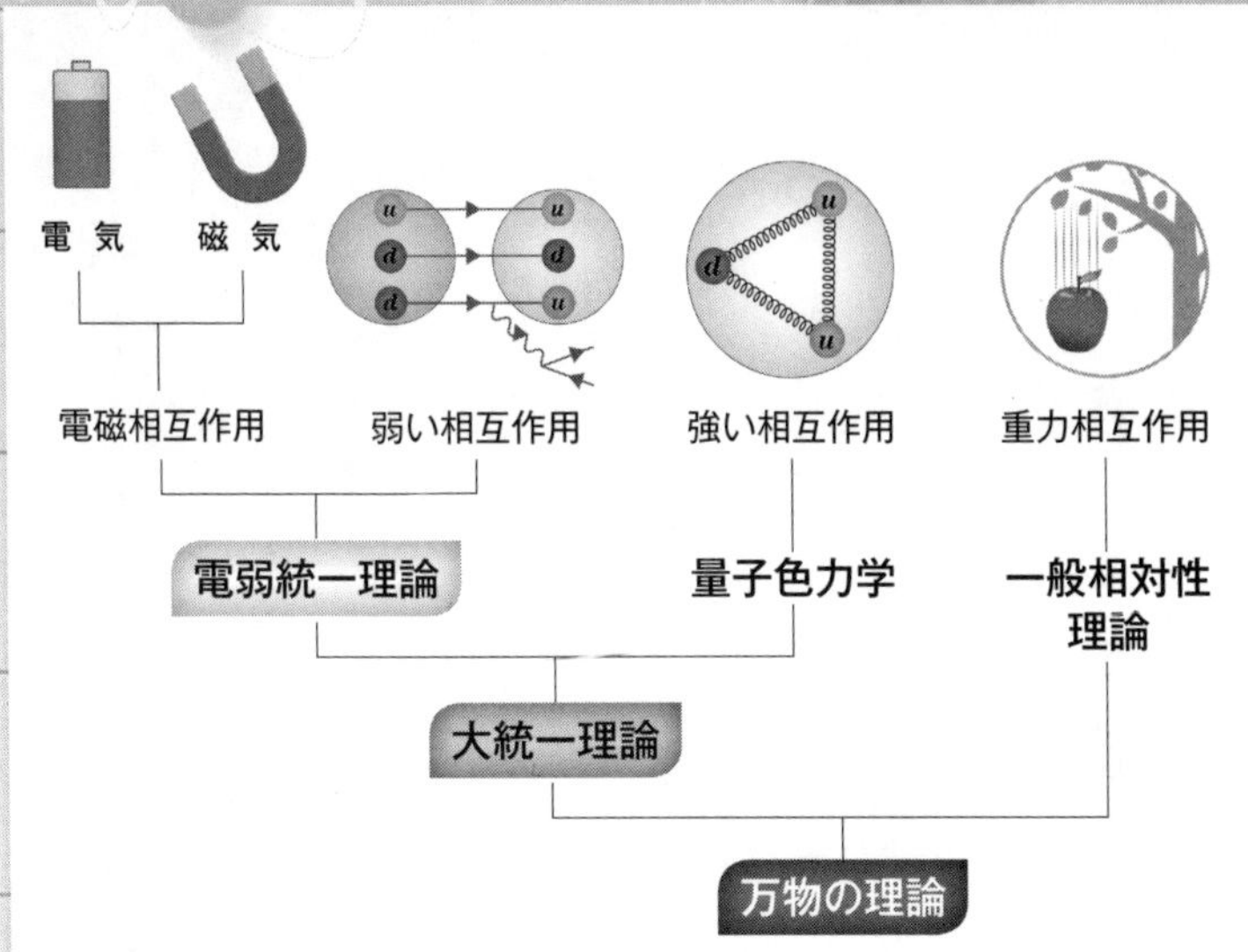

▲現代物理学は、相互作用の統一的な理論化をめざして発展してきた。大統一理論と万物の理論は、現時点では完成していない。

ン・グラショウ（1932年〜）により、電磁相互作用・弱い相互作用・強い相互作用を統合する**大統一理論**が唱えられました。しかし、これはまだ実証されていません。

また、標準模型には、**重力相互作用**を扱う理論がありません。重力は、**一般相対性理論**（29ページ参照）に任せきりになっています（175ページ参照）。標準模型は**相対論的量子力学**から出発しているので、**特殊相対性理論**とは整合していますが、一般相対性理論には対応していないのです。

現在の量子論は、一般相対性理論を統合し、重力を量子論の枠組みでとらえる**量子重力理論**を模索しています。これを作ることができれば、相互作用をすべて統一する**万物の理論**への道が見えてくるでしょう。

11 新しい理論への扉 ニュートリノ

標準模型の先を見せてくれる素粒子

ニュートリノの観測

もうひとつ、近年注目されているのが、**ニュートリノ**です。

これは**電子**の仲間である**レプトン**に分類される素粒子で、**電子ニュートリノ**、**ミューニュートリノ**、**タウニュートリノ**という3種類があります（165ページの図参照）。

ニュートリノはきわめて小さく、地球や私たちの体など、ほとんど何でもすり抜けていき、観測も難しい粒子です。しかし、ごくまれにほかの粒子とぶつかることがあります。

1987年、日本の物理学者**小柴昌俊**（1926年〜）は、岐阜県神岡鉱山の地下に作った観測施設**カミオカンデ**で、大マゼラン星雲での**超新星爆発**から放出されたニュートリノの観測に成功しました。

カミオカンデには、混じりけのない水が大量に溜めてあります。ニュートリノが飛んできて、たまたま水の中の**陽子**にぶつかると、**チェレンコフ光**というかすかな光を発します。これを人工的に増幅して観測するのです。

これは、自然に発生したニュートリノの、史上初の観測でした。小柴は、2002年度のノーベル物理学賞を受賞しています。

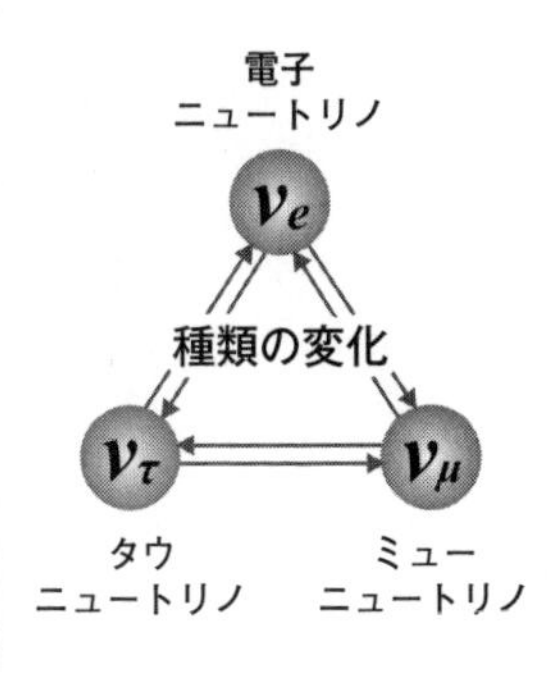

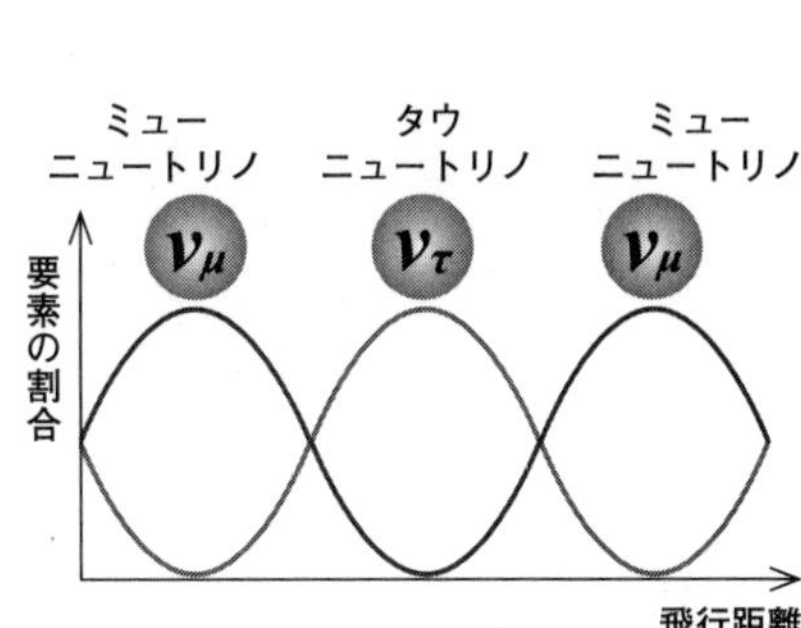

▲電子ニュートリノ、ミューニュートリノ、タウニュートリノという分類を、ニュートリノの「フレーバー」と呼ぶ。3つのフレーバーの間でニュートリノが変化する現象が、「ニュートリノ振動」である。ニュートリノ振動は、ニュートリノが長距離を飛行する中で起こる。ニュートリノ振動が起こるためには、ニュートリノに質量がなくてはならない。

ニュートリノ振動の衝撃

1998年、カミオカンデの後継(こうけい)施設**スーパーカミオカンデ**で、**ニュートリノ振動**という現象（上図参照）が発見されました。

これはショッキングな発見でした。ニュートリノ振動を分析すると、**ニュートリノに質量がある**ことがわかるのですが、素粒子の**標準模型**では理論的に、ニュートリノは質量をもちえないことになっていたからです。この現象の発見者となった日本の物理学者**梶田隆章**(かじたたかあき)（1959年〜）は、2015年度のノーベル物理学賞を受賞しました。

ニュートリノの研究は、標準模型を超える新しい理論への扉になるかもしれません。

COLUMN 05

小澤の不等式

量子論は、素粒子物理学やさまざまなテクノロジーの基礎として、現代科学にとって欠かすことのできない理論となっているわけですが、その根幹にある**ハイゼンベルクの不確定性原理**（120ページ参照）に対して、重要な修正が加えられました。日本の数学者・数理物理学者**小澤正直**（1950年〜）が発表した、**小澤の不等式**です。

不確定性原理は本質的には、「量子の世界では、深く関係するふたつの物理量の不確かさについて、つねに一定の関係がある」といった意味でした。しかし、これを発見したハイゼンベルク自身も、「客観的に存在する不確かさ」と、「人間の観測能力の限界」とを、はっきり区別できていませんでした。そのせいもあって、不確定性原理はしばしば、**観察者効果**と混同されてきたのでした（124ページ参照）。

小澤は、ミクロの世界が本質的にもっている**量子的なゆらぎ**と、人間の測定限界や測定誤差とを、厳密に区別して考えました。そしてハイゼンベルクの式に、位置や運動量の量子的なゆらぎを表す2項を付加したのです。

2003年には、従来「不確定性原理からして、これ以上精密には測定できない」と考えられていた限界を、理論的に超えうると発表され、2012年に実証されました。

量子論のいっそうの理論的整備と、科学技術のさらなる発展に貢献する快挙です。

量子論と宇宙

01 宇宙はどのように誕生したか

ビッグバンは本当の「宇宙の始まり」なのか？

ビッグバン理論前史

この章では、量子論が切り開いた理論にもとづいて、宇宙の不思議を考えていきます。まず、宇宙はどのようにして始まったのでしょうか。

「宇宙の始まり」というと、「ビッグバン」を思い浮かべる方が多いと思います。そこで、ビッグバン理論が生まれるところから、話を始めましょう。

1927年頃から、ベルギーの天文学者**ジョルジュ・ルメートル**（1894〜1966年）が、「宇宙はもともと、たった1個の小さな原子だったが、それが膨張して大きくなった」とする説を発表しはじめました。これは、**アインシュタイン**の**相対性理論**（26ページ参照）にもとづいた説でしたが、「宇宙は永久不変のものだ」と考えていたアインシュタインは、ルメートルに反対します。

しかし1929年、たしかに**宇宙が膨張している**ことが、アメリカの天文学者**エドウィン・ハッブル**（1889〜1953年）らの発表した**ハッブルの法則**から判明します。アインシュタインはこれを受け、宇宙の膨張を認めました。

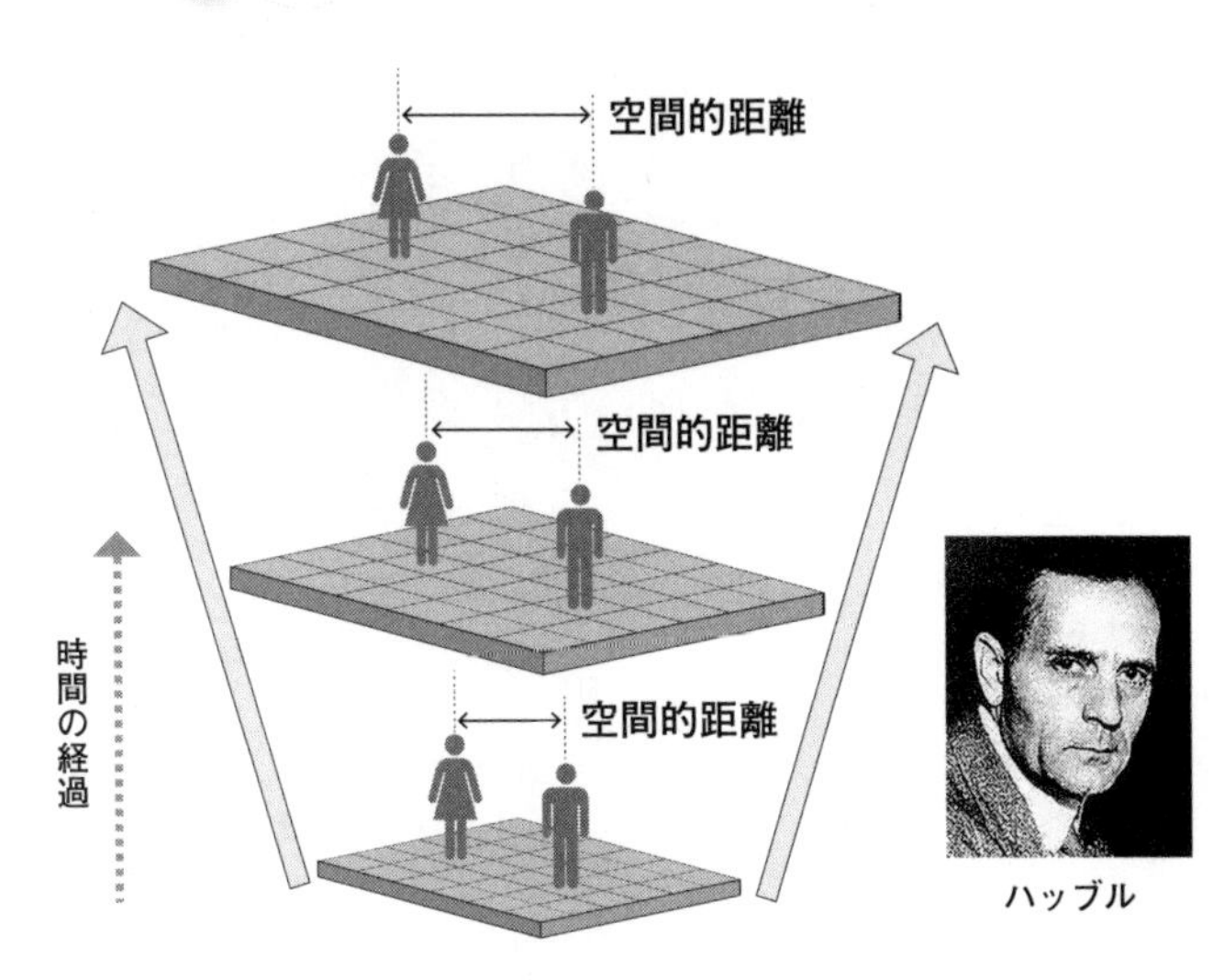

▲ハッブルらの発見したハッブルの法則とは、「銀河の後退速度は、その銀河までの距離に比例する」というもの。これはつまり、「遠くの銀河ほど速く遠ざかっている」という意味である。宇宙を格子の入った平面としてイメージし、時間の経過とともにそれぞれの格子のサイズが大きくなっていくと考えるとよい。上図のようなメカニズムでは、遠くのマス目ほど、速い速度で遠ざかる。ハッブルの法則が成り立つということは、宇宙が膨張していることを意味する。

ビッグバン理論

宇宙が膨張しているということは、膨張する前は小さかったことになります。そして小さい分だけ、密度が高かったはずだと、ロシア出身の物理学者**ジョージ・ガモフ**（1904～1968年）は考えました。彼は1946年頃、「宇宙の初期は、超高密度で超高温の小さな火の玉で、そこから爆発的に膨張した」という説を提唱します。

イギリスの天文学者**フレッド・ホイル**（1915～2001年）

はこれを少しばかにして、「大きなドカーン」と呼びました。かくしてガモフの理論は**ビッグバン理論**と呼ばれるようになるのでした。

ホイルはガモフとは逆に、「宇宙は膨張してはいても、一定の状態を保つ」とする**定常宇宙論**を唱えます。しかし1964年、かつて宇宙が超高温であったことの痕跡として、**宇宙マイクロ背景放射**という電磁波の一種が見つかり（しかもそれは、ガモフが1940年代に予言していたことでした）、ガモフの主張がようやく認められるようになるのです。

ビッグバン理論の問題点

しかし、ビッグバン理論にはいくつも問題

▼アメリカ航空宇宙局（NASA）がウィルキンソン・マイクロ波異方性探査機（WMAP）で観測した、宇宙マイクロ背景放射の温度ゆらぎ。宇宙マイクロ背景放射は、かつて超高温だった宇宙が放っていた電磁波の名残りであり、あらゆる方向から地球にやってくる。

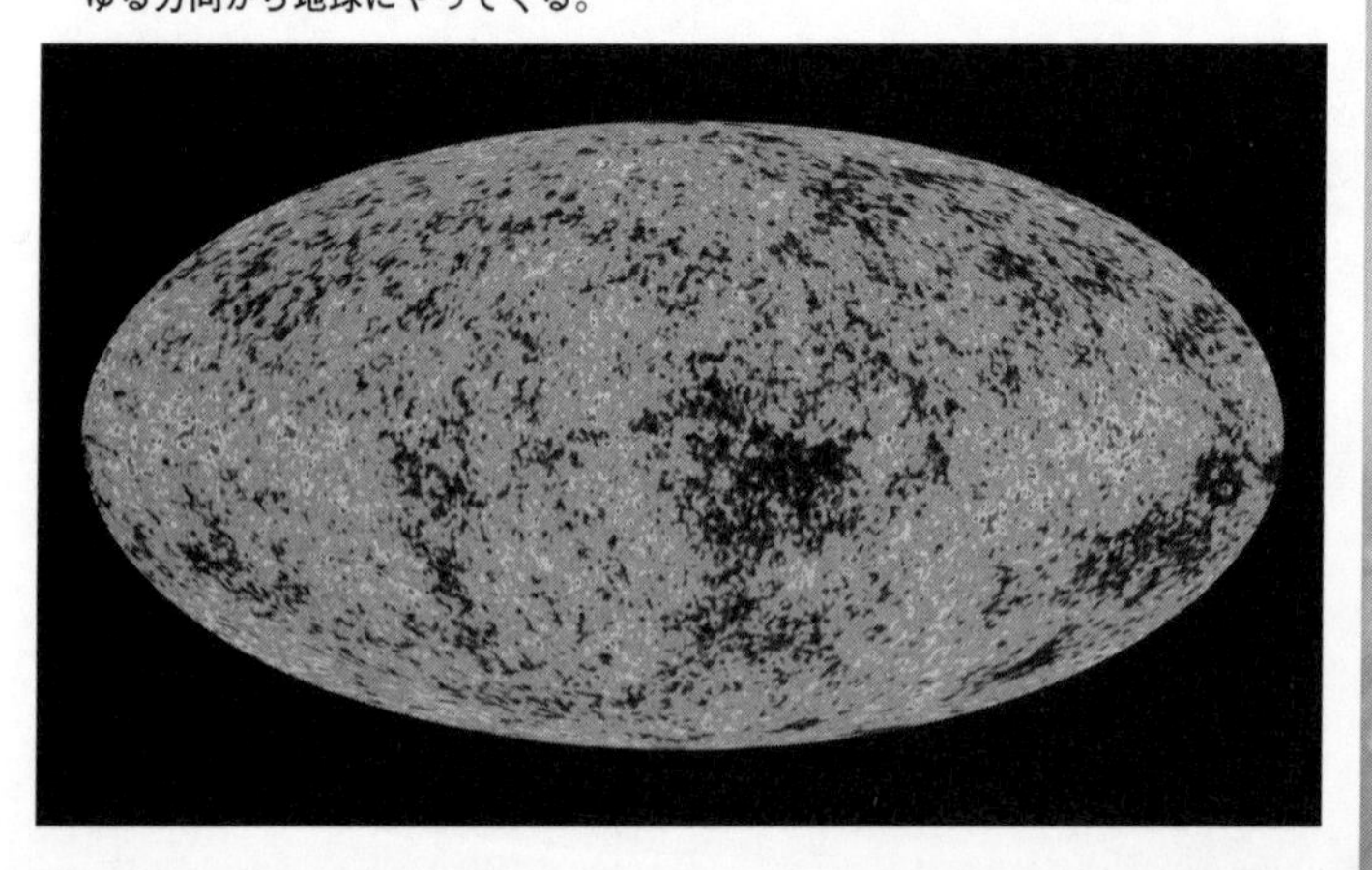

がありました。たとえば、きわめて初期の段階に、宇宙が超高密度の火の玉だったとして、その火の玉自体は、どのようにして生まれたのでしょうか？

ビッグバンは、どうやら本当の「宇宙の始まり」ではないようなのです。後述する**インフレーション理論**（194ページ参照）をはじめとして、現代の物理学は、**ビッグバン以前の宇宙**の姿を追究しています。

「無」からの創成説

「宇宙の始まり」に関して、現在、有力だと考えられている説を紹介しましょう。ウクライナ出身の物理学者**アレクサンダー・ビレンケン**（1949年〜）が1982年に発表したもので、量子論を応用しています。

ビレンケンによると、宇宙誕生以前は、**何もない無**でした。「空間に物質がない」のではなく、**空間自体も、時間もなかった**と考えられます。

しかし、不確定性の支配する量子論では、無も「完全な無」ではありません。**真空のゆらぎ**（135ページ参照）と同じように、「大きさもエネルギーもない何か」が、生成したり消滅したりしています。

それがあるとき、**トンネル効果**（136ページ参照）によって、「通り抜けられないはずのエネルギーの壁」をすり抜け、**極小のサイズで誕生した**というのです。はたして、この説は実証されるでしょうか。

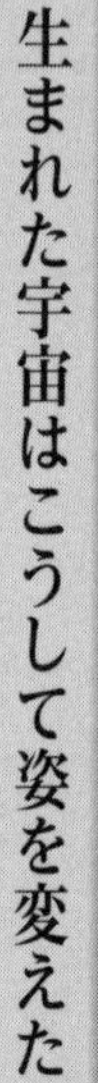

02 生まれた宇宙はこうして姿を変えた
対称性の自発的な破れ

カギは南部理論にあり

極小のサイズで誕生した宇宙は、どのようにして現在のような姿に変わっていったのでしょうか。

その謎を解き明かすカギになるのは、日本出身の傑出した物理学者**南部陽一郎**（1921～2015年）が1960年代に発表した、**対称性の自発的な破れ**の理論です。

この難解な理論をひと言でいうと、「**何者かが手を加えなくても、対称性は自然に崩れてしまう**」ということになります。しかし、これだけではまだ、何のことだかわからないと思いますので、順を追って説明していきましょう。

対称性とは何か

まずは、「対称性」という概念からです。これは、**CP対称性の破れ**（160ページ参照）の話のときにも出てきました（じつは、**小林誠**と**益川敏英**も、南部理論の影響を受けています）。

一般に**対称性**とは、「何らかの変換を行う前とあとで、変化しないこと」を意味します。

真っ白なピンポン玉をイメージしてください。表面はつるつるで、何の柄（がら）も入っていません。これを適当に回転させます。すると、見る角度が「変換」されることになりますが、ピンポン玉の見え方は変わりません。ここから、このピンポン玉は、回転という「変換」に関して「対称性がある」といえます。

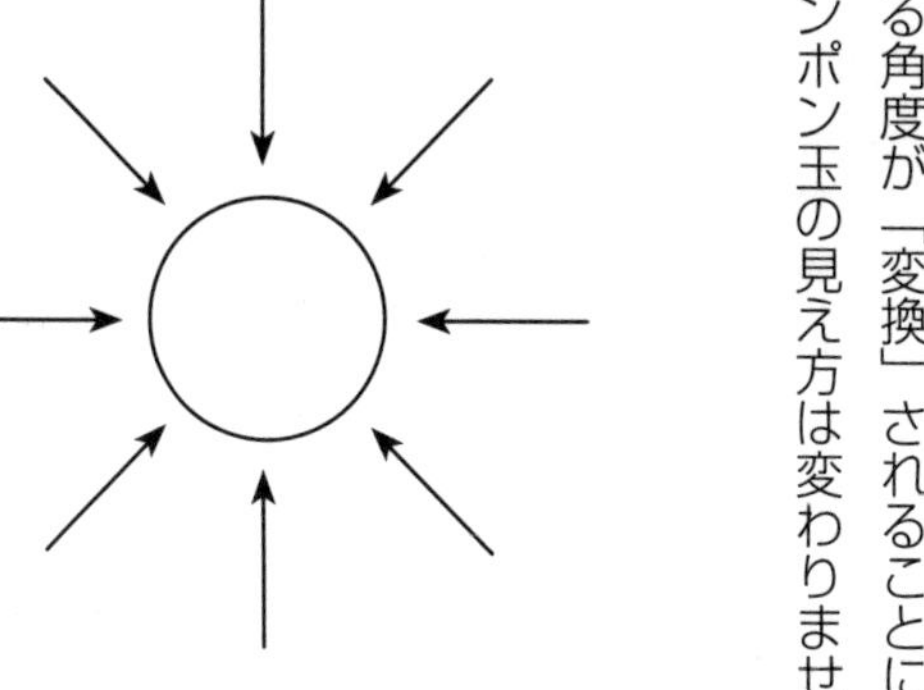
▲柄の入っていないピンポン玉は、どのように回転してどの角度から見ても、同じように見える。これが「対称性が高い」状態のイメージである。

このように、「どの角度から見ても同じ」であることが、**対称性が高い**状態のイメージだと思ってください。

対称性は自然に崩れる

次に、この対称性が「自発的に破れる（勝手に崩れる）」とはどういうことかを見てみます。南部が2008年度のノーベル物理学賞を受賞した際、彼の業績を説明するためにスウェーデンの王立科学アカデミーが用いた、鉛筆のたとえがわかりやすいでしょう。

芯（しん）を下にして鉛筆を立て、横から見てみま

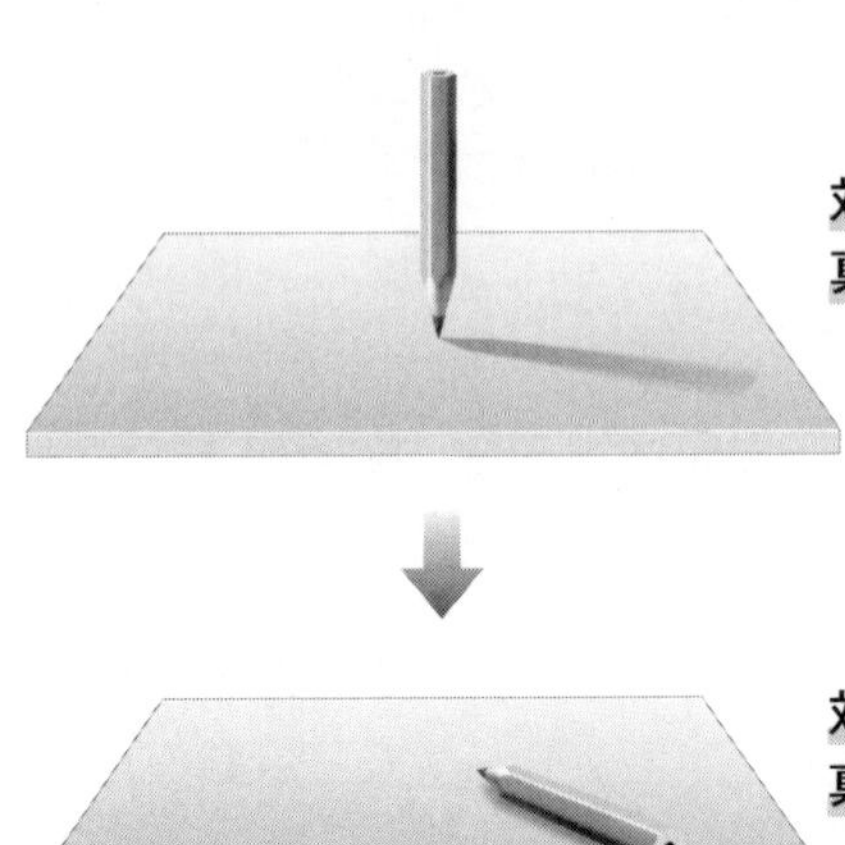

対称性が高く
真空のエネルギーが高い

対称性が低く
真空のエネルギーがゼロ

▲初期宇宙の対称性は、芯を下にして立てた鉛筆の対称性にたとえることができる。高い対称性は、自発的に破れてしまう。対称性の高い状態では「真空のエネルギー」だったものが、対称性が破れたとき、熱エネルギーに変換される。

す。横から見る限り、どの角度でも鉛筆の見え方は同じなので、この状態は対称性が高いといえます（ここでは上下方向の対称性は考えないでください）。

しかし、この状態をキープするのは難しいですね。鉛筆はすぐに、勝手に倒れてしまいます。

すると、対称性が破れます。どの角度から見るかによって、鉛筆の見え方が違うようになるのです。

このように、もともと高かった対称性が、自然に低くなることを、**対称性の自発的な破れ**といいます。

さて今度は、倒れる前の鉛筆を、「爪先立（つまさきだ）ちしている人」だと思ってください。爪先立ちの状態をキープするには、**エネルギー**が必要です。爪先立ちの姿勢は、エネルギーの高い状態だといえます。

　これが倒れてしまうと、もうエネルギーは必要なくなります。ですから倒れた姿勢は、エネルギーの低い状態です。

宇宙はこうして火の玉になった

　ここから、宇宙の話に戻りましょう。

　誕生したばかりの極小の宇宙は、まだ何のしわも刻まれておらず、対称性の高い状態でした。そして、**真空のエネルギー**というものに満ちていたと考えられています。これが、芯を下にして立った鉛筆に相当します。

　さて南部によれば、対称性はすぐに自発的に破れます。鉛筆が倒れるわけです。すると、真空のエネルギーはゼロになってしまいます。

　しかし、**エネルギー保存の法則**（45ページ参照）があります。対称性の自発的な破れが起こったからといって、宇宙のエネルギーの総量が減るわけではありません。どうなるかというと、それまで真空のエネルギーだったものが、**熱エネルギーに変換される**のです。

　このときの熱エネルギーの総量は、やはりエネルギー保存の法則により、「現在の宇宙にあるエネルギーの総量」と同じだと考えられます。

　とすると、まだ小さい宇宙に、とんでもない大きさの熱エネルギーが充満していたことになります。これこそ、超高密度の小さな火の玉としての**ビッグバン宇宙**です。

03 インフレーション宇宙モデル

ビッグバンに至るまでの宇宙の加速膨張

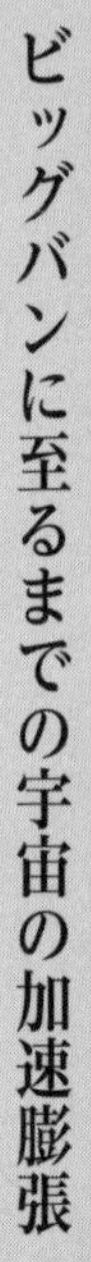

誕生直後の加速膨張

南部陽一郎が提唱した**対称性の自発的な破れ**の理論は、世界中の多くの物理学者に影響を与え、新しい理論の創設に貢献しました（南部にはほかにも、さまざまな業績があります）。

　その中のひとつが、**インフレーション宇宙モデル**です。

　これは、「宇宙は誕生直後、急激に加速膨張し、膨張が終わったのちに、火の玉のようなビッグバン宇宙になった」という内容で、「加速膨張」のことを**インフレーション**といいます。1980年代初頭、日本の宇宙物理学者**佐藤勝彦**（1945年〜）と、アメリカの宇宙物理学者**アラン・グース**（1947年〜）によって、独立に提唱されました。

真空の相転移

　インフレーション宇宙モデルには、いろいろなバリエーションがありますが、佐藤勝彦による説明を紹介しましょう。

　インフレーションを引き起こしたのは、宇

宙創成直後、対称性の自発的な破れが起こる前に、不安定な極小の宇宙がもっていた**真空のエネルギー**です。

　極小だった宇宙は、真空のエネルギーによって一瞬のうちに加速的な大膨張を遂げ、目に見えるくらいのサイズになりました。そしてすぐに加速膨張（インフレーション）は終わり、ゆるやかな減速膨張に変わります。

　佐藤はこのアイデアを、**ワインバーグ**と**アブドゥッサラーム**の**電弱統一理論**（180ページ参照）に出てくる、**真空の相転移**という概念から思いついたといいます。

　相転移とは、物質の状態（**相**）が変化することです。たとえばH_2Oは、温度によって相が変わります。**液体**の状態だと水ですが、熱せられて蒸発すると**気体**の水蒸気になり、冷やされて固まると**固体**の氷になります。

　これと同じように、「真空も相転移を起こす」とする考え方を、真空の相転移というわけです。佐藤は、この概念を初期の宇宙に当てはめてみるところから、インフレーション宇宙論を構築しました。

　佐藤によると、対称性が自発的に破れるこ

▼H_2Oの相転移。温度によって、固体（氷）・液体（水）・気体（水蒸気）というふうに、相が変化する。真空についても、このような相転移が起こるというのが、「真空の相転移」の概念である。

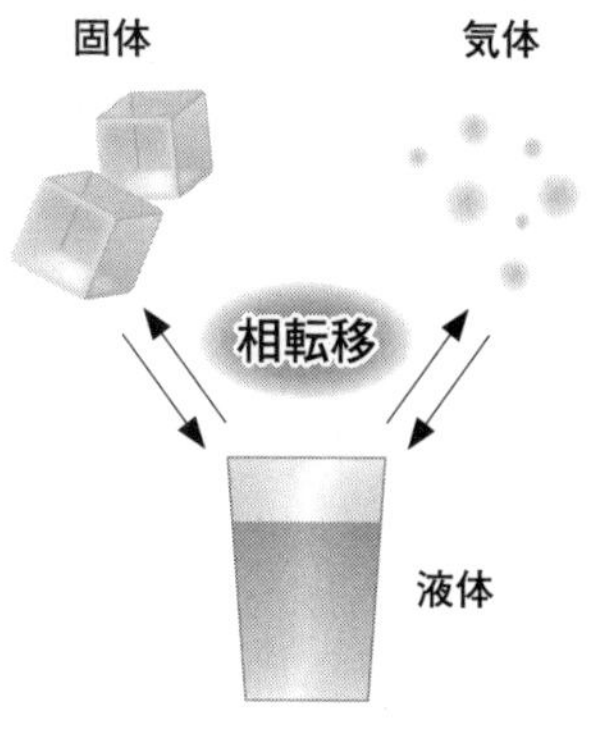

とと、真空の相転移は同じことであり、また、それらのプロセスとインフレーションも対応しているということです。

ビッグバン宇宙の誕生

インフレーションが終わると、宇宙に大量の熱が発生します。対称性の自発的な破れによって、真空のエネルギーが**熱エネルギー**に変換されたのです（191ページ参照）。

佐藤はこれを、真空の相転移の観点からも説明しています。水が氷に相転移するとき、**潜熱**（せんねつ）という熱エネルギーが放出されますが、真空の相転移で熱が生じたのも、この潜熱のようなものとしてイメージできるのです。

創成時に極小だった宇宙は、インフレーションを経（へ）て超高温に加熱され、こうしてビッグバン宇宙ができました。

このようなインフレーション宇宙モデルを採用すると、ビッグバン理論では解決できなかったさまざまな宇宙の謎に、説得力のある答えを出せるといいます。

その後の宇宙の歴史

宇宙がそのあとどうなったのかも、ここで見ておきましょう。

火の玉状態のビッグバン宇宙では、あまりに温度が高すぎて、**物質が原子の形を取れなかった**と考えられています。**電子、陽子、中**

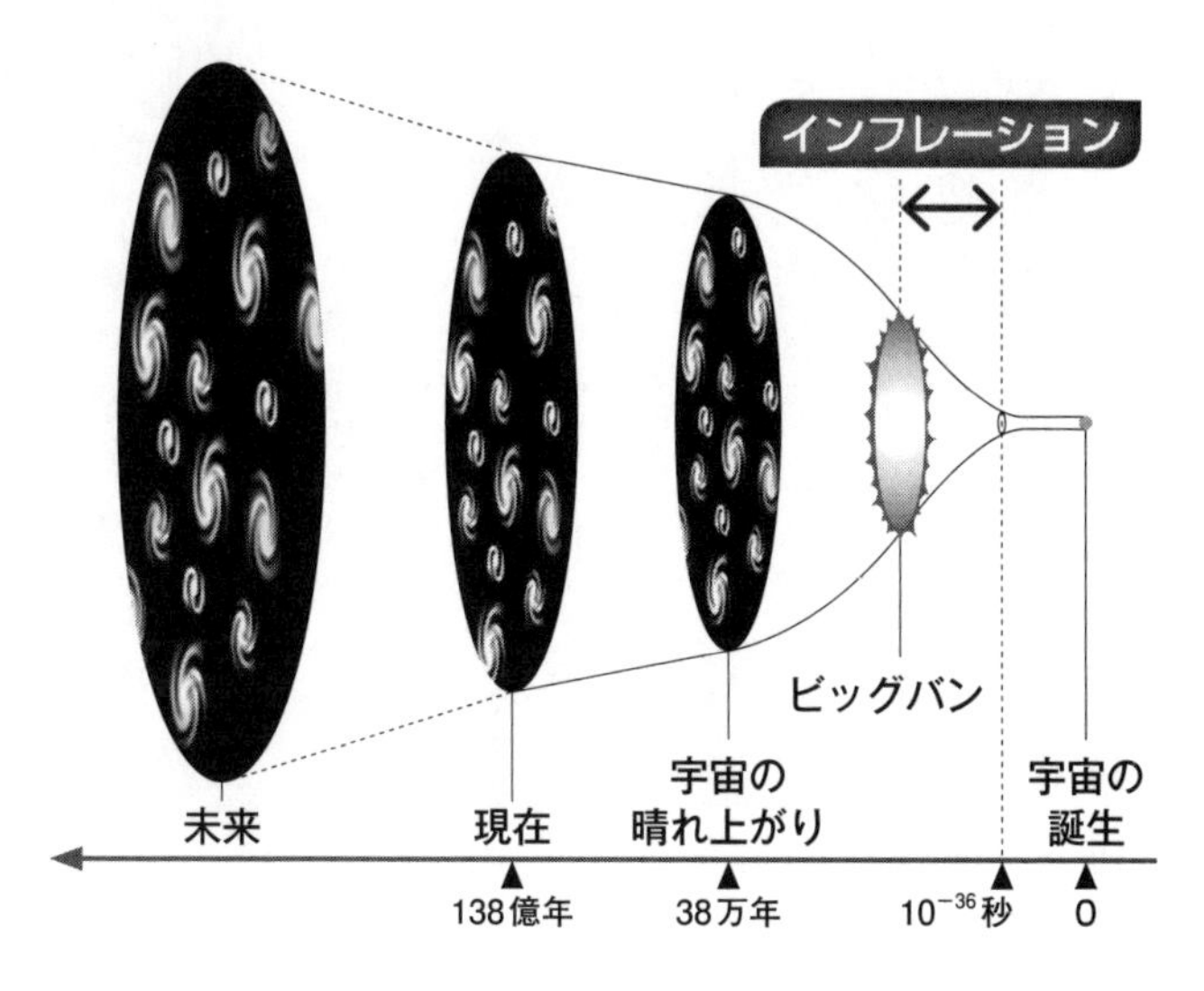

▲インフレーション宇宙モデルから見た、宇宙の歴史。ちなみに興味深いことに、計算してみると、インフレーションにおける膨張の速度は、光速を超えていたという。これは、「光速よりも速い運動はありえない」とする特殊相対性理論（27ページ参照）に抵触しそうに思えるが、じつは問題ない。特殊相対性理論が禁じているのは、光速より速い「運動」であって、空間の膨張はそのような「運動」のカテゴリーに入らないのである。

性子がバラバラになっており、そのほかの素粒子たちと一緒に飛び回っていました。

減速には転じたものの、宇宙は膨張しつづけ、その分、冷えていきました。やがて、陽子と中性子が**原子核**を形成しはじめます。

宇宙創成から38万年ほどで、今度は、電子と原子核が結合して**原子**を形成できるようになります。そのため、それまで電子にじゃまされていた**光子**が、自由に進めるようになりました。これを**宇宙の晴れ上がり**と呼びます。

04 ヒッグス粒子と質量の誕生

光速で飛び回っていた素粒子たちに何が？

ヒッグス機構

南部陽一郎の**対称性の自発的な破れ**のアイデアから影響を受けて作られた、非常に重要な理論を、もうひとつ紹介します。「物質はなぜ**質量**をもつのか」を、初期宇宙でのできごとから説明する、**ヒッグス機構**です。イギリスの物理学者**ピーター・ヒッグス**（1929年〜）が、1964年に提唱しました。

質量とは、物質としての量であり、「動きにくさ」のことでもあります。宇宙創成の直後、あらゆる素粒子は、質量をもっていませんでした。「動きにくさ」がないわけですから、すべての素粒子は、**光速**（宇宙の最高速度）で**真空**の中を飛び回っています。

この真空は、じつは**ヒッグス粒子**という素粒子で作られていました。しかしこのとき、ヒッグス粒子は「粒子」としての姿を見せていません。まるで水蒸気のように透明に広がっている状態（**ヒッグス場**）だったのです。

ここに対称性の自発的な破れが起こり、エネルギーの状態が変わると、水蒸気が水滴に変わるように、ヒッグス粒子は粒子として出現します。これにぶつかって、素粒子たちは「動きにくく」なりました。質量の誕生です。

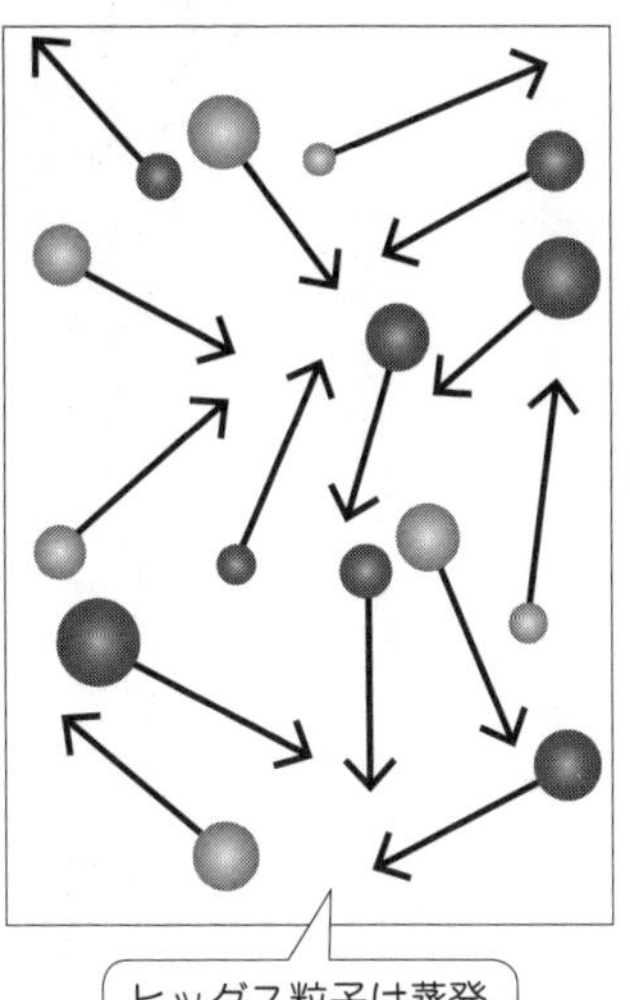

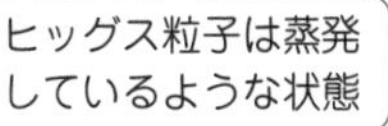

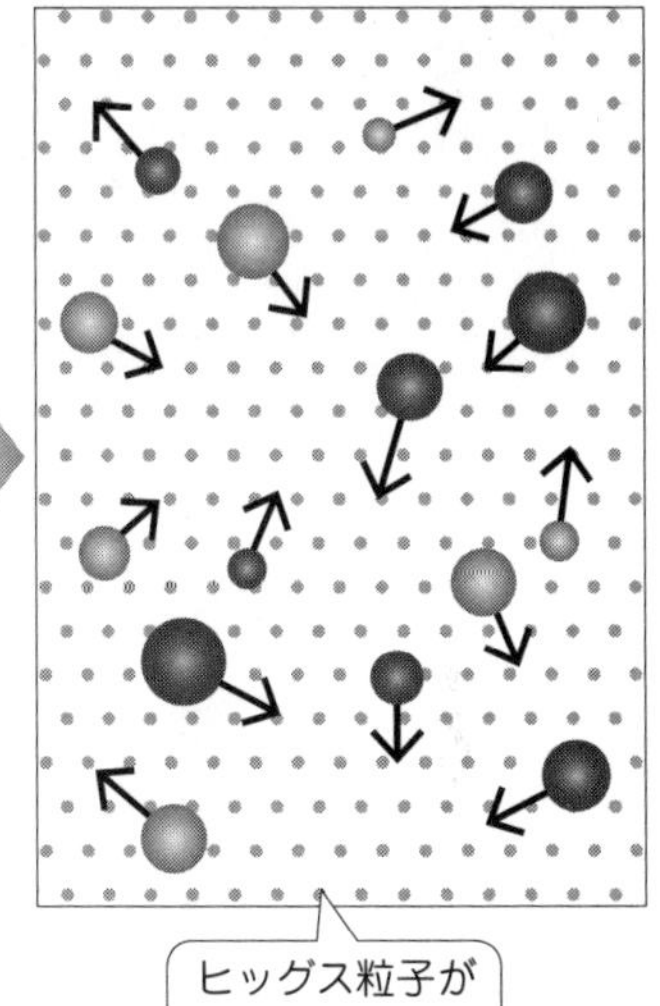

▲物質に質量が生じる仕組みを説明するヒッグス機構。ヒッグス粒子が姿を消している状態では、素粒子は光速で飛び回れるが、ヒッグス粒子が姿を現すと、これにじゃまされて、素粒子は「動きにくく」なる。この「動きにくさ」こそが、質量である。

神の粒子の発見

ヒッグスによって存在を予言されたヒッグス粒子は、「神の粒子」とも呼ばれ、探し求められてきました。

それは半世紀近くの間見つかりませんでしたが、2012年、**欧州原子核研究機構**（CERN）の**大型ハドロン衝突型加速器**（LHC）による実験で、ヒッグス粒子と思われる粒子が発見されたと発表され、世界中の物理学者や科学ファンが歓喜に沸きました。

05 消えた反粒子の謎

宇宙に物質があるのは対称性の破れのおかげ

対称性の破れと宇宙の物理法則

ここまで見てきたように、**対称性の自発的な破れ**は、宇宙にさまざまな変化をもたらしたと考えられます。

もともと完全な対称性をもっていた宇宙は、自然と偏り（かたよ）や不均衡（ふきんこう）を抱えるようになりました。破れた対称性は、電荷に関する**C対称性**（162ページ参照）や空間反転に関する**P対称性**（162ページ参照）以外にも、何種類もあります。

そして、**どの対称性がどの程度破れているかによって、この宇宙の物理法則が決まっている**といえます。たとえば万有引力の強さを決める**万有引力定数**（34ページ参照）や、電気的な引力・斥力の強さを決める**クーロン定数**（46ページ参照）などが、今ある値になったのも、対称性の破れ具合（192ページの鉛筆の図でたとえると、鉛筆がどんな角度で倒れたか）によるのです。

粒子だけが残った

ところで、電荷の符号を逆にする**C変換**は、

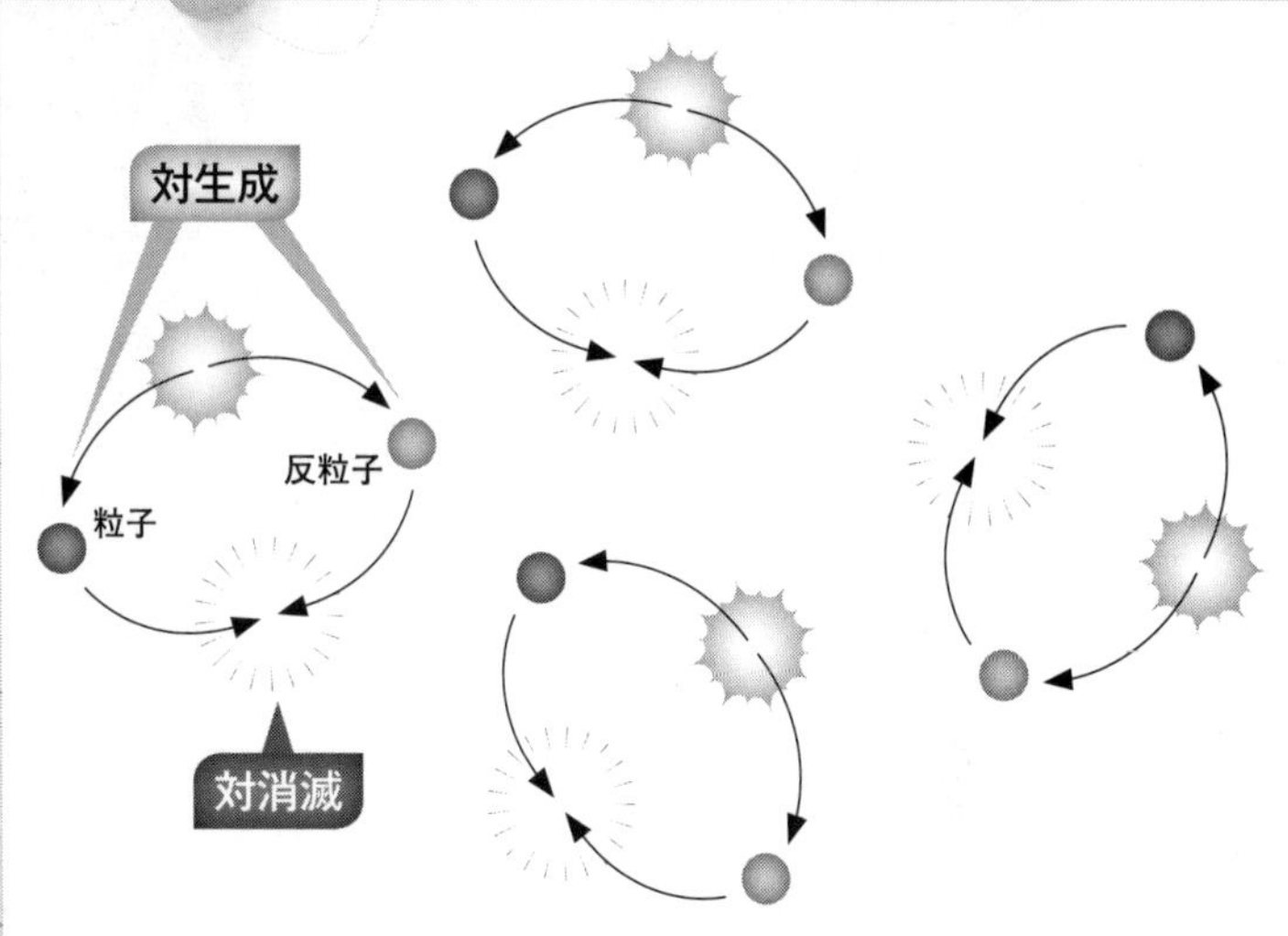

▲宇宙の始まりのときには、粒子と反粒子が同数生まれていたはずなので、すべてが対消滅してもおかしくなかった。「CP対称性の破れ」のおかげで、粒子だけが残ったが、反粒子はどこへ消えたのだろうか。

つまり、粒子と**反粒子**（134ページ参照）の入れ替えを意味します。粒子と反粒子は互いを打ち消し合う存在であり、結合すると、非常に大きなエネルギーを放出して消滅します（**対消滅**）。

じつは宇宙創成の際、粒子と反粒子は、同じ数だけ発生したとされています。普通に考えると、粒子と反粒子でペアになって対消滅し、ひとつも残らないはずです。

しかし、実際には粒子が残り、その結果、今の宇宙には物質が存在しています。これは**CP対称性が破れていた**おかげです。

では、反粒子はいったい、どこへ消えたのでしょうか？　この問題は、現在も答えが出ていません。**標準模型**を超える理論ができたとき、解決してくれるかもしれません。

06

「宇宙の穴」にも量子論が関係していた！

ブラックホールとホーキング放射

ブラックホールとは何か

万有引力の法則（33ページ参照）により、大きな質量をもつ物体は、強い重力をもちます。そして**一般相対性理論**（29ページ参照）により、重力の大きいところでは、空間がゆがみます。

きわめて質量が大きく、しかも非常に小さい天体は、深い穴の底のようになります。これこそ、光さえも吸い込む宇宙の穴、**ブラックホール**の正体です。

▼重力による空間のゆがみから、ブラックホールの構造を模式化した図。事象の地平線の内側に入ると、重力が強すぎて光速（宇宙の最高速度）でも抜け出せない。

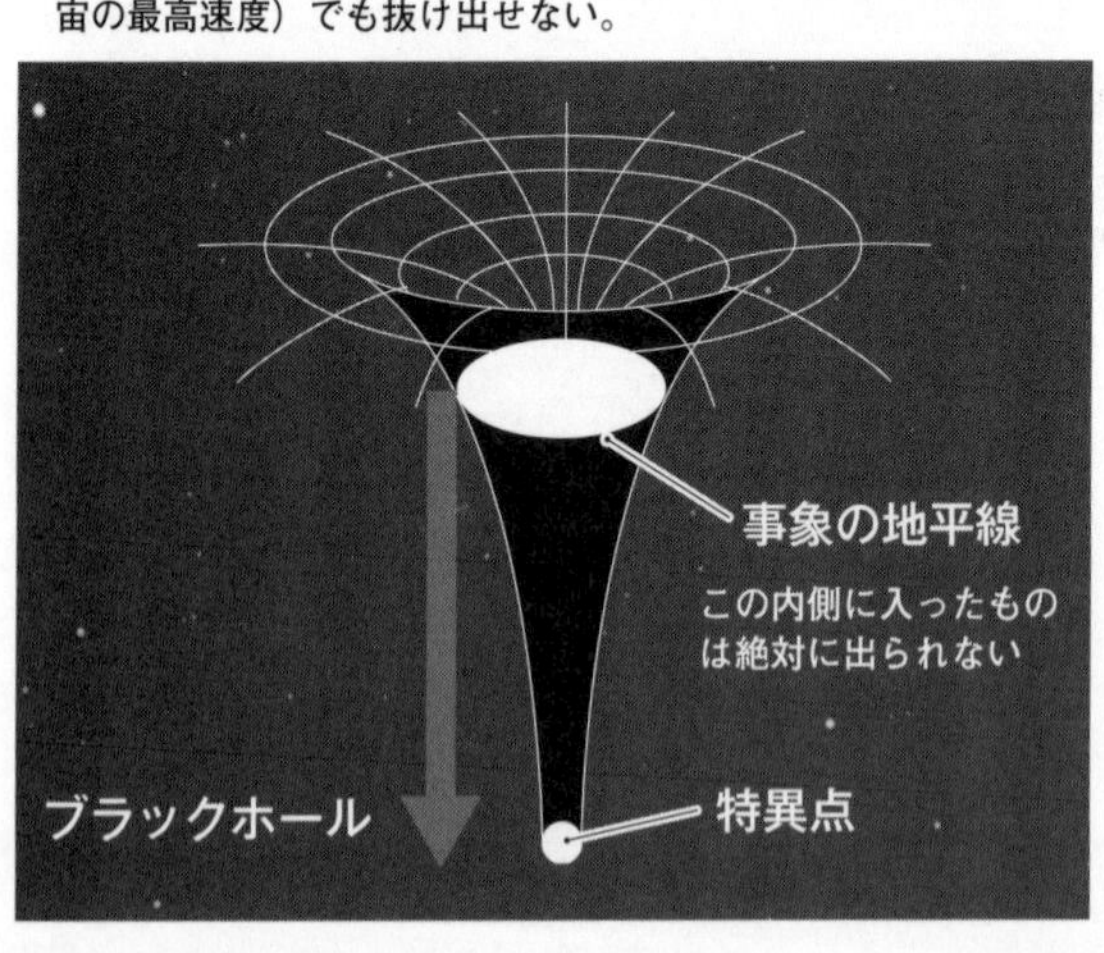

このブラックホールの中心は、計算すると大きさが無限小で密度が無限大という、ありえない値を取ります。このように、一般の物理法則が適用できない点を**特異点**といいます。

この穴は、いわば重力そのものですから、近くにあるものを中心へと引き寄せます。まだ遠い（浅い）ところなら、高速で動けば逃げられる可能性があります。しかし、ある程度中心に近くなると、重力が大きすぎて、宇宙の最高速度である**光速**でさえ脱出できなくなります。こうして光を吸い込むからこそ、ブラックホールは「黒い」のです。

光速でも逃げられなくなる境界を、**事象の地平線**と呼びます。また、ブラックホールから事象の地平線までの距離は、**シュヴァルツシルト半径**といいます。

ブラックホール発見史

「シュヴァルツシルト半径」の名称の由来となったのは、ドイツの天体物理学者**カール・シュヴァルツシルト**（1873～1916年）です。彼は、ブラックホールの理論的発見者だといえます。一般相対性理論発表直後の1916年、**アインシュタイン**の方程式に取り組んだシュヴァルツシルトは、アインシュタインすら予想しなかった解を見つけました。その**シュヴァルツシルト解**は、「光も逃がさない天体」を意味するものだったのです。

そんな天体が本当に存在するとは、シュヴァルツシルト自身も含め、おそらくだれも思っていませんでした。しかし1930年代、インド出身の天体物理学者**スブラマニアン・チャンドラセカール**（1910〜1995年）が、**量子力学**と相対性理論を駆使して、**チャンドラセカール限界質量**を発見します。

「重すぎる星はつぶれてしまう」というこの説は、ブラックホールを発生させる特異点を示唆するもので、当初は相手にされなかったものの、徐々に検討されるようになります。

「ブラックホール」の概念が一般に普及することに大きく貢献したのは、1967年にこの名称を考案したアメリカの物理学者**ジョン・ホイーラー**（1911〜2008年）です。わかりやすい名前でブラックホールは人気を獲得し、存在の証拠も見つかっていきます。そして2019年4月、**初めて撮影されたブラックホールの写真**が発表されました。

量子論的なホーキング放射

1960年代からブラックホール研究で注目されていたイギリスの理論物理学者**スティーヴン・ホーキング**（1942〜2018年）は1974年、**ホーキング放射**という理論を提唱しました。ものを吸い込むだけだと考えられていたブラックホールからも、外部に熱が放射されているはずだとする理論です。

量子力学を利用してブラックホールの絶対温度を計算することで導かれたこの理論は、簡略には、エネルギーから**粒子**と**反粒子**が発生する**対生成**（135ページ参照）によって説明できるとされます。対生成が、ブラックホールの事象の地平線の近くで起きたとしま

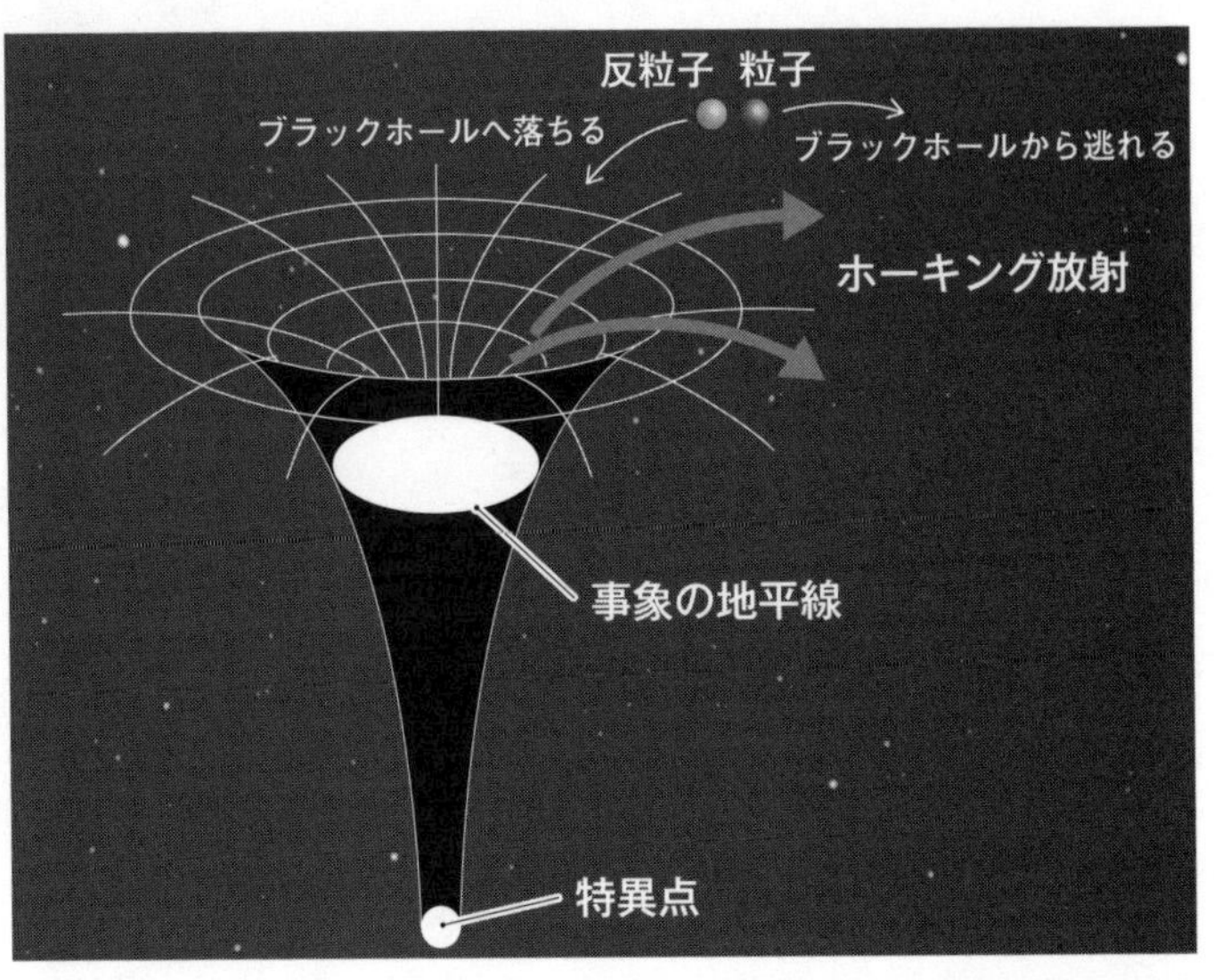

▲ホーキング放射のイメージ。粒子と反粒子の「対生成」は、実際は事象の地平線ギリギリのところで起こるが、この図では見やすいように離してある。

す。このとき、負のエネルギーをもつほうがブラックホールに落ち、正のエネルギーをもつほうが外へ逃れる現象が、ブラックホールからの熱の放射を意味するというのです。

負のエネルギーが入ってくることは、正のエネルギーを失うことを意味します。ブラックホールは徐々に消滅に向かうでしょう。これを**ブラックホールの蒸発**といいます。

ただし、ブラックホールが蒸発していく速度は、とても遅いと考えられます。ブラックホールが完全になくなるのにかかる時間は、宇宙創成から現在までよりも、さらに長いといわれています。

07

宇宙の力の統一をめざす「超ひも理論」

素粒子はひもでできている？

宇宙の力を統一できるか

宇宙にはたらくすべての**力**（**相互作用**）を統一的に説明できる**万物の理論**（181ページ参照）は、まだ見つかっていませんが、その有力候補とされているものはあります。**超ひも理論**（**超弦理論**）という考え方です。

超ひも理論は、1970年に**南部陽一郎**（190ページ参照）らが発表した**ひも理論**（**弦理論**）に、改良を加えたものです。1984年、イギリスの物理学者**マイケル・グリーン**（1946年〜）やアメリカの物理学者**ジョン・シュワルツ**（1941年〜）らによって提唱されました。まさに今もさかんに研究されている、最前線の理論です。

そのポイントをまず ひと言でいうと、「宇宙の**最小単位**は、大きさのない〝点〟ではなく、**極小の長さをもつ〝ひも〟**である」となります。どういうことでしょうか。

点からひもへ

現代物理学のスタンダードである**標準模型**（164ページ参照）では、素粒子を〝点〟の

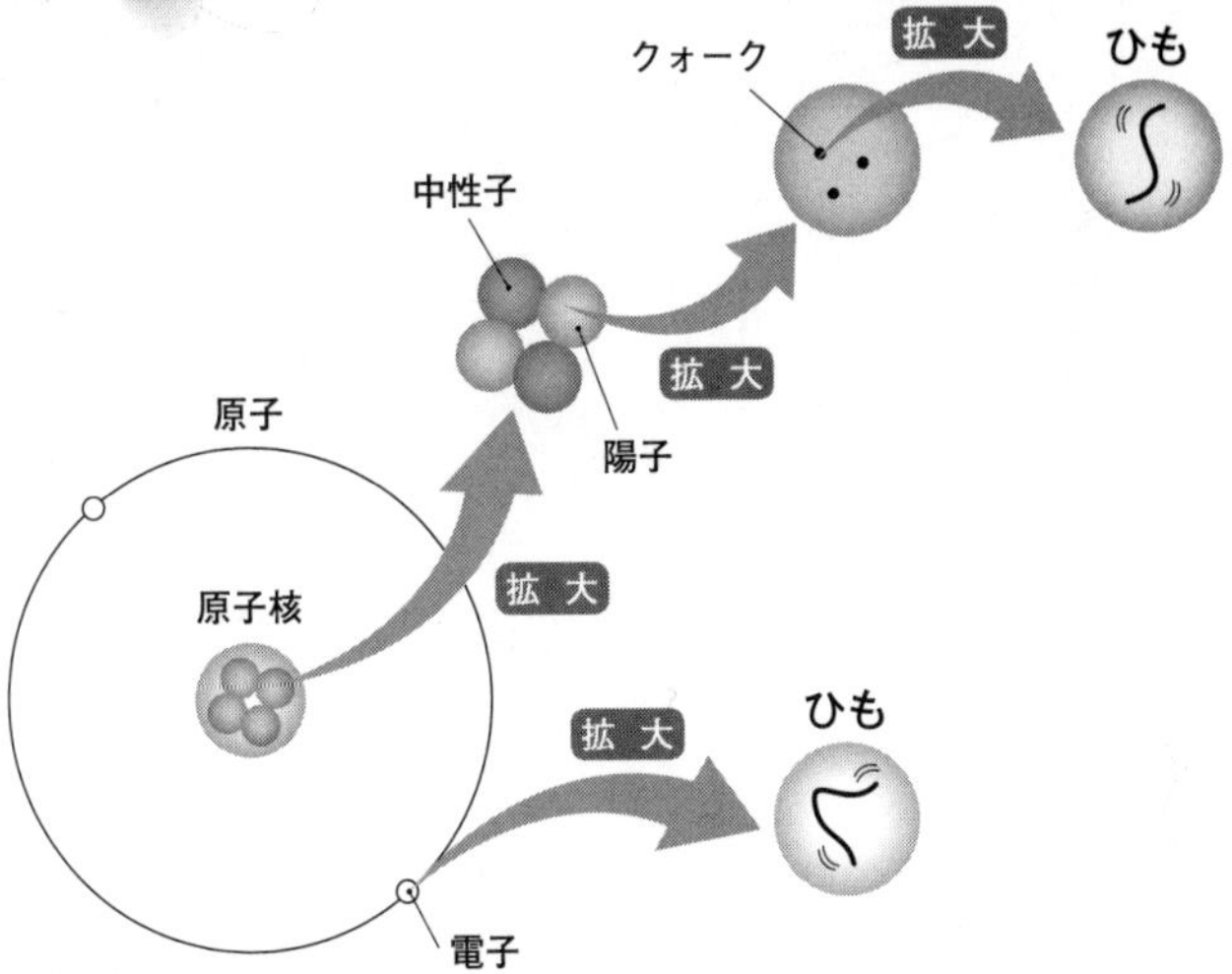

▲素粒子の正体は振動する「ひも」だとするのが、超ひも理論の発想である。ひもがゆらぐと振動が生じ、素粒子に見える。物質を作る素粒子だけではなく、力を伝える素粒子も、ひもの振動で生じているという。

ようなものだと考えています。力を伝える（相互作用を媒介する）**ゲージ粒子**も、大きさのない〝点〟としてイメージされます。**重力相互作用**を媒介するとされる**重力子**（１７７ページ参照）も同じです。しかし、ここで困ったことが起こります。

　標準模型の方法は、**場の量子論**（１４４ページ参照）です。場の量子論では、計算に**無限大**が出てきてしまったとき、**くりこみ理論**を用いて計算可能にするのでした。**強い相互作用**と**弱い相互作用**と**電磁相互作用**は、くりこみ理論でうまく計算できます。しかし、**重力相互作用だけはくりこみができない**のです。

　じつは、「相互作用をくりこみできるかどうか」は、「その相互作用を媒介する素粒子（ゲージ粒子）を〝**点**〟**として扱えるかどう**

か」と、密接な関係にあります。

強い相互作用の**グルーオン**と、弱い相互作用の**ウィークボソン**と、電磁相互作用の**光子**は、〝点〟として扱っても問題ありません。しかし、**重力子だけは〝点〟としては扱えない**ようなのです。力の統一がうまくいかない原因は、どうやらそこにありそうです。

そこで、**〝ひも〟**のアイデアが生まれました。重力子の正体が〝ひも〟だと仮定すれば、標準模型と重力相互作用の理論を両立させられるといいます。

超対称性理論

ひも理論は画期的だったものの、素粒子のうち、物質を作る**フェルミ粒子**を、理論に組み込んでいませんでした。

しかしその後、**超対称性理論**という考え方を取り込んで、ひも理論は超ひも理論に生まれ変わります。

超対称性理論とは、「標準模型に登場するすべての素粒子に、対になる素粒子があるはずだ」とする理論です。その未知の**超対称性粒子**は、標準模型の素粒子に対して、**スピン**（99ページ参照）の性質がある一定の値だけズレているといいます。

詳細は省きますが、この理論を利用すると、ひも理論の中にフェルミ粒子を組み込めます。つまり、「**すべての素粒子の正体は〝ひも〟だ**」と考えられるようになったのです。これで超ひも理論は、普遍的な理論になりました。

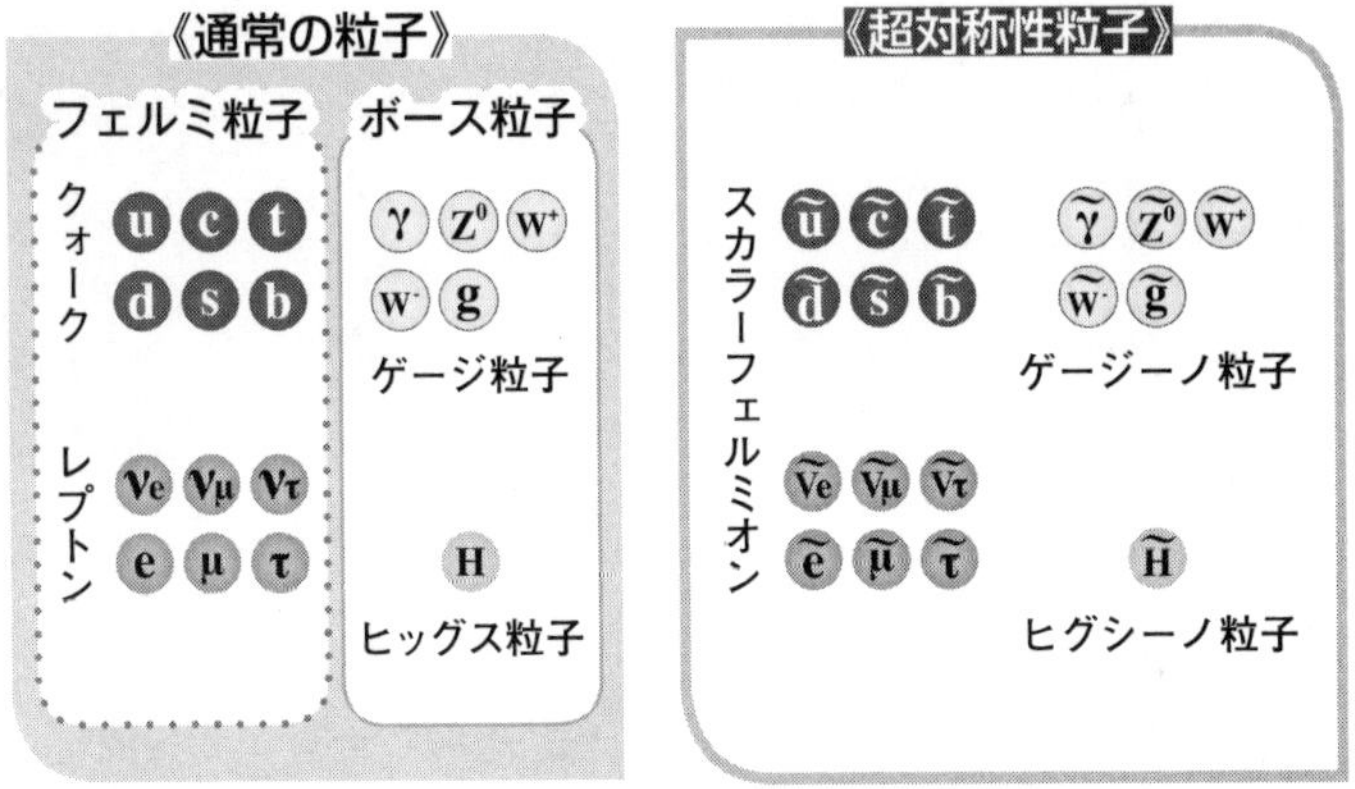

《通常の粒子》
フェルミ粒子
クォーク
u c t
d s b
レプトン
νe νμ ντ
e μ τ
ボース粒子
γ Z^0 W^+
W^- g
ゲージ粒子
H
ヒッグス粒子

《超対称性粒子》
スカラーフェルミオン
$\tilde{u}$ $\tilde{c}$ $\tilde{t}$
$\tilde{d}$ $\tilde{s}$ $\tilde{b}$
$\tilde{\nu}_e$ $\tilde{\nu}_\mu$ $\tilde{\nu}_\tau$
$\tilde{e}$ $\tilde{\mu}$ $\tilde{\tau}$
$\tilde{\gamma}$ $\tilde{Z}^0$ $\tilde{W}^+$
$\tilde{W}^-$ $\tilde{g}$
ゲージーノ粒子
$\tilde{H}$
ヒグシーノ粒子

▲超対称性理論による、素粒子の「超対称標準模型」を、簡略的に表したもの。標準模型の素粒子たち（左）それぞれに対して、スピンが 1/2 だけズレた「超対称性粒子」（右）があるのではないかと考えられている。なお、超対称性理論では、じつはヒッグス粒子は 1 種類ではないとされる（この図では略した）。

開いたひもと閉じたひも

超ひも理論によると、超ミクロの世界にはⒶ「**開いたひも**」とⒷ「**閉じたひも**」があります。これらがゆらぐと**振動**が生じ、その振動で、**ひもが素粒子に見える**というのです。

Ⓐ物質を作る**フェルミ粒子**と、**重力子以外のボース粒子**は、「開いたひも」です。

Ⓑそれに対して、重力相互作用を媒介する**重力子**は、「閉じたひも」だといいます。

つまり、重力とほかの力との違いは、「ひもが開いているか閉じているか」だったのです。超ひも理論が完成すれば、**場の量子論**と**一般相対性理論**が自然とつながり、すべての力を統一的に扱えるはずだといいます。

08 ブレーン宇宙論とマルチバース

宇宙は高次元時空に浮かぶ膜だった？

4次元時空では不足

　超ひも理論では、同じ極小のひもが、「**開いているか閉じているか**」と、「**どのように振動するか**」の違いによって、違う素粒子に見えるとされます。

　そこで研究者たちは、すでに見つかっている素粒子を、ひもの振動の仕方に対応させようとしました。すると、私たちの認識できる**3次元空間の振動だけでは、パターンが足りない**ことがわかります。超ひも理論が成立するには、何と、**9次元の空間**と1次元の時間、合わせて**10次元の時空**が必要だというのです。

　しかし私たちは、「縦×横×高さ」の3次元の空間と、1次元の時間で構成された**4次元時空**しか認識できません。残りの6次元分は、どうなっているのでしょうか。

余剰次元のコンパクト化

　私たちが認識できる「縦×横×高さ」の3次元よりも多い空間次元を、**余剰次元**（よじょうじげん）と呼びます。そして、余剰次元を認識できないのは、「**小さく丸め込まれて隠れているから**」だとされます。これを**コンパクト化**といいます。

コンパクト化された6次元分は、**カラビ＝ヤウ空間**と呼ばれる形になっているはずだと考えられています。とてつもなく小さいスケールで、左図のような複雑な形になって隠れているというのです。

▲カラビ＝ヤウ空間。6次元分の余剰次元は、超ミクロの世界でこのような形にコンパクト化され、私たちには認識できないようになっているという。

Dブレーン理論

1990年代半ば、アメリカの物理学者**ジョゼフ・ポルチンスキー**（1954～2018年）らは、「開いたひもの端は、広がりをもつ膜のようなものにくっついているはずだ」ということを、理論的に示しました。この膜を**Dブレーン**といいます。

開いたひもは、端がDブレーンにつながった状態のまま、すべるように動くことが可能ですが、Dブレーンから離れることはできません。端が切れているので、Dブレーンから自立できないというイメージです。

これに対して閉じたひもは、Dブレーンから自立して、離れていくことができます。

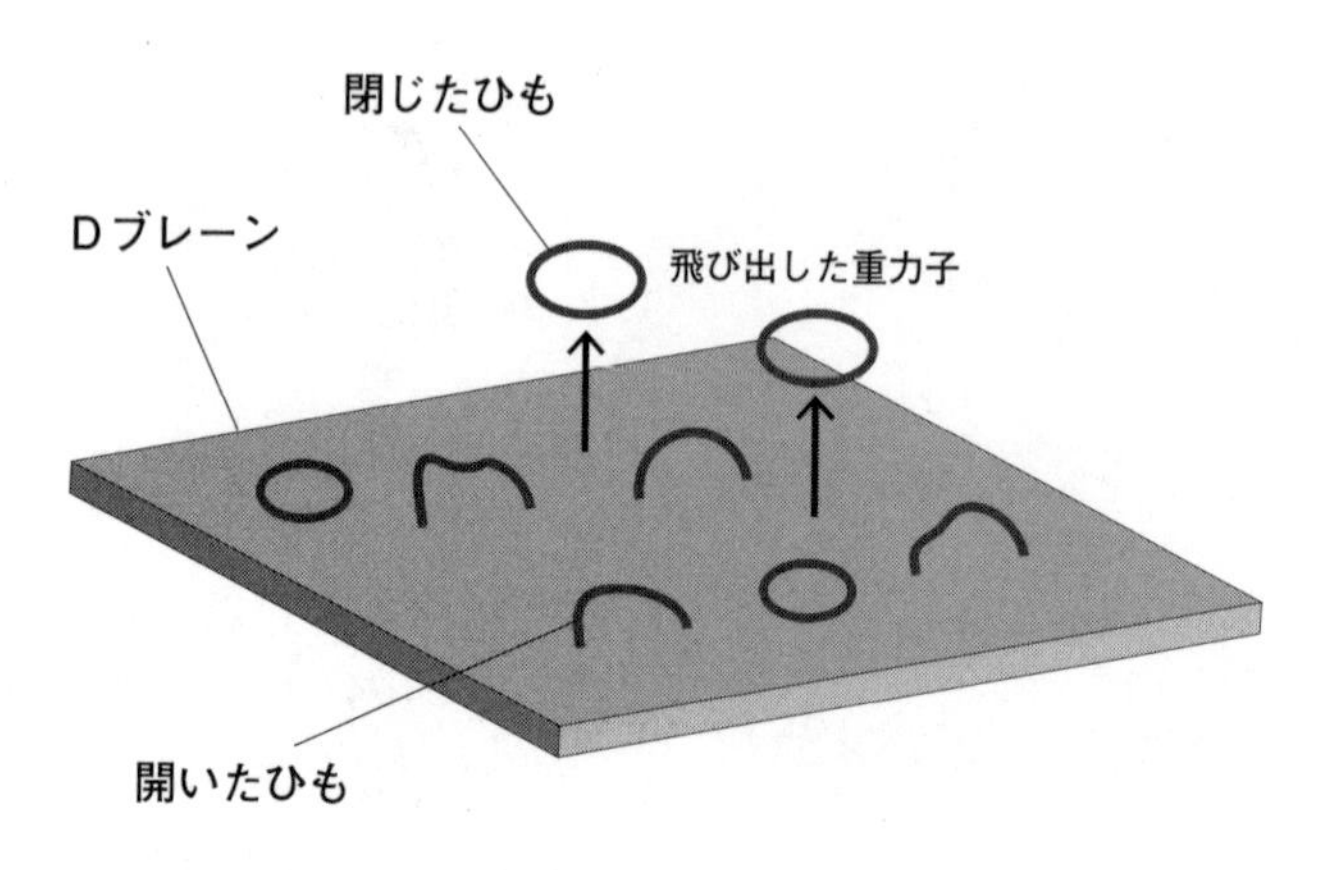

▲ひもとDブレーンの関係のイメージ。「閉じたひも」である重力子は、Dブレーンから自立しており、飛び出して余剰次元に及ぶことができる。物質を作る素粒子や、電磁相互作用を媒介する光子などの「開いたひも」は、Dブレーンに張りついていなければならず、余剰次元の方向へは進めない。

このDブレーンを、私たちの3次元空間だととらえましょう。

開いたひもの振動でできる**フェルミ粒子**や**光子**などは、3次元空間の中にしかいられません。しかし、閉じたひもの振動でできる**重力子**は、3次元から飛び出して、余剰次元へと進出できます。そして、4つの相互作用の中で重力相互作用が桁違いに弱い（174ページ参照）のは、こうして余剰次元に流出しているからだと考えられるのです。

ブレーン宇宙論の多数の宇宙

20世紀の終わりには、Dブレーンを私たちの宇宙とみなす**ブレーン宇宙論**も登場します。

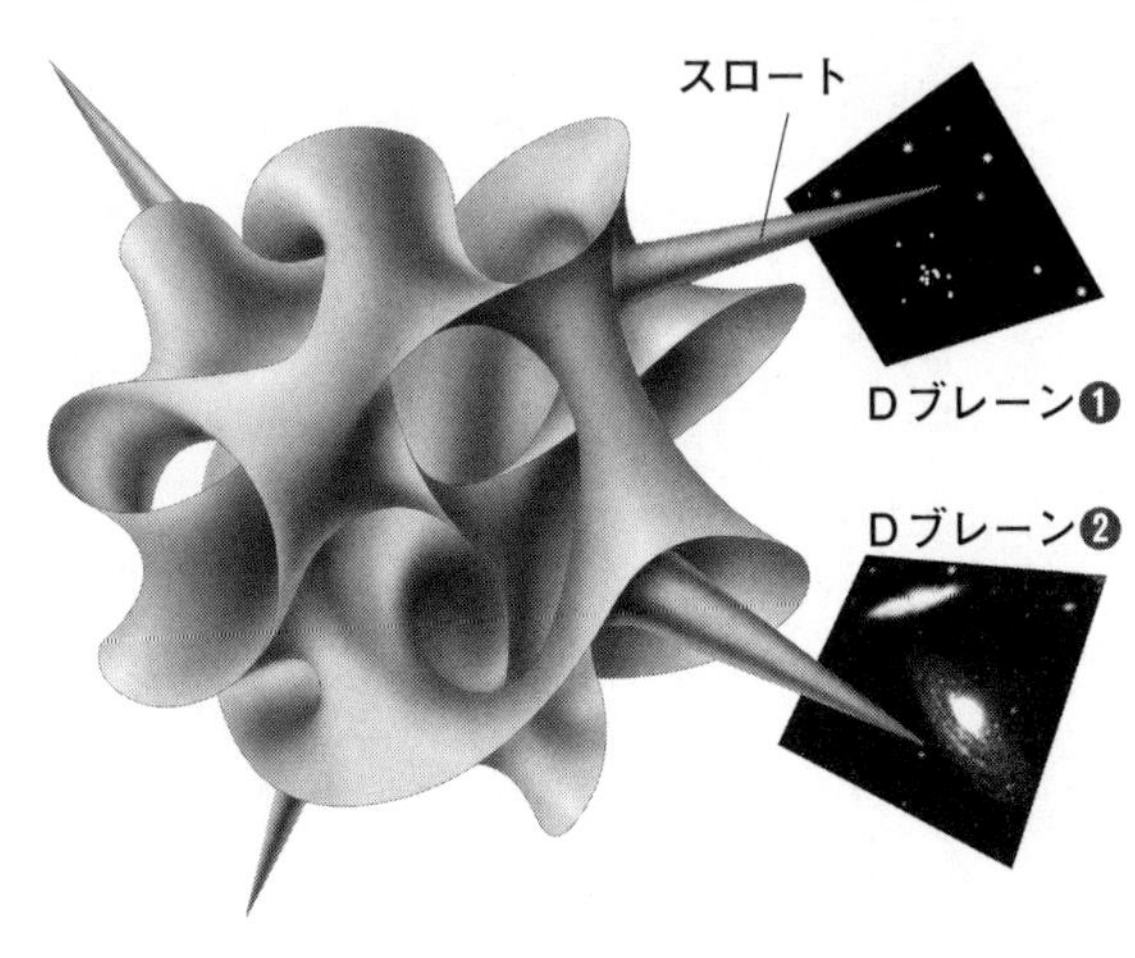

▲カラビ＝ヤウ空間から細いスロートが伸び、さまざまなDブレーンにつながっているイメージ。

私たちの宇宙は、高次元の時空の中に浮かんだ、薄い膜のようなものだというわけです。

ブレーン宇宙論では、私たちのいる宇宙（Dブレーン）だけでなく、ほかの宇宙（Dブレーン）も高次元時空に浮かんでいるとされます。宇宙が多数あるというこの考え方を、**マルチバース**といいます。

膜を3次元空間とみなし、膜の外を高次元時空だと考えていますから、ブレーン宇宙論では、次元のコンパクト化の考え方は不要になりました。しかしここで、高次元を表すイメージとして、カラビ＝ヤウ空間をブレーン宇宙論に再導入してみましょう。すると、「多数の宇宙が高次元時空を共有している」という発想は、上図のように、カラビ＝ヤウ空間からさまざまなDブレーンへの通路（スロート）が伸びているようなイメージで表せます。

ダークマターとダークエネルギー

この宇宙はいったい、どんなもので構成されているのでしょうか。

宇宙を構成するものといえば、普通、原子からなる物質を思い浮かべますが、恒星や惑星、星間ガスなど、原子でできた物質をすべて合わせても、じつは全体の5パーセント弱にしかなりません。宇宙に存在するものの95パーセントは、まだわかっていないのです。

その一部は、**ダークマター**（**暗黒物質**）と呼ばれています。ダークマターは、光学的な観測が不可能ではあるものの、質量はもっているとされます。「見えない何かの質量によって重力が生じている」と考えなければ説明のつかない現象が、いろいろと観測されているからです。宇宙の初期に、その重力がはたらいて、宇宙の構造を築いたのではないかとも考えられています。

ダークマターよりも多く、宇宙の組成の7割ほどを占めると考えられているのが、**ダークエネルギー**です。

宇宙は膨張していますが、その膨張速度は落ちているはずだと、以前は考えられていました。宇宙創成直後に**インフレーション**（１９４ページ参照）を起こした**真空のエネルギー**が、もうほとんど残っていないからです。しかし、１９９８年、実際には宇宙は加速膨張していることが判明しました。この加速を引き起こしているエネルギーが、ダークエネルギーだと考えられているのです。

第7章

量子論が生み出す最新技術

01 半導体と量子論

電気製品やコンピューターを支える理論

導体・絶縁体・半導体

私たちの身のまわりの物質には、電気を通すものと通さないものがあります。金属のように電気を通す物質を**導体**(どうたい)といい、ゴムのように電気を通さない物質を**絶縁体**(ぜつえんたい)といいます。

そして面白いことに、その中間、条件によって電気を通したり通さなかったりする物質も存在します。これを**半導体**(はんどうたい)と呼びます。

半導体の代表は**シリコン**です。シリコンは、低温では電気を通しませんが、高温だと電流が流れるようになります。つまり、「温度」という条件をもつ半導体なのです。

ということは、この条件を操作すれば、電気を流すか流さないか、人為的(じんい)にコントロールできます。半導体は、人間が電気を利用するために役立つものなのです。

半導体を用いた発明

1947年から1948年にかけて、アメリカの物理学者**ウィリアム・ショックレー**(1910~1989年)らは、半導体を用いて機械の中で電気を調節する**トランジスタ**を開発し、電気製品の発達や**コンピューター**の実用化に貢献しました。

　1958年には、トランジスタを中心とする複雑な電気回路を、半導体でできた1枚の基板上にまとめた**集積回路**（IC）が、アメリカの電子技術者**ジャック・キルビー**（1923～2005年）によって発明されました。

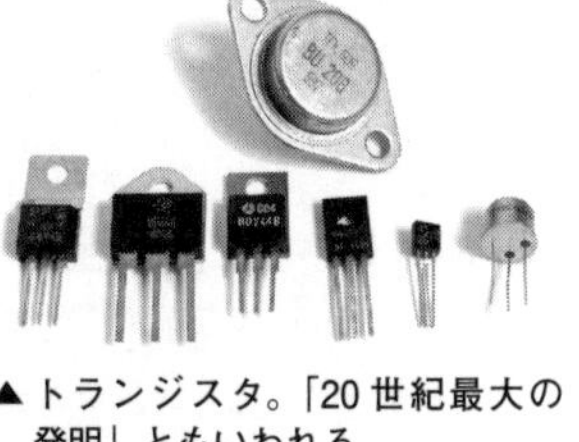
▲トランジスタ。「20世紀最大の発明」ともいわれる。

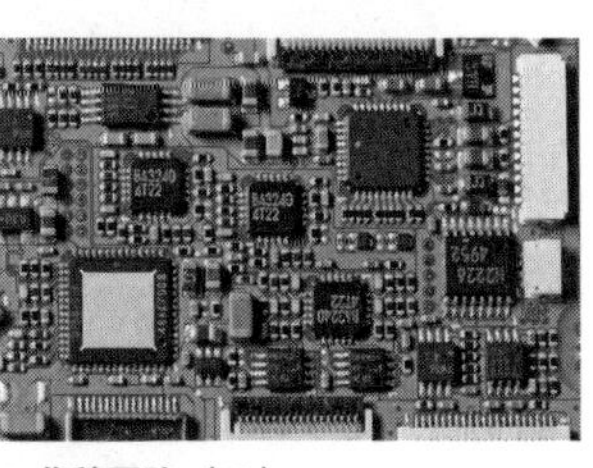
▲集積回路（IC）。

さらに、集積回路の密度を高めた**大規模集積回路**（LSI）が開発され、現代産業を支えています。

　電気を一方向にしか流さない**ダイオード**にも、半導体が利用されるようになりました。

　日本の物理学者**江崎玲於奈**（1925年～）は1956年、半導体研究の中で、固体での**トンネル効果**（136ページ参照）を初めて発見し、これを利用した**トンネルダイオード**を1957年に発明します。

　1962年、アメリカの工学者**ニック・ホロニアック**（1928年～）により、**発光ダイオード**（LED）が作られます。最初は赤色の発光のみでしたが、1972年には黄緑色も開発されました。そして1990年代初頭、日本の工学者**赤﨑勇**（1929年～）と

天野浩（1960年～）、および日本出身の工学者**中村修二**（1954年～）が**青色発光ダイオード**を発明しました。

バンド理論

電気化された文明にとって不可欠の半導体。その原理を解き明かしたのは、量子論です。

原子のまわりの**電子軌道**は、原子核を中心とする同心円としてイメージされます。これは、電子が「**入れないエネルギー準位**」の広がりの中に、離散的に「**入れるエネルギー準位**」がある、という形です（86ページ参照）。

エネルギー準位は、外側ほど高く、内側ほど低いのでした。そして電子は、内側のエネルギー準位から埋めていきます。

さて、原子が集まって固体になると、原子どうしの相互作用によって、「入れるエネルギー準位」が束になり、隙間なく連続した**バンド**（帯）になります。

同時に、「入れないエネルギー準位」もなくなりません。「入れるエネルギー準位」のバンドどうしの、間の部分として残ります。この「入れないエネルギー準位」の帯を、**禁止帯**（**バンドギャップ**）といいます。

電子は、バンドを内側（エネルギーの低いところ）から埋めていき、ひとつのバンドがぎっしり埋まったら、禁止帯を越えて、ひとつ外側のバンドに入ります。

このような**バンド理論**によって、半導体の仕組みを説明できます。

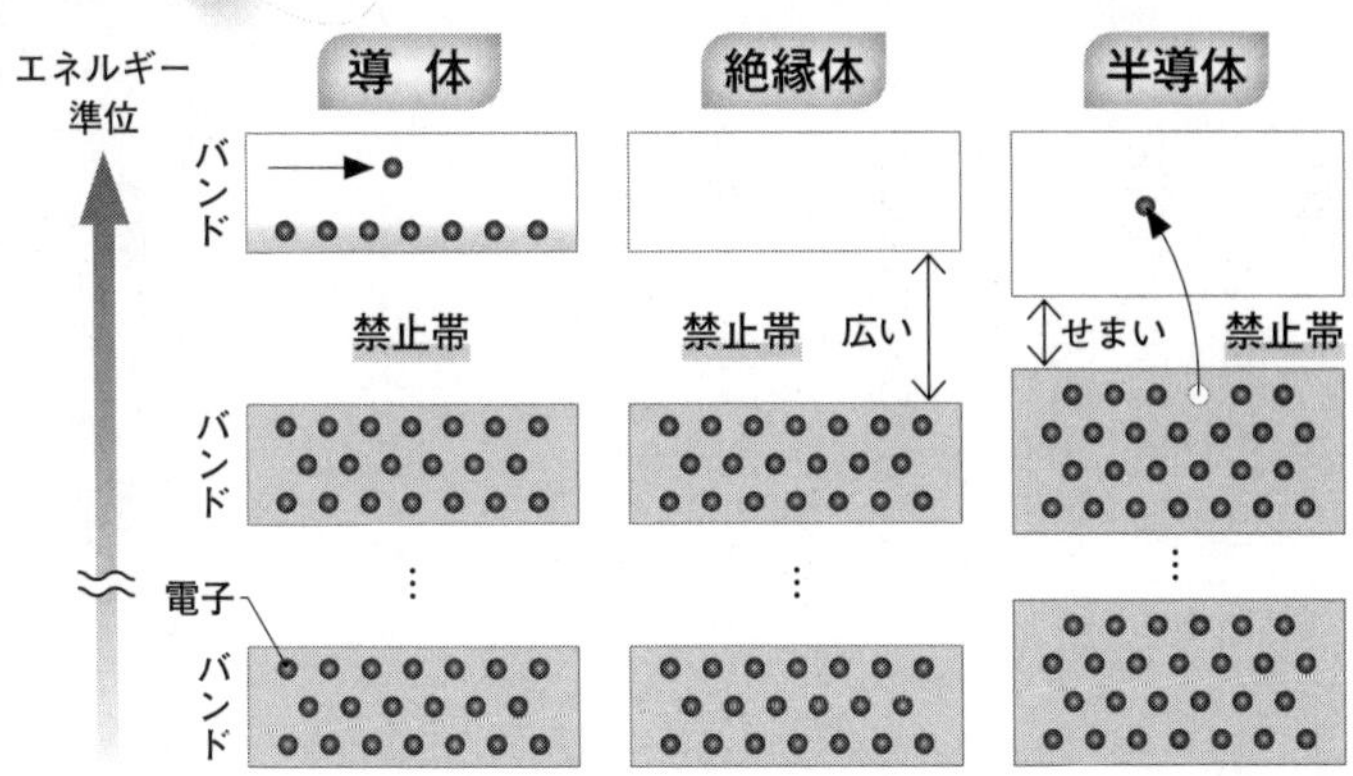

▲「導体」とは、エネルギーが一番高いバンドが、電子で詰まりきっていないが空(から)でもないような物質だと考えればよい。ここで電子が動き、電流が流れる。「絶縁体」は、エネルギーが一番高いバンドに電子が入っておらず、動く電子がないため、電気が流れない。そしてもし外からエネルギーを与えられても、ひとつ下のバンドとの間の禁止帯が広すぎて、下のバンドの電子が上のバンドに飛び込むことができない。「半導体」は、禁止帯が広すぎないので、エネルギーを与えられたとき、下のバンドの電子が一番上のバンドに移動できる。

半導体の仕組み

半導体は、エネルギーが2番めに高いバンドまでは電子でぎっしり埋まっており、エネルギーが最も高いバンドは空(から)になっているような物質だと思ってください。エネルギーが最も高いバンドは、動く電子がないわけですから、通常状態では電流が流れません。

しかし、たとえばシリコンが加熱されると、その**熱エネルギー**をもらって、2番めのバンドから、電子が飛び上がってきます。

禁止帯を飛び越えてやってきた電子は、エネルギーが最も高いバンドの中を動き回り、そのことによって電流が流れるようになるわけです。

02

超流動と超伝導

量子論的現象は抵抗の軽減に利用される

ボース=アインシュタイン凝縮

1924年、**アインシュタイン**は、インドの物理学者**サティエンドラ・ボース**（1894～1974年）の論文から示唆されて、ある現象が起こりうることを予言しました。

フェルミ粒子は、「ふたつ以上の粒子が、まったく同じ量子状態を占めることはない」という**パウリの排他原理**に従いますが、**ボース粒子**は従いません（102ページ参照）。

このことが原因で、超低温の状況では、多くのボース粒子が「同じ最低のエネルギー状態」に落ち込むことがありえます。集まった粒子たちは、ひとつにまとまってふるまいます。これを**ボース=アインシュタイン凝縮**（ぎょうしゅく）といいます。

この量子論的な現象は、1937年に発見された**超流動**（ちょうりゅうどう）の中で、実際に起こっていました。超流動とは、超低温の状況で、液体がまったく抵抗を受けずに流れる現象です。

絶対零度（ぜったいれいど）近くまで冷やした**液体ヘリウム**は、すべての原子がひとつにまとまり、障害物にさえぎられることなく流れていきました。この超流動は、ボース=アインシュタイン凝縮の理論から説明されました。

通常のとき

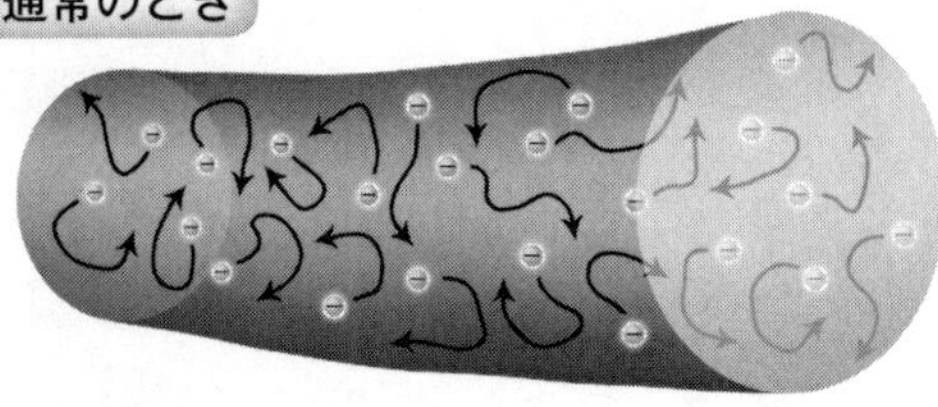

抵抗を受けて、電子がまっすぐに進めない。
➡摩擦などで流れる電流が減っていく

超伝導のとき

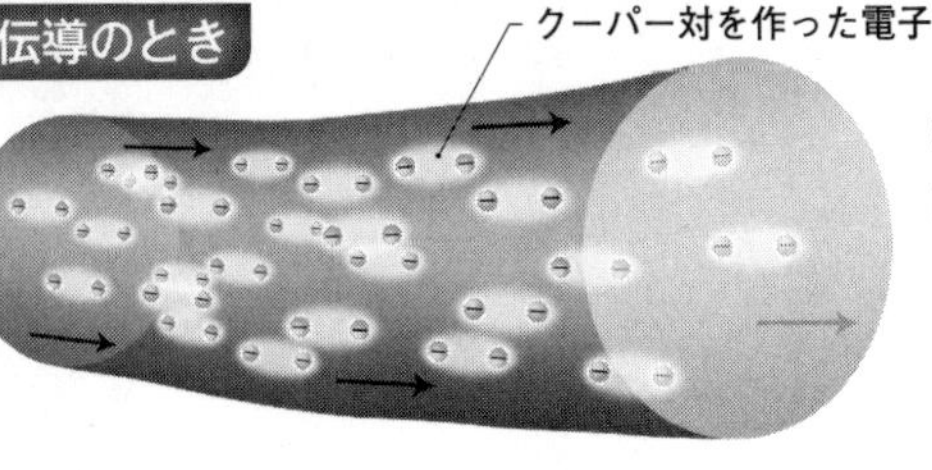

抵抗がないので電子がまっすぐ進む。
➡摩擦が起きず電流の強さは変化しない

▲超伝導とは、電子が抵抗を受けずに流れる現象である。

電子の流れが止まらない

この超流動が、電子で起こると、**超伝導**(ちょうでんどう)と呼ばれます。電子自体はボース粒子ではありませんが、**クーパー対**(つい)というペアを作ると、ボース粒子としてふるまいます。

超伝導では、電気抵抗がなくなります。ですから、電圧をかけなくても、電流が流れつづけます。超伝導体だけで作った回路は、たえず電流が流れることで、**永久電磁石**(えいきゅうでんじしゃく)になり、強い磁場を発生させます。

これを利用したテクノロジーの中でも、有名なのは**超電導リニア**(ちょうでんどう)でしょう。強力な磁場で車体を浮かせ、線路との摩擦(まさつ)をなくして高速で進むリニアモーターカーです。

03 「0」と「1」を量子論的に重ね合わせる
量子ビットと量子コンピューター

量子ビットの原理

20世紀半ば以降の**コンピューター**の実用化には、量子論による**半導体**（216ページ参照）の研究が大きく貢献していました。そして現在、**量子コンピューター**という新しいタイプのコンピューターが話題になっています。

従来のコンピューターは、電気信号のない状態を「0」、電気信号のある状態を「1」として、この「0」と「1」との**2進法**で計算処理を行います。そして、この「0または1」という情報の基本単位を、**ビット**といいます。

これに対して、量子コンピューターの基本単位は**量子ビット**です。これは、量子論的な**状態の重ね合わせ**（24ページ参照）の原理にもとづくビットであり、「0」と「1」の両方を同時に表すことができるとされます。

量子コンピューターで何ができるか

複数のビットが組み合わされた情報を処理するとき、従来のコンピューターは、一度に1通りの組み合わせしか処理できません。し

従来のコンピューター　**量子コンピューター**

ビット

0　または　1

量子ビット

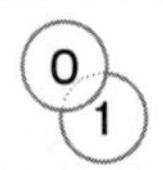

2ビットの計算なら

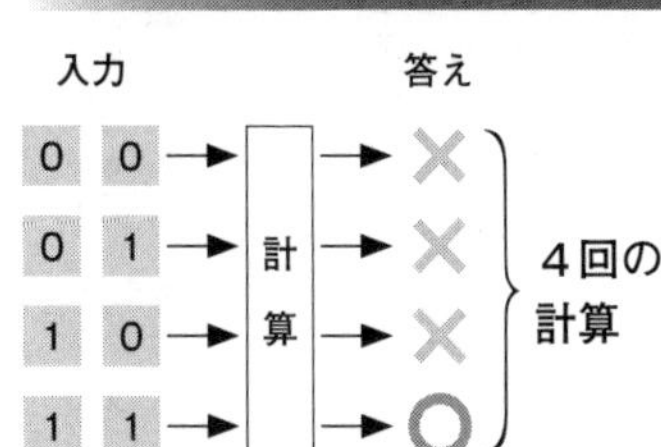

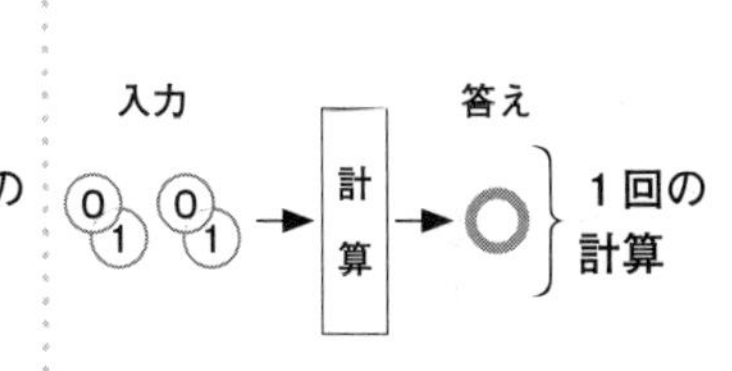

▲従来のコンピューターは、ひとつのビット（最小単位）で「0」か「1」のどちらかの値を表現するが、量子コンピューターの量子ビットでは、「0」と「1」の両方を同時に表現できるので、計算速度が飛躍的に高まる。

かし、量子ビットを用いる量子コンピューターは、複数の組み合わせを同時進行で処理できるようになると考えられます。同時に行える計算の数は天文学的なものになり、現在のスーパーコンピューターを大きく凌駕するといいます。

量子コンピューターが実用化されれば、たとえば**人工知能**（ＡＩ）の研究・開発に大きく寄与するだろうと期待されています。

量子コンピューターの得意分野は、多くの要素の組み合わせの中からもっともよいものを探す、**組み合わせ最適化問題**です。そしてこの組み合わせ最適化問題は、人工知能の開発における**機械学習**や**ディープラーニング**にかかわるのです。量子コンピューターの研究に、今、熱い視線が注がれています。

04 ベルの不等式と量子エンタングルメント

ふたつの粒子の性質は「セット」になっている!?

量子はもつれ合っている?

次に、量子論によって可能になるかもしれない、不思議な情報伝達の可能性を考えてみましょう。それは、1935年に**アインシュタイン**らが提起した**EPRパラドックス**（138ページ参照）に端を発します。

（138ページ参照）

量子力学的に考えると、〝双子〟のような粒子は、引き離されても「一方の粒子を観測した瞬間、その状態が決まり、同時に自動的に、もう一方の状態も決まる」という不思議な関係にあることになってしまいます。この関係は**シュレーディンガー**によって「エンタングルメント（もつれ）」と名づけられます。この**量子エンタングルメント**を、アインシュタインらは「光速を超える情報伝達」だとみなし、「そんな情報伝達はありえない」「それぞれの粒子の性質は、もともと決まっていたに違いない」と主張したのでした。

ベルの不等式の破れ

1964年、北アイルランド出身の物理学者**ジョン・スチュワート・ベル**（1928〜

▲現在、量子エンタングルメントは、「観測された一方の粒子から、観測されていないもう一方に、情報が（光速を超えて）伝達されること」ではないとされる（だから特殊相対性理論にも抵触しない）。離れていても、ふたつの粒子は「セットで性質が決まる」ように、なぜかなっているというのだ。日常的常識からかけ離れた話の多い量子論の中でも、とびきり奇妙な現象のひとつである。

１９９０年）は、量子エンタングルメントについて、「もしアインシュタインのいうとおりなら成立するはずの数式」を発見しました。**ベルの不等式**といいます。この式が成立するかどうか、世界中の研究者が検証しましたが、１９８２年、フランスの物理学者**アラン・アスペ**（１９４７年～）によって、破れが示されてしまいました。つまり、量子エンタングルメントはあると、実証されたのです。

　現在、量子エンタングルメントは「光速を超える情報伝達」ではなく、「互いに離れた粒子の性質が、セットで決まっていること」だと考えられています。

　そしてこの不思議な現象を利用して、これまでになかった通信・転送技術が考案されました。**量子テレポーテーション**です。

05 量子エンタングルメントが通信・転送に利用される
量子テレポーテーション

もつれが転送装置になる

地球と月の間での、**量子エンタングルメントを利用した量子テレポーテーション**を考えてみましょう。

まず準備として、もつれた（エンタングルメントの）状態にあるふたつの電子Ⓐと Ⓑを用意します。そして、Ⓐは地球にいるAさんがもっておき、Ⓑは Bさんが月にもっていきます。地球と月に離れても、電子Ⓐと Ⓑはもつれたままです。これがいわば転送装置になります。ではいよいよ、地球にあ

▼量子テレポーテーションの原理。228 ページも参照のこと。

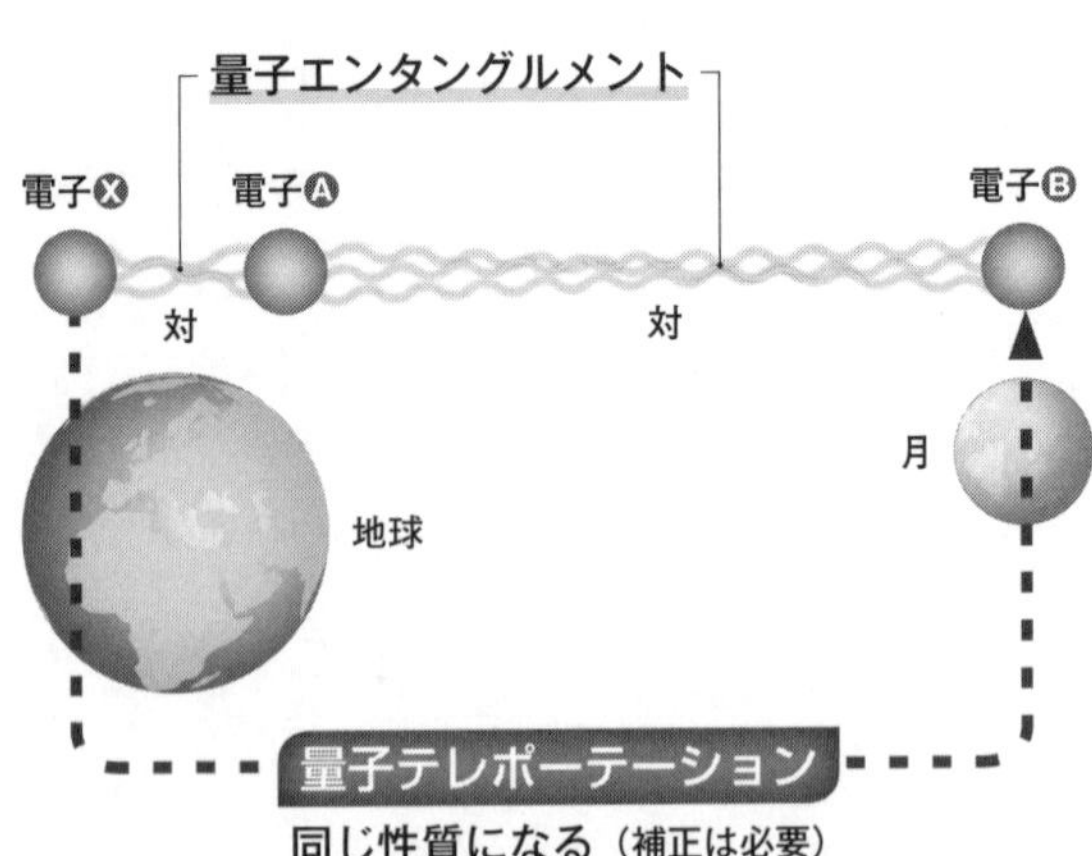

る電子Ⓧを、月にテレポートさせましょう。

地球上のAさんが、電子ⓍをⒶともつれさせたうえで、「どんな具合にもつれているか」を調べる**ベル測定**にかけます。するとⒶとⓍは、互いに少し変化しながら〝対〟のような性質をもちました。

そしてもともとⒶとⒷは〝対〟でしたから、ⒷとⓍは、どちらも「Ⓐと〝対〟になっている」という意味で、同じ性質をもったのではないかと考えられます。

しかし、ⓍはⒶともつれた時点で「もともとのⓍ」から少し変化しているので、そのズレを補正する必要があります。そこで、ベル測定の結果を、光などを用いた古典的な通信方法で月のBさんに伝えます。このデータにもとづき、BさんはⒷを微調整します。

テレポーテーション成功！

こうして電子Ⓑは、電子Ⓧと同じ性質をもちました。実質的に、電子Ⓧを月に転送できたのと同じことになります。「情報を送って、それに合わせただけじゃないか」と思われるかもしれませんが、そのとおりです。これが量子テレポーテーションの原理です。

1998年、日本の物理学者**古澤明**（1961年〜）が、このような2者間での転送に世界で初めて成功しました。2004年には3者間、2009年には9者間のテレポーテーションが成功しています。人間の瞬間移動はまだ期待できませんが、量子論的な情報技術は、これからさらに発達するでしょう。

COLUMN 07

テレポーテーションの「限界」？

量子テレポーテーションの原理で、「もつれ具合」のデータを光などを用いた古典的な通信手段で送らなければならない、ということを知り、「情報すら、瞬間的には送れないじゃないか」と思った方もいらっしゃるでしょう。——これも、そのとおりです。

そもそも、**エンタングルメント**の状態にあるふたつの粒子の一方で、ある性質が観測されたとき、それが「もう一方が逆の性質を観測されたあとだから」なのか、そうでない単なる偶然なのか、その場で瞬時に見分けることは不可能です。見分けるには、観測結果を確かめ合うため、普通の通信を行わなければいけません。

量子エンタングルメントを用いて意味のあるやり取りをするためには、結局のところ、光速を超えない（**特殊相対性理論**に抵触しない）**古典的な通信で補う必要がある**のです。

だからといって、「量子テレポーテーションなんて、大したことはないじゃないか」ということにはなりません。

量子テレポーテーションはたとえば、「ある粒子Ⓨをある場所に送りたいけれど、とても壊れやすいため、へたに動かせない」などというときに有用です。壊れやすいⓎそのものを移動させるのではなく、量子エンタングルメントを利用して情報だけを送ることで、目的の場所に「Ⓨと同一視できるような粒子」を作り出すわけです。

量子論とＳＦの世界

01

想像力を刺激するパラレルワールド

多世界解釈とSF

パラレルワールドの裏づけに

私たちの日常的な常識を、軽々と飛び越えていく量子論の世界——それは、SF的想像力にもつながるものです。この章では、量子論とSFの接点を探ります。

まず、量子論の魅力的な解釈である、**エヴェレットの多世界解釈**（152ページ参照）を見てみましょう。

これは、量子論の基本的な概念である**状態の重ね合わせ**（24ページ参照）の数だけ、世界が分岐していく、という考え方でした。も

▼分岐する未来のイメージ。

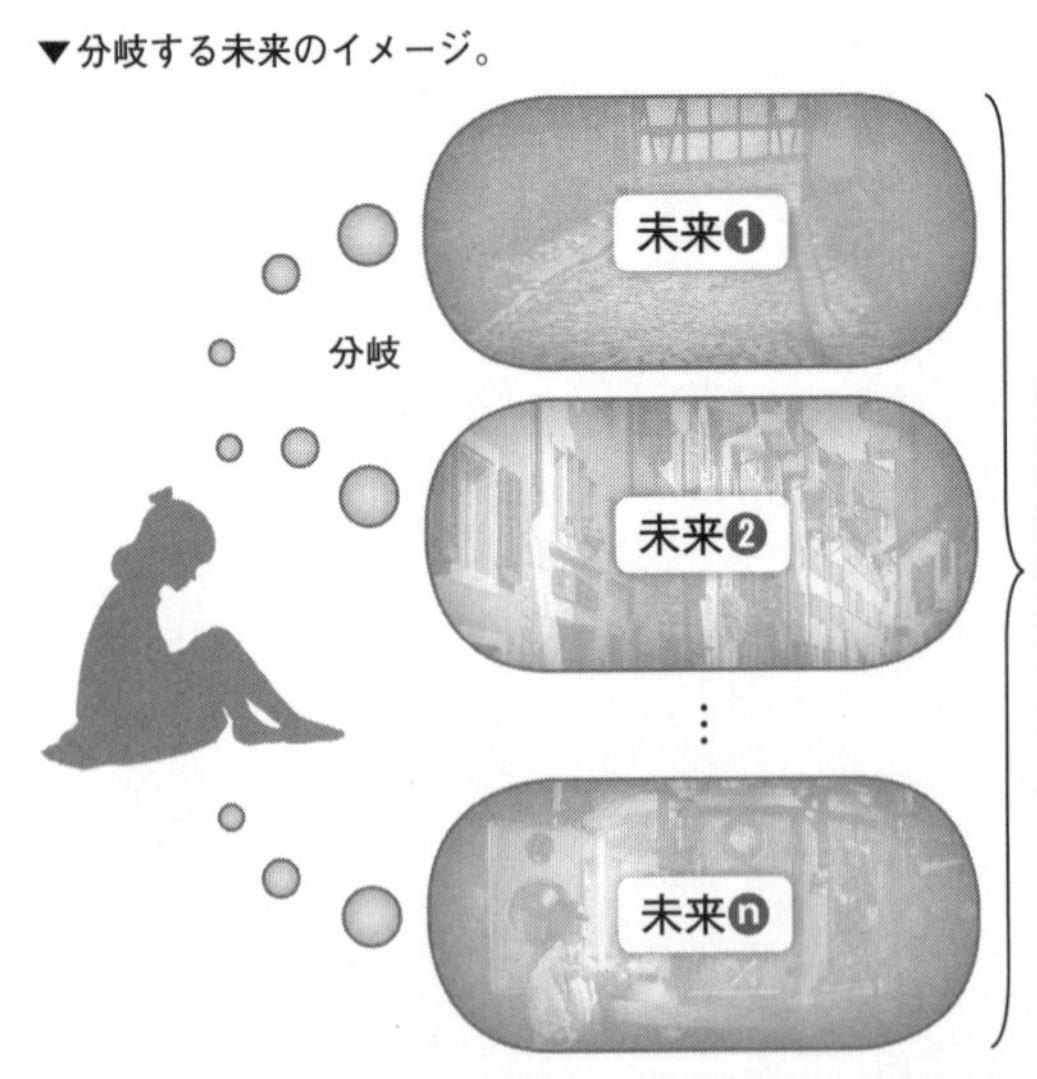

ともと、**コペンハーゲン解釈**（126ページ参照）のもとで浮き出てきた**波の収縮**の問題を解決するために導入されたこの解釈は、その時点ですでにSFに登場していた**パラレルワールド**（**並行世界**）の概念と、強く結びつくことになります。SF小説におけるパラレルワールドのアイデアが、その科学的根拠を求めて、多世界解釈を積極的に流用していったのです。

この流れは、1970〜1980年代に、特に顕著になっていきます。「**シュレーディンガーの猫**」（142ページ参照）といった量子力学の例示が、今ではすっかり有名なものになったのも、万人が楽しむことができるSF作品に、数多く登場したからだといえるでしょう。

『シュレーディンガーの子猫』

アメリカを代表するSF作家**ジョージ・アレック・エフィンジャー**（1947〜2002年）の作品に、『シュレーディンガーの子猫』（1988年）という中編小説があります。その作品では、路地にうずくまって夜明けを待つ貧しい少女の目に、まもなく死んでしまう未来や、数学者に命を救われて物理学者になる未来など、分岐するあらゆる未来が見えます。そして、互いに矛盾する無限の未来を前に、少女は一歩を踏み出すのです。

科学知識から出発しながら、自由に想像力をはたらかせ、科学とは違った面白さや感動を生むのが、SF独自の魅力だといえます。

02 世界は選択できるか

「波の収縮」をめぐるSF的想像力

波の収縮はなぜ起こるのか

たとえば「**シュレーディンガーの猫**」（142ページ参照）の思考実験で、量子論的には、観測する前は猫が「生きている状態」と「死んでいる状態」が重ね合わさっているとされています。このように重ね合わさっている状態のそれぞれを、**固有状態**（こゆうじょうたい）といいます。

観測を行うと、複数の固有状態のうち、どれかひとつに収束します。固有状態は、ひとつしか観測されません。この**波の収縮**がなぜ生じるのかは、未解決の問題のひとつです。

当代最高のSF作家との呼び声も高い、オーストラリアの小説家**グレッグ・イーガン**（1961年～）は、波の収縮の問題に対して、代表作『宇宙消失』（1992年）の中でユニークな解釈を提示しています。

もしかしたら、「ひとつの固有状態しか観測できない」のは、人間だけなのではないか。宇宙は最初から、重ね合わさった状態が普通だったのに、人間がそれを観測することで、強制的にひとつの状態に収縮させているのではないか。――イーガンはこの発想をもとにして、物語を膨（ふく）らませます。現実をひとつにしぼってしまう人間は、多次元をまたぐ地球外知的生命体から、「多世界の破壊者」とみなされてしまうのです。

固有状態を「選択」する

あとはぜひ作品をお読みいただきたいのですが、作中からもうひとつ、波の収縮というテーマに直結する面白い機械を紹介します。

『宇宙消失』では、人間は「モッド」という機械によって脳をコントロールしています。その中でも「アンサンブル」というモッドは、現象の確率を操作して、望みどおりの固有状態を「選択」できるものです。

ミクロの粒子が「通り抜けられないはずの壁」の向こう側にいる確率がわずかにあり、その固有状態に収束することを、**トンネル効果**（136ページ参照）というのでした。マクロの人間が壁をすり抜ける確率は、ゼロに限りなく近いですが、『宇宙消失』の主人公はモッドを使って都合のよい現実だけを選択することができ、まるでトンネル効果のように、壁をすり抜けることも可能になるのです。

▼もし「波の収縮」をコントロールできれば、人間が壁をすり抜けること（すり抜けた未来の世界を選択すること）も可能になるのだろうか。

03 未来から過去へ向かう粒子

SFによく反粒子が登場するのはなぜか？

光円錐

相対性理論（26ページ参照）では、3次元空間と1次元分の時間から構成される4次元時空を、下図のような**光円錐**で表現します。

下から上に時間が流れており、真ん中の、前後左右に空間が広がっています。ふたつの円錐の頂点が接している箇所は**原点**で、「現在の現地点」を表しています。あなたは今、ここにいると思ってください。

あなたが原点から、前後左右の方向に光を放つとします。光は時間とともに（上向き

▼光円錐。4次元時空を表すのに用いられる。

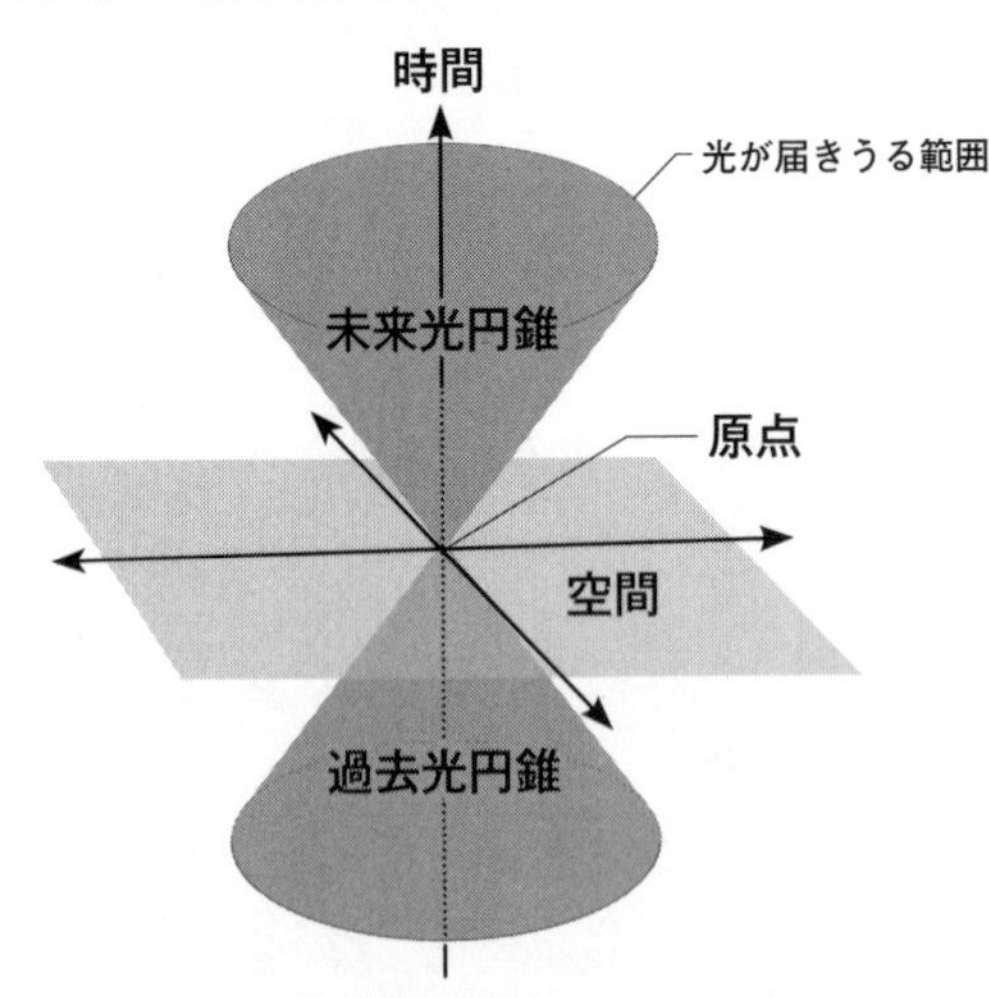

に）、空間を遠くまで移動します。光速を45度の傾きで表すことにしたとき、光が届きうる範囲は、図の円錐のようになります。

特殊相対性理論によると、光速を超えた運動は不可能なので、原点から出発した粒子の運動が円錐の外に出ることは不可能です。

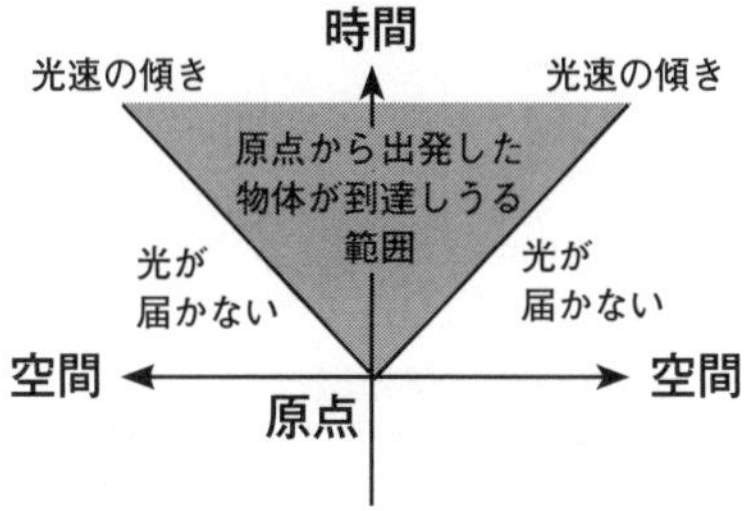

▲光円錐の上半分（未来光円錐）を平面で表した図。原点からあらゆる方向に光を放つと考え、光速を45度の傾きで表す。光よりも速く広がることのできる物質はないので、原点から何らかの粒子や物体を放ったとすると、それらが到達しうる範囲は上図のグレー部分になる。

逆向きに進む粒子の仮定

しかし、「光円錐の外に出られる粒子」の存在確率を、量子力学の手法で計算すると、驚くべきことに、ゼロよりも少しだけ大きい確率が算出されてしまいます。

困ったことになりました。このままだと、量子力学は特殊相対性理論に抵触してしまいますので、「光円錐の外に出られる粒子」の存在確率を、理論的に消す必要があります。

そこで出てくるのが、**4次元時空を、普通の粒子とは逆向きに進む粒子**です。

そういう粒子が存在すると仮定して計算すると、「光円錐の外に出られる粒子」の存在確率を、うまく打ち消してくれるといいます。

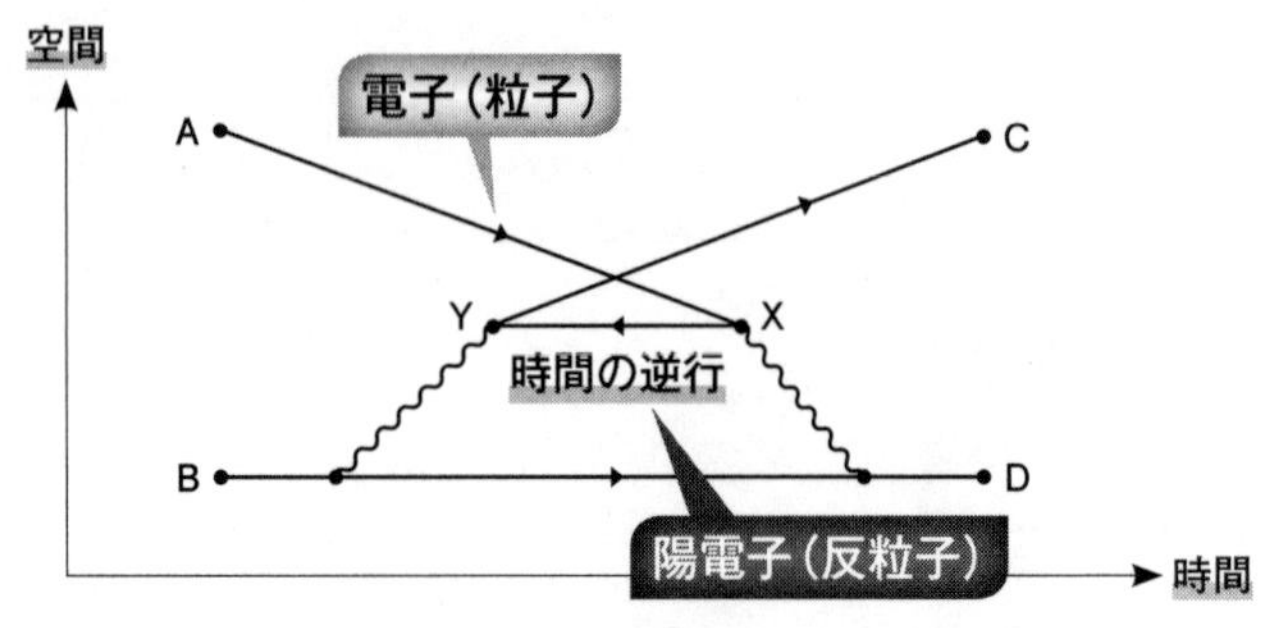

▲ファインマン（145ページ参照）は、反粒子を、「マイナスのエネルギーと運動量をもつ粒子が、時間を逆行する状態」に相当するものだと考えた。その考えにもとづいて、電子とその反粒子である陽電子のふるまいのひとつのケースを、ファインマン・ダイアグラムの形式で表すと、上図のようになる。位置Aにあった電子は、Xに移動して光子を放出すると、XからYに向けて「逆走」したのち、折り返してCへ到達している。この中の「X→Y」は、時間軸をさかのぼることであり、時間の逆行だが、量子力学的には、このような時間的逆行は禁じられていないという。そして、この「時間を逆向きに進む電子」は、電子の反粒子に当たる陽電子である。

では、「４次元時空を逆向きに進む粒子」とは、どういうものでしょうか。

３次元空間を逆向きに進む粒子なら、たやすく見つかるでしょう。しかし「４次元時空を逆向きに」となると、時間軸も逆向きに進むことになります。求める粒子は、未来から過去の方向へと、**時間を逆行する粒子**なのです。そんなものがあるのでしょうか。

じつは、**反粒子**（１３４ページ参照）がそれに当たります。

反粒子は、電荷などの性質がもとの粒子と逆になる粒子です。そして理論上、時間も逆になるというとらえ方もできるのです。

反粒子を利用できれば、もしかすると、**過去へのタイムトラベル**も可能になるのかもしれません。

SFと反粒子

反粒子が粒子と衝突すると、光を放出し、粒子と反粒子は消滅します。この**対消滅**の前後でも、**エネルギー保存の法則**（45ページ参照）は成り立ちますから、消えた粒子と反粒子のもっていたエネルギーは、すべて光となります。比喩的にいうならば、粒子と反粒子の存在が、そっくりそのままエネルギーになったといえるでしょう。

となると、もし対消滅を利用できれば、ロスのない、最高に効率のよいエネルギー獲得方法になりそうです。このため、進んだ未来の科学を描くSF作品では、**反粒子を用いたエネルギー装置**が頻繁に登場します。

しかし、現実世界では残念ながら、反粒子をそのような形で使うことは、原理的に不可能だといわざるをえません。

なぜなら、**CP対称性の破れ**（160ページ参照）のせいで、この宇宙には人工的に利用できるほど反粒子が存在しないからです。**対生成**などを利用して反粒子を生み出すことは、理論上可能ですが、少しの量の反粒子を生み出すだけでも、膨大な電力が必要になります。結果、対消滅を利用したエネルギー装置は、割に合わないものとなってしまうのです。

SF作品に反粒子装置が出てきたら、「反粒子が宇宙のどこかにでも隠されていて、人類はそれを発見できたのだ」という裏設定があると考えるのがよいのかもしれません。

04 カギを握るのは加速器とブレーン宇宙論

ブラックホールの作り方

ブラックホールの誕生

近年、「**ブラックホール**（202ページ参照）**を人工的に作れるのではないか**」という理論が話題になっています。一般的なブラックホールの誕生の仕方から始めて、人工ブラックホール論を見てみましょう。

太陽のような恒星は、中心部で、原子核どうしが融合することでエネルギーを生む**核融合**という反応を起こしています。

太陽の8倍以上の質量をもつ恒星は、老いてくると中心部での核融合が止まり、自分の重力に抵抗するエネルギーが得られなくなって、ぎゅうぎゅうに縮んでいきます（**重力収縮**）。これがさらにある程度進むと、外に衝撃波を飛ばしながらつぶれる**重力崩壊**という現象を起こします。このような爆発は、**超新星爆発**と呼ばれます。

特に太陽の30倍以上の質量がある場合、超新星爆発のあとも、中心部が重力崩壊しつづけます。

止めるもののない収縮は永遠に続き、一定の大きさ（**シュヴァルツシルト半径**）よりも小さくなった時点で、ブラックホールになるのです。

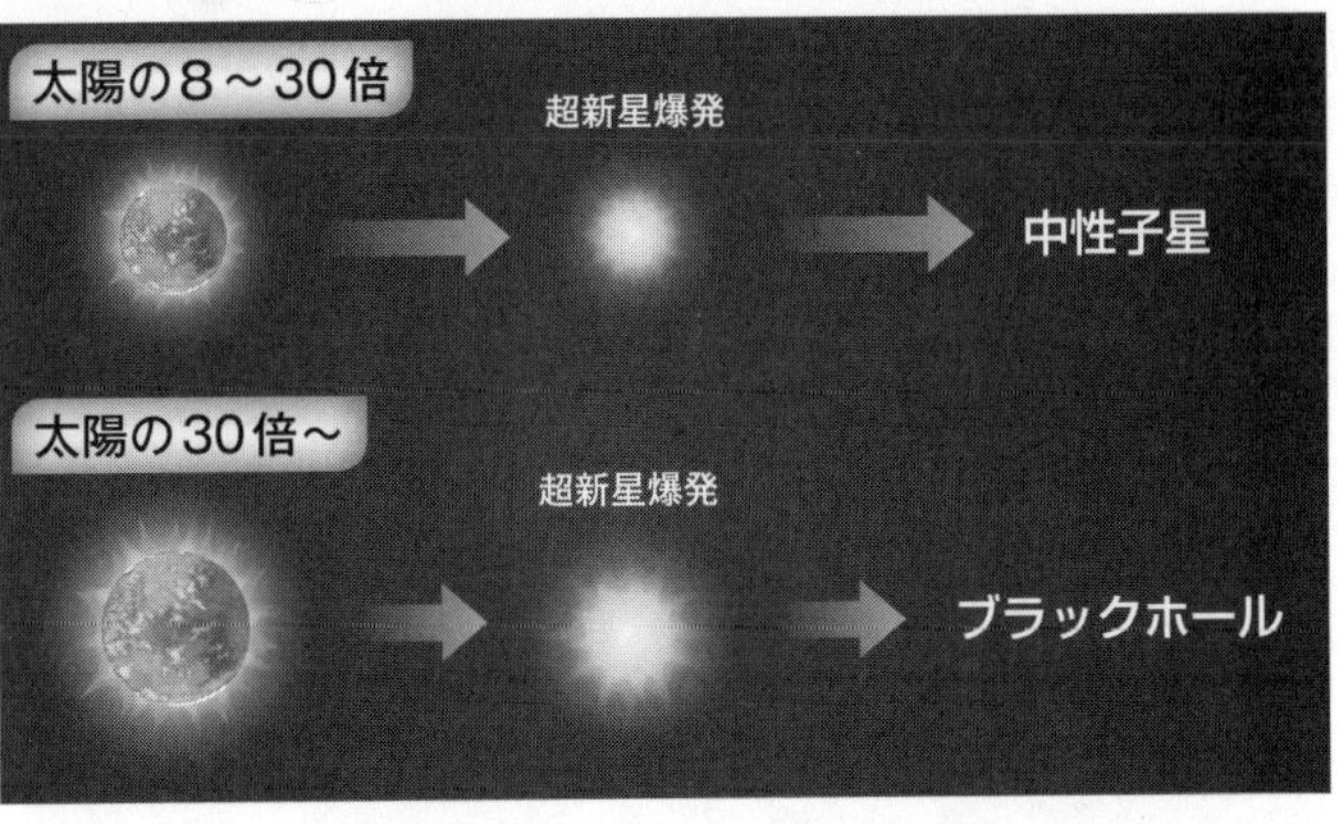

▲ブラックホールになる恒星とならない恒星。質量が比較的小さな星だと、「白色矮星」という小さく高密度な星になったり、超新星爆発を起こして消えたりする。太陽の8～30倍の質量ならば、中心部での核融合が終わったあと、重力収縮したのちに超新星爆発を起こし、非常に小さく高密度な「中性子星」になったりする。もとの質量が太陽の30倍以上あると、超新星爆発のあとにブラックホールになると考えられている。

加速器の出番か？

宇宙に自然とできるブラックホールには、このように、大質量の天体というイメージがあります。

しかしじつは、ブラックホールに必ずしも膨大な質量が必要になるわけではありません。小さな質量でも、非常に小さい領域に極度に圧縮することさえできれば、ブラックホールにすることは、理論上可能です。

では、質量を小さい領域に圧縮するには、どのような手段があるのでしょうか。

それができそうに思われるのは、粒子に大きなエネルギーを与えて高速で衝突させる**加速器**（156ページ参照）です。**欧州原子核**

研究機構（CERN）の**大型ハドロン衝突型加速器（LHC）**ならば、陽子を衝突させて、10のマイナス24乗キログラムの質量（に相当するエネルギー）を、10のマイナス19乗メートルの領域に押し込むことができるといいます。

あまりに小さすぎて、なかなかイメージが追いつきませんが、これでブラックホールはできるのでしょうか。

じつは、10のマイナス24乗キログラムの質量なら、**重力（万有引力定数）**との関係上、10のマイナス51乗メートルまで圧縮しなければ、ブラックホールにならないとされます。加速器で可能な最小限よりも、はるかに小さい領域です。やはり、ブラックホールを人工的に作ることなど、不可能なのでしょうか。

重力が違えば可能？

しかしここで、「ミクロのサイズでは、重力の強さが変わる」としたら、話が違ってきます。

その可能性を示してくれたのが、**超ひも理論**（206ページ参照）から出てきた**ブレーン宇宙論**（212ページ参照）です。

まず超ひも理論では、3次元空間以上の**余剰次元**があると考えます。そして、重力がほかの力に比べて極端に弱いのは、その余剰次元の方向に逃げているからだとされます。その余剰次元は、極小のサイズに**コンパクト化**されていると考えられていました。

しかし、ここでブレーン宇宙論を採用すれ

従来の理論

10^{-24}kg → 10^{-51}m ← ブラックホール成立

CERNのLHC ← 現在可能

10^{-24}kg → 10^{-19}m

ブレーン宇宙論 ← 重力が強くはたらく

10^{-24}kg → 10^{-18}m ← ブラックホール成立

▲質量を極度に小さい領域に圧縮できれば、ブラックホールは作れる。従来の理論では、現在の加速器の性能をはるかに超えた圧縮度が必要だとされていたが、もしブレーン宇宙論が正しいとすれば、現在の加速器の性能でも可能だという。

ば、余剰次元がコンパクト化されているとする必要はなく（213ページ参照）、「0・1ミリほどのサイズに、**比較的大きな余剰次元**がある」と考えられるといいます。

するとどうなるでしょうか。加速器の粒子程度の小ささの世界では、**余剰次元の強い重力**がはたらく、ということになるのです。これが本当だとすると、当然、ブラックホールを作るときの計算も変わってきます。

もし、0・1ミリほどの比較的大きな余剰次元があるなら、10のマイナス24乗キログラムの質量を、10のマイナス18乗メートルまで圧縮すればブラックホールになるといいます。これは、CERNのLHCで可能なサイズです。近い将来、本当に、加速器の中でミニ・ブラックホールが作られるかもしれません。

05 宇宙は「進化」する!?

ブラックホールの中で生まれる「新しい宇宙」？

ブラックホールと物理定数

私たちの宇宙では、1秒に約100個の**ブラックホール**（202ページ参照）が生まれているとされています。

これは観測して数えた結果ではなく、理論的な計算から導き出される数ですが、私たちは「非常にブラックホールが生成されやすい宇宙」に暮らしているのかもしれません。

ブラックホールが生成されるためには、**中性子**や**陽子**の質量、**強い相互作用**の結合定数、**ニュートリノ**の質量など、物理現象のあり方

▼ブラックホールの姿をとらえるプロジェクト「イベント・ホライズン・テレスコープ」が、2019年4月に公開したブラックホールの写真。「事象の地平線」を撮影した、史上初のものである。（写真：The Event Horizon Telescope）

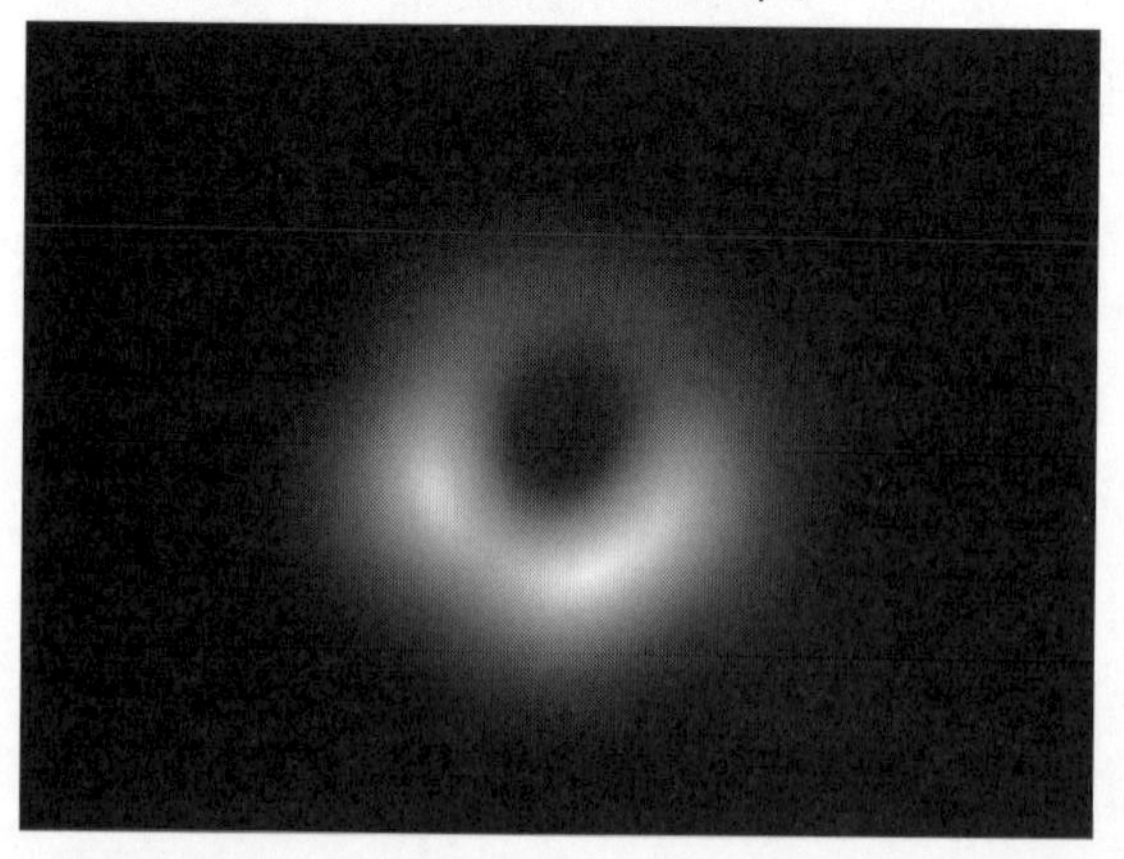

を規定するさまざまな**物理定数**が〝ちょうどよい〟値である必要があります。ある物理定数が大きすぎても小さすぎても、ブラックホールは生成されなくなってしまうということです。

新しい宇宙の誕生？

アメリカの物理学者**リー・スモーリン**（1955年〜）はこの事実に注目し、**宇宙論的自然選択**の理論を提唱しました。

巨大な質量をもつ星が**超新星爆発**を起こしたのち、自分の強すぎる重力によってさらに収縮しつづけることで、ブラックホールは生成されます。

収縮の結果、ブラックホールの中に、温度・圧力が無限大で体積がゼロの**特異点**と呼ばれる点が作られるとされます。

しかしじつは、量子論の立場からいうと、「そのような特異点はできない」とも考えられています。特異点ができあがる前に、それ以上小さくなるのを拒否するような反発的効果（**量子効果**といいます）がはたらき、かえって膨張に転じるだろうというのです。

といっても、そのような効果が起こったときには、すでにブラックホールの**事象の地平線**が形成されており、その外側からは、膨張に転じる瞬間を見ることができません。

スモーリンは、「この量子効果による膨張は、**宇宙が生成されること**と等しい」と考えました。

つまり、ブラックホールは自分の中で〝子どもの宇宙〟を生み出すというのです。私たちの宇宙の、1秒に100個ものスピードで生まれているブラックホールの中では、母親が子どもを生むように、新たな宇宙が作り出されているのかもしれないのです。

スモーリンは、この考えをさらに押し進めました。「ブラックホールが内部に新たな宇宙を生成するとき、その宇宙固有の物理定数は、親宇宙の物理定数とは少し違ったものになる可能性があるのではないか」と。

南部陽一郎の理論によると、宇宙が生まれた直後、対称性が自発的に破れました（190ページ参照）。その破れ具合によって、この宇宙固有の物理定数が決まってきました（200ページ参照）。ブラックホールの中で新たな宇宙が生まれるときも、このような過程が起こるのであれば、そこでの対称性の破れ方が独特な感じになり、私たちの宇宙とは違った物理法則が生まれることは、十分考えられます。

進化論の宇宙バージョン

ここで、新しく生まれた〝子ども宇宙〟の固有の物理定数が、「ブラックホールを生成することが不可能であるような値」だったとすると、その〝子ども宇宙〟は、それ以上の宇宙を生めないことになります。

つまり、「ブラックホールを生成できるような物理定数をもつ宇宙」のみが、繁殖して

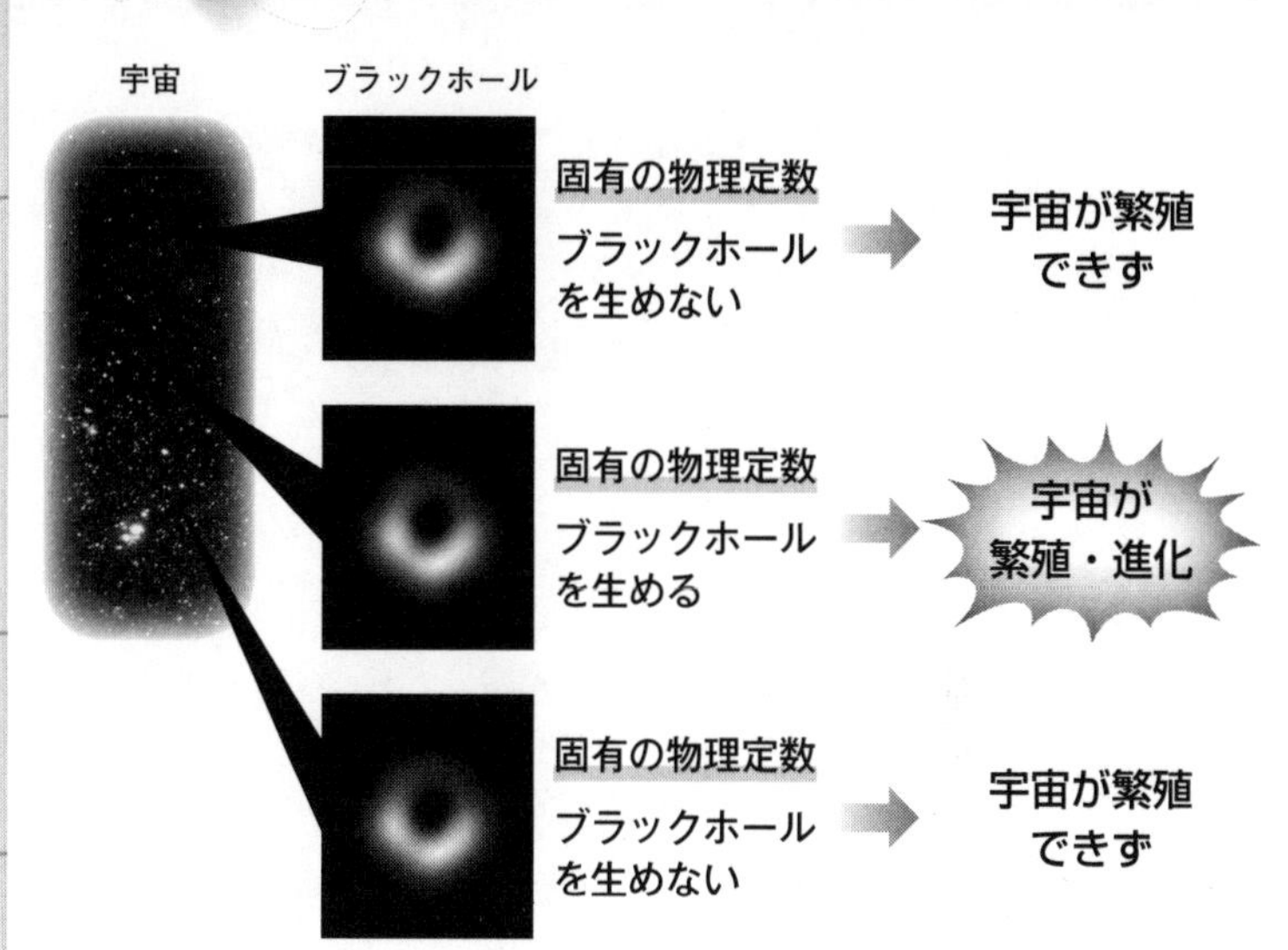

▲宇宙の繁殖と進化のイメージ。（写真：The Event Horizon Telescope）

いくことになるかもしれません。

「ブラックホールの生成が生物の繁殖に対応し、物理定数が遺伝子に対応していると考えると、これは**宇宙版の進化論**といえるだろう」と、スモーリンは示唆しています。

宇宙が繁殖し、進化していく——まるでＳＦのようにワクワクする論文です。このアイデアをもとにしたＳＦ作品も、そのうち生まれるかもしれません。

「我々はどこから来たのか、どこへ行くのか」という究極の疑問に答えを見つけようと、科学者たちも、ＳＦクリエイターたちも奮闘（ふんとう）してきました。量子論の科学者たちは宇宙の法則を追究し、そこから得た知識を、クリエイターたちは作品にします。人類の知と想像力を更新する営みに、今後も期待しましょう。

長さ (m)	呼び方	そのサイズの代表例
10^3	1km	成人が１時間で歩く距離の目安　4km
10^5	100km	地球上の緯度１度の高さ　111km
10^7	10Mm（メガメートル）	地球の赤道の長さ　4万75km
10^8	100Mm	光が１秒間に進む距離　2億9979万2458km
10^{10}	10Gm（ギガメートル）	地球～火星間の平均距離　58Gm
10^{11}	100Gm	地球と太陽の平均距離（１天文単位） $1.49597870 \times 10^{11}$ m
10^{12}	1Tm（テラメートル）	土星の軌道半径　1.4Tm
10^{15}	1Pm（ペタメートル）	光が１年間に進む距離（光年）　9.46Pm
10^{19}	10Em（エクサメートル）	太陽のある部分の銀河系の厚さ　14Em
10^{20}	100Em	太陽から銀河系の中心までの距離　260Em
10^{22}	10Zm（ゼタメートル）	アンドロメダ銀河までの距離　22.3Zm
10^{26}	100Ym（ヨタメートル）	電磁波により観測される 宇宙の果て 130Ym（138億光年）

ミクロからマクロまで

大きさの比較

長さ (m)	呼び方	そのサイズの代表例
10^{-35}		プランク長　1.6×10^{-35}m
10^{-18}	1am（アトメートル）	クォークや電子の半径の上限
10^{-15}	1fm（フェムトメートル）	陽子の半径
10^{-11}	10pm（ピコメートル）	電子顕微鏡の分解能最高記録（2015年）　43pm ボーア半径　53pm
10^{-9}	1nm（ナノメートル）	DNAらせんの直径　2nm
10^{-8}	10nm	HIVウィルス　90nm
10^{-7}	100nm	染色体の大きさ
10^{-6}	1μm（マイクロメートル）	ヒトの赤血球の直径　6～8μm
10^{-5}	10μm	ヒトの毛の平均の幅　80μm
10^{-3}	1mm	1円硬貨の厚み　1.5mm
10^{-2}	1cm	1円硬貨の直径　2cm
10^{0}	1m	超短波の最短波長（300MHz）　1m

❖ 写真協力 ❖
Pixabay
Freepik
pikisuperstar（Freepik）
macrovector（Freepik）
Wikimedia Commons
写真 AC
イラスト AC
シルエット AC
シルエットデザイン
ヒューマンピクトグラム 2.0

決定版　量子論のすべてがわかる本
2020 年 10 月 8 日　第 1 刷発行

編集製作 ◉ ユニバーサル・パブリシング株式会社
デザイン ◉ ユニバーサル・パブリシング株式会社
編集協力 ◉ ジョシュア・バクスター
イラスト ◉ 岩崎こたろう

編　　者 ◉ 科学雑学研究倶楽部
発 行 人 ◉ 松井謙介
編 集 人 ◉ 長崎　有
企画編集 ◉ 宍戸宏隆
発 行 所 ◉ 株式会社 ワン・パブリッシング
〒 141-0031　東京都品川区西五反田 2-11-8
印 刷 所 ◉ 岩岡印刷株式会社

この本に関する各種のお問い合わせ先
●本の内容については、下記サイトのお問い合わせフォームよりお願いします。
https://one-publishing.co.jp/contact
●在庫については　Tel 03-6431-1205（販売部直通）
●不良品（落丁、乱丁）については　Tel 0570-092555
業務センター
〒 354-0045　埼玉県入間郡三芳町上富 279-1

©ONE PUBLISHING
本書の無断転載、複製、複写（コピー）、翻訳を禁じます。
本書を代行業者等の第三者に依頼してスキャンやデジタル化することは、たとえ個人や家庭内の利用であっても、著作権法上、認められておりません。

ワン・パブリッシングの書籍・雑誌についての新刊情報・詳細情報は、下記をご覧ください。
https://one-publishing.co.jp

❖ 主要参考文献 ❖

石原顕光『トコトンやさしい元素の本』(日刊工業新聞社)
糸山浩司・横山順一・川合光・南部陽一郎『宇宙と素粒子のなりたち』(京都大学学術出版会)
科学雑学研究倶楽部編『相対性理論のすべてがわかる本』(学研)
科学雑学研究倶楽部編『物理のすべてがわかる本』(学研)
小暮陽三『絵でわかるクォーク』(日本実業出版社)
小谷太郎『知れば知るほど面白い宇宙の謎』(三笠書房)
小林富雄『超対称性理論とは何か』(講談社)
小山慶太『科学史年表　増補版』(中央公論新社)
佐藤勝彦『相対性理論から100年でわかったこと』(PHP研究所)
佐藤勝彦『眠れなくなる宇宙のはなし』(宝島社)
佐藤勝彦監修『〔図解〕量子論がみるみるわかる本(愛蔵版)』(PHP研究所)
全卓樹『エキゾティックな量子』(東京大学出版会)
高林武彦著、吉田武監修『量子論の発展史』(筑摩書房)
中嶋彰『現代素粒子物語』(講談社)
山﨑耕造『トコトンやさしい宇宙線と素粒子の本』(日刊工業新聞社)
吉田伸夫『光の場、電子の海』(新潮社)
米沢富美子『人物で語る物理入門(上・下)』(岩波書店)
若林文高監修『こどもノーベル賞新聞』(世界文化社)
マンジット・クマール、青木薫訳『量子革命』(新潮社)
ブライアン・コックス、ジェフ・フォーショー、伊藤文英訳『量子　クオンタムユニバース』(ディスカヴァー・トゥエンティワン)
Newton 別冊『素粒子とは何か』(ニュートンプレス)
Newton 別冊『次元のすべて』(ニュートンプレス)
Newton 別冊『量子論のすべて　新訂版』(ニュートンプレス)
Newton ライト『素粒子のきほん』(ニュートンプレス)
Newton ライト『13歳からの量子論のきほん』(ニュートンプレス)
Newton ライト『佐藤勝彦博士が語る宇宙論のきほん』(ニュートンプレス)
ほか

索引

＊初出、または特に参照するべきページは、太字にしてあります。
＊「量子」および「量子論」の項目は立てていません。

▼か

▼き

▼く

▼け

▼こ

▼さ

▼し

▼す

▼せ

▼そ

▼た

▼ち

▼つ

▼て

▼と

▼な

▼に

▼ね

▼は

▼ひ